轻松设计｜建筑设计实用方法

（第二版）

寿震华　沈东莓　著

中国建筑工业出版社

图书在版编目（CIP）数据

轻松设计　建筑设计实用方法／寿震华，沈东莓著.—2版.—北京：
中国建筑工业出版社，2017.7
ISBN 978-7-112-20842-5

Ⅰ.①轻… Ⅱ.①寿…②沈… Ⅲ.①建筑设计－文集 Ⅳ.① TU2-53

中国版本图书馆 CIP 数据核字（2017）第 136695 号

　　本书是作者十几年来结合设计实践撰写的实用论文的精选，是几十年建筑设计经验的全面总结，涉及居住建筑、公共建筑及细部设计等多方面内容。随着读者的深入阅读，可以了解作者各种实用设计方法逐步提炼的过程，也可以了解近十几年来我国建筑行业的一些变化，更为重要的是，读者可以从中获取各种轻松做设计的方法和大量重要的经验数据。本书内容高度浓缩，语言平实易懂，对广大建筑师、业主、开发商及建筑系学生有一定的参考价值。

责任编辑：刘　静
责任校对：焦　乐　王雪竹

轻松设计
建筑设计实用方法（第二版）
寿震华　沈东莓　著
*
中国建筑工业出版社出版、发行（北京海淀三里河路9号）
各地新华书店、建筑书店经销
北京嘉泰利德公司制版
北京君升印刷有限公司印刷
*
开本：787×1092毫米　1/16　印张：24$\frac{1}{2}$　字数：573千字
2017年12月第二版　2017年12月第五次印刷
定价：68.00元
ISBN 978-7-112-20842-5
（30497）

自序｜做真正专业的建筑师

1999 年，在北京国际建筑师协会大会上，我宣读了一篇《重新教育我们自己》的论文。当时我感到我国各大院校的建筑系所进行的建筑教育不完全适应中国快速的经济发展，时隔十余年，现在感到当时提出的问题并没有被人重视，也没有得到解决。

在 2000 年以后，我又发现了一些新的问题，最为突出的是我们的建筑设计已经误入了建筑功能与外部造型脱节的怪圈，将建筑的方案设计等同于立面造型设计。社会舆论中普遍的观点竟然是：注重美观，认为建筑功能与技术不是建筑专业必须考虑的。这就导致了：

- 我们的政府业主只看建筑造型，甚至对建筑平面及使用毫不关心。往往同意了某个建筑方案之后，由于建筑场地、功能布局、流线的不合理，建筑技术无法糅进通过的方案中，导致方案作废而重新组织设计。
- 在设计竞赛时，经常发现所有方案都因建筑功能不合理、缺少技术支持而全部作废。
- 在与国外事务所合作设计或评审其方案时，发现他们也存在着以上同样的问题。
- 在讲求全面技能的国家一级注册建筑师考试中，很多建筑师由于在平时实践工作中被误导，而成为"流水线"上的一颗螺丝钉，学校里学的基础又不扎实，导致多年无法通过考试，尤其是场地、方案、技术作图这种本应该是看家本领的科目。

建筑与雕塑不同，不是一种摆设，是有实用功能的。两千多年前，"适用、坚固、美观"的设计原则就已经被提出，被无数海归视为偶像和目标的现代建筑大师们也主张"形式追随功能"。从合理布置总图、安排流线、遵守法规、统帅专业，到研究构造、选择材料、指导施工，本来就是建筑师分内的职责。然而，当前很多建筑师不但没有做好本分，反而自诩为艺术家并自认为高人一等，艺术与否暂且不论，但此种心态实不敢苟同。

建筑学 = 艺术 + 技术。Architecture 作为"建筑学"的解释，公认为是"与建筑设计和建造相关的艺术和技术的综合，是一门横跨工程技术和人文艺术的学科"。也就是说：Architecture=art+technology。因此，建筑技术是建筑师理应掌握的技能。这些技术包括建筑结构、建筑暖通、建筑给水与排水、建筑强电、建筑弱电、建筑防火、建筑节能、建筑环保、建筑装修乃至城市规划、城市设计、竖向设计等。

回顾我国建筑设计的历史，在 60 年前，我国建筑师的行业刚刚开始，设计的建筑比较简单，以砖木结构及砖混结构为主，简单的钢筋混凝土楼板也就查查表，配上一点钢筋就完事了，也不需要计算。至于电气，我们建筑师自己确定灯位，定下单联或双联开关就已完成。至于水专业就更简单了，施工队就可以完成。由此可见我们建筑界对与建筑技术的结合，没觉得是件复杂的事。

30年前，我为一个项目到美国SOM公司进行联合设计，他们的建筑师在做方案时也以造型为主，有关建筑与技术的结合，由另一个施工图小组来完成，而建筑师们认为那是比他们低一级的人做的，由此可以看出世界上对建筑技术的不重视程度，时至今日还是如此。

后来，我又遇到不少世界有名的建筑师事务所，其中一个设计的260米超高层项目的设计方法特别典型，他们从方案完成，到他们认为的初步设计竟用了九个月时间。我多次开会与他们讨论，一步一步从结构开始，继而研究客梯、消防楼梯、消防电梯、货运电梯、强电小间、弱电小间、新风机房、卫生间的器具数量、排烟风道等，基本上每三个星期解决一个问题，而往往这个问题解决了，又影响了前一个问题，如此反反复复用那么多的时间，才解决了地面以上的问题。这些都需要业主请顾问为他们提出建议后，一个一个解决。地面以上解决之后，他们还要求业主让配合施工图的单位提出地下室机电的面积，然后在他们的图上将这些面积放进去。可笑的是：面积是对了，可是无法放进机器，还没有路由，根本无法按照他们的布置来设计施工图。最后重数方案的地下停车数时，发现少了很多。幸好这是一个大工程的一部分，业主只能忍了。最后，由我们将地下室接过来指导重做，才完成了初步设计。

还有一个典型的问题是：当我们在初步设计完成，发现有机械车库时，向前追查的结果一定是方案完成时缺少大量的设备机房，在做初步设计时，由于建筑面积已经批准，而不得不用昂贵的机械车库来完成以下的任务。这种情况特别多，中外建筑师无不如此，这也引起了我的注意。

分析上述情况，我深深体会到，中外的建筑学教育落后于时代已很远了。多年来的以讹传讹，使错误概念和扭曲的观念不断影响着一代又一代的青年建筑师。

由于"艺术家建筑师"们没有钻研建筑设计原理，心中没底，又迫于经营压力，对业主提出的种种不合理要求无法拒绝，更谈不上引导，只能让不合格的方案一步一步地走向施工图的死胡同，最后不得不返工，造成大量人力物力的浪费。而事实上，很多情况不是业主不讲理，而是建筑师确实并不专业。"以人为本"不是空话，需要脚踏实地的专业和敬业的支持！

多年修正上述不合格设计的实践，使我下定决心将这些经验总结出来。应《建筑知识》杂志的要求写了几篇论文后，杂志社反映房地产单位希望继续看到我的论文，认为有实用价值。既然有读者有要求，我就继续用了几年工夫，结合近10年来不断收到的各设计单位、房地产公司、各地政府规划部门提出的问题，系统总结，书写了这批论文。

我的女儿沈东莓从小受家庭环境影响，也选择了建筑师职业，我们每每交流起来颇为默契。看到她工作严谨认真、刻苦敬业，我甚感欣慰。她工作十年有余，已经完成了60多万平方米的大型、复杂工程，她的几篇论文都是从自己的亲身实践中总结归纳出的规律方法，颇有独到见解，而且是我没有涉及的一些内容，使本书内容更加全面。

本书中的文章大多已在杂志期刊中发表过，但有些内容被删改了。本次出版前，所有文章都最大限度地保持了原貌，并根据当今业内最新形势重新整理更新过，因此是最完整、最纯正、最新的版本。相关单位如果认为这些论文中的部分内容有用，希望能逐步编进我们的教材中，也希望青年同行们在有选择地使用这些内容时，发现不足之处及遇到新问题时反馈给我们，共同研究。

本书的出版得到了戴晓华先生的支持，在此深表感谢。

寿震华

2012 年 2 月 29 日

第二版序 | 理性设计

本书自出版以来，已重印 4 次，读者普遍反映确实非常实用。有评论说是建筑设计的"葵花宝典"；有美籍华裔建筑师建议翻译为英文，因为国外没有同类书籍；有的设计单位集体购买，给员工人手一册；有些读者参考本书去买房；一位读者更是运用本书中车库的设计原理，为一个项目的地下室进行优化，节约了几千万，业主乐得将他奉为专家……这些反馈都令我们十分欣慰。

在第一版自序中，我们强调，作为一名真正专业的建筑师，应该关注、懂得建筑的"内涵"——建筑技术、法规、经济，这些都是使建筑能够适用的硬功夫。最近，我常常思考一个问题：设计与艺术的区别到底在哪里？终于，我在设计第二版封面的时候找到了问题的核心——做设计必须考虑使用者的需求，而非表达什么理念，表现什么是艺术家的事！正像父亲寿震华先生常说的，建筑师更接近裁缝而不是画家，为他人量体裁衣，而不是表达自己的情绪。

基于需求导向，设计思路一定是理性的、有规律可循的，而不仅仅是灵感闪现！因此，笔者出版本书的初心，就是总结归纳多年的设计经验，找出规律，使之成为可复制的"套路"，从而使广大同行得以快速、高效、精准地为客户提供优质方案。

鉴于上述目的，本书最有价值、最实用的与众不同的"秘笈"就是提供了大量经验数据、指标，或叫作"定额"，例如：

- 户型的居住系数；
- 公共建筑使用率；
- 旅馆指标（任务书）；
- 电梯指标；
- 车库指标；
- 机房指标，等等。

曾经有人问我：怎样算掌握了某一类建筑？我告诉她：会编任务书。"定额"是预算里的术语，"巧妇难为无米之炊"，面积就是建筑师的"米"，业主总是希望用最少的米做出最多的"饭"，怎能不精打细算？有人称父亲为"建筑理财师"，他从前辈张镈先生那里学到了"先算后画"的设计方法，并将这个经验传授给了我，我们用这种方法一次次快速完成方案，屡试不爽。现在我们希望更多的同行能从中受益。

1. 掌握建筑的"度"与"量"是理性设计的基本功

度与量即尺度、比例。大到形体、立面、进深（厚度），小到楼梯、电梯、洁具、家具的尺寸等。这些数字的共同参照物都是人体，而人的尺度变化不大，所以上述这些常用数据是应该牢记的，以便随时快速调用。

2. 美就是和谐

我参与贝聿铭先生的中国银行总部大厦设计最大的收获，就是亲眼见证了模数设计的神奇力量。于是我也尝试在自己的设计实践中运用，收到非常好的效果。为什么比例、均衡、韵律、秩序会让人觉得美呢？人的审美本质其实是审"和谐"。在西方，古希腊数学与音乐之父毕达哥拉斯最早用音乐里的"和音"定义了"和谐"，他认为和谐的根源就是数的比例关系，既然音乐能打动人的灵魂，那么灵魂里面也应该有同样的和谐，而灵魂又具有理解整个宇宙以及其中一切事物的能力，所以整个宇宙和宇宙万物也必定具有同样的和谐性。伽利略曾说："神将宇宙这部巨大的书籍用数学的语言记录了下来。"我们可能都有类似的体验：当我们"感觉"美的时候，却不一定能说出原因，只是觉得"舒服"。例如，黄金分割比例会让人觉得美，为什么？因为人体本身的比例也是由若干的黄金分割矩形组成的，所以，看到符合同样规律的建筑就会在潜意识里产生"共鸣"，这就是"和谐"。而在中国，道家自古就提倡天人合一的和谐思想。可以说，中西方在审美的认知上是一致的。这样说来，审美表面是主观的东西，本质还是离不开数学，完全是可以量化的，一点都不玄！也许你会问，那些"奇奇怪怪"的造型不是屡屡中标吗？请注意，怪异并不等于美，前者使人亢奋，然而亢奋是一种意识层面的情绪波动，不会持续太久；美往往不会给人以冲击力，因为舒服不是一种刺激，是潜意识认可的和谐，早已熟悉，所以能历久弥新。

3. 设计是为了解决问题

我们知道，人在情绪不稳定的时候很容易做出错误的判断。艺术需要激情，激情是一种情绪，而设计除了要给人带来美的感受，更多的还是解决问题。好用＝美，好用就是满足功能性，就是我们建筑上讲的"适用"。心理学研究发现，人会把好用的设计评价为"美"的设计，而华丽的装饰和艺术性要素却不一定能被评价为美。比如，椅子是家具里面最难设计的。试想你在家具城里看到一把椅子，颜色鲜艳、造型奇特、质感十足，一下子吸引了你，但是坐上去却很不舒服，腰部没有支撑，表面坚硬让人如坐针毡，你还会买吗？而一把让人坐着不舒服的，与你身体不和谐的椅子，你还会认为美吗？

4. 解决好问题需要哲学视角

父亲常引用"毛选"中的重要理论，当我们拿到一个项目规划条件时，首先是要明确"当前的形势和我们的任务"。独立住宅与大型综合体、医院与体育馆、平原与山地，条件不同，设计思路一定是不同的。一个项目要解决的问题林林总总，项目主持人是一个团队的核心领导，眉毛胡子一把抓，结果一定是顾此失彼。所以我们多次强调"抓主要矛盾"、"合久必分，分久必合"、"局部服从整体"、"量变到质变"等，这些普适的辩证思维方法同样适用于建筑设计。视角越大，我们就能越有效地解决问题。

一栋建筑的"保质期"至少是 50 ～ 100 年，通常会大于建筑师的寿命，我们主张理性地做设计，就是希望三维的建筑能经得起时间这个第四维度的考验，以满足人们对"住"这方面持续的、永恒的需求。"以人为本"是建筑师的责任，而不是口号，因此需要落在实处。

从本书出版之日起，我们就已经在准备新的文章，父亲整整 60 年的经验都贡献在本书中了。在此隆重介绍第二版新增的重量级干货：

▨"轻松设计之方案速"算"口诀"；

▨"不容忽视的竖向设计"系列三篇；

▨"超高层电梯计算的误区"；

▨"市场经济下的商业建筑"；

▨"剧院厅堂设计的突破与创新"。

这些内容的扩充使本书涉及范围更加全面。同样是针对普遍存在的设计误区，进行了详细剖析并给出实用的解决方法、案例和数据。我们希望本书成为读者案头不可或缺的"私房秘笈"。

今天的建筑市场更趋于冷静和理性，居住建筑市场早已饱和，这意味着 80% 以上以居住建筑为支柱的设计和开发企业将面临新的挑战。也许这正是一个反省、思考、提升的好机会。转而拓展公共建筑领域？公共建筑的复杂程度与居住建筑不可同日而语；出击海外市场？海外非公有制土地制度、家庭构成（没有计划生育）及成熟的市场经济，决定了其居住建筑与国内截然不同。但无论哪条路，都能从本书独到的经验和数据中找到答案。

欢迎广大读者们继续关注本书，并通过微信公众号（轻松设计，微信号：DesignSoEz）与我交流，我们共同进步！

沈东莓

2016 年 12 月

目　录

加"*"为第二版新增文章

绪　言

轻松设计

有出版社曾希望我组织出版一套"现代建筑设计指导丛书",我认为题目似乎太大了一点,"现代建筑"要想做得好,已非世界公认的设计大师不可,还想要"指导"做现代建筑,岂非必须为超水平者。本人工作虽已逾五十载,要"指导"现代建筑设计,自认没有这个水平。但为在校学生、年轻教师、年轻建筑师提供一些以往的设计经验与教训,互动交流,尚有可能,本文是基于这个理念写的。

1. 关于设计"创作"

自从踏进校门学习建筑专业之后,最能听得进的一个词是"创作",全世界的建筑界讲的都是"创作",所以一下子将自己的地位提高到了一个飘飘然的位置。然而,社会好像并不是如此,建筑设计能创作的部分仅仅是造型的部分,而造型的部分还要受建筑内部功能的约束,受专业结构的约束,受机电的约束……即使完成了造型,还要由业主来决定,业主不满意,再好的创意,只能孤芳自赏。业主是私人投资的话,心里还平衡一点。如果是国家投资,作为人民一部分的设计人,心里就不平衡了,总觉得同样是人民的业主还是外行,往往需要斗争一番,严重的时候其至还被剥夺了"创作权"。

但经过多年的教训之后我发现:建筑师的创作是有限的,他不同于艺术家的"纯"创作,为什么呢?因为一个画家,用自己的钱买了材料画了一张画,如果人们欣赏了,可以出高价买下,如果人们不欣赏,画家可以放在家里自我欣赏,雕塑家也如此,因为这种创作用的是自己的财产,别人管不着。但建筑设计就不同,绝大多数是业主的资金,自己欣赏半天的创作,人家不喜欢,就是不要,你也没有办法。好比买一件毛衣,你是根据自己的喜好还是根据别人的喜好来决定购买呢?西方有一位建筑师,创作了一个玻璃盒子的住宅,因为他认为是创作,不许业主动一点,甚至不许装窗帘,业主生气了,后来这位建筑师自己用钱买了下来,自己欣赏,自己宣传,当然可以。

所以,我们应从对方的立场想一想,业主用他积累多年的财产做一个项目,是他想得多,还是设计师想得多?所以建筑师仅仅帮助业主完成他的创作就是了。当然,建筑师如果能够用我们的专业知识和艺术水平丰富业主的想象,改变一些他的想法,这样才可能将自己的才能发挥出来,与业主共同完成创作。

2. 建筑设计不太难

建筑设计难不难？有人说很难。但50年以前并没有现在这种感觉，因为50年以前没有那么多的学校，学校也没有那么多的教材，建筑设计这个行业也和其他行业一样，除少量留学回来以及少量大学毕业的以外，更有师父带徒弟以及以补习学校的方式当上建筑师的，他们有的设计得很好，也有的当上了总建筑师。这不等于说我反对上大学，我的意思是要解放思想，不要还没有做设计就认为自己一辈子做不好设计。

建筑设计这个行业，在学校里无论想什么办法，增加学时、增加学年，好像永远教不完、念不完，所以学校一次又一次地进行学制改革，一会儿四年，一会儿五年，一会儿六年，又加上硕士、博士，翻来覆去，但还不能证实书念得多的人设计一定做得好。这是因为建筑设计，除了学校里能教的工程、艺术方面知识以及专研一种类型的建筑外，很大程度是社会科学、人文科学方面的知识。试想我们的建筑类型，从每个人出生的产科医院起，我们要设计托儿所、幼儿园、小学、中学、大学、研究院等科教建筑；居住方面的有住宅、宿舍、公寓、别墅等；公建方面则更多了，有旅馆、写字楼、商业、医疗、体育、交通，还有工业、休闲，乃至纪念碑、庙宇、殡仪馆、火葬场、墓碑等。人们从生到死的各个阶段，都与建筑设计有关。因此，建筑设计的内容，在学校里是不可能全部学到手的，年龄不到的话，也理解不了。正如有一位建设部长所说的，如果设计原子弹，没有人对你指手画脚的，但一个建筑方案，人人可以说出一、二、三。既然如此，我们不要因念书多少而担忧，应该深入生活，研究普遍规律，一样可以轻松做设计。

3. 建筑设计的两种思路

建筑设计的思考过程有两种思路：一种是从体形出发，创造新奇，很多有名的建筑就是这种思路的结果。这种做法的特点是从感觉出发，然后再在体形里面安排内容，不断安排，不断修改，直到外形与内容吻合为止。经验丰富的建筑师往往也要花费很多时间，虽然可能成功了，但还是会留下不少问题、不少遗憾，举世瞩目的悉尼歌剧院就是典型的例子。起初是结构困难，后来又是投资有问题，即使已经建造起来，声学方面还是有缺陷的。当然也有成功的设计。

另一种是从内容出发，优先内容，然后大致考虑体形，最后也是边考虑内容，边进行外形修改，使之尽可能完善。这方面成功的建筑也是不少的，可能大多数建筑是这样完成的。

第一种方法，在中国现阶段设计竞赛中所看到的是屡战屡败，因为中国的设计竞赛时间特别紧，设计思考的时间不多，设计了一个体形，当内容一下子放不进去的时候，时间已经用掉不少，只能将就对付了，尽管花了很多力气将表现图做得非常完美，当方案介绍完毕，评委们几个问题一问，基本上就已经落选了。因为业主听了就害怕，就怕这样的方案被选中之后，投资下去，无法回收。我参加评图的项目多数是这种方法，一次评选一个基本及格的方案都没有的情况常常发生。

第二种方法，由于基本内容及格，即使造型稍差，至少可以入围，人们感觉该单位是有水平的，再给一点时间，可以改得比较好。这样的方案成功的概率比较高。

对没有很多经验的设计者来说，第二种方法是扎实的，当积累了相当多的经验之后，再用第一种方法不迟。实际上一些有名的大设计单位，因为有了经验，表面上看似用第一种方法，实际上对内容心里有数，一气呵成。我们在评选这些单位的方案时，往往非但造型可以，内容上也不会有大问题。这时候，两种方法就很难分得清了。

4. 简化繁琐的设计任务书

我们做设计的时候，往往首先会遇到一份复杂繁琐的设计任务书。例如，旅馆设计就是如此，长长的单子，很多很多的房间内容及面积，至少有五六页，看了就头痛，不知从何入手。记得曾到清华大学为四年级毕业班的"一草"评图，他们已经做了一个月了，有不少同学体形也有了，但各种内容残缺不全，不知用什么办法补齐。后来，我教了他们一个办法，就是将众多的房间分类，如客房、大堂、餐饮、会议、行政后勤、工程机房、文体娱乐，大体是七种门类，先将每一类房间的面积加起来，得到每一类的总净面积，不包括楼电梯、过道、厕所、结构等面积，用各类总面积之和除以总建筑面积，如果大约是75%就对了。然后再用各类的总净面积除以75%左右的使用系数，就能得到各类的建筑面积，再将七种门类作体量及平面分布就容易得多。当然有的分块面积不完全在一起，如行政后勤可能是两种部门，一种是白领，一种是蓝领，他们可能一个是占地上面积，一个是占地下面积，总之，将一、二百种变成七、八种总是会简化很多，将七、八种作体量及平面分布，很快就会出来雏形。再将各门类细化，设计就大体完成了，只要将平、立面对上，稍加修改，必定是八九不离十。用我的话来讲，就是将复杂的问题简单化。我带过三个毕业班的学生，他们到我的单位来，前两个月先安排实习，了解我们的工作方法，两个月以后，再动手做毕业设计，很快就做完了，最终会比其他同学做得快，做得完整，毕业以后，很快就融入现实的设计工作中去。听过我讲课的同学，有的在十年之后遇到我，还会常常会讲起，这种将复杂问题简单化的设计方法令他们非常受益。

5. 帮助业主完成设计任务书

任务书的分析是很重要的。往往业主给的面积是房间的净面积，如果你将业主给的面积加起来，已经接近总面积，就要与业主商量，看总面积究竟对不对。前面所写的使用面积如果是写字楼大约是70%左右，医院是55%，旅馆是75%，一般的建筑大体上是75%左右。住宅房地产往往说的公摊面积占销售面积33%，也就是占套内面积25%。这些基本数据，就是草图时候大体量分析的依据。采用这个办法是不是很轻松？

业主的任务书往往是不对的，因为他们多数没有建筑师，如果他们完全对的话，他们自己就做设计了。所以帮助业主完成设计任务书是很重要的。过去我遇到过一个情况，有一个很重要的医院项目，我们同事做了两年，业主一直不满意，后来要求换人，我们的领导派我去了。当分析了任务书之后我才发现，任务书里根本没有交通、厕所、结构、机房等面积，所以原来的设计不是超面积，就是房间面积少了或数量少了。为此，我要求见他们的党委书记，声明：如果不增加面积的话，他们只能根据批准的总面积乘以 55% 来确定使用面积，结果由党委书记下令，各部门忍痛修改要求，一星期后新的任务书提出来，两星期后，方案就做成了。由此说明，核对任务书非常重要。

6. 先算后做的设计方法

我们在做小区规划时，常常做完了之后一算，不对了，面积少了好多，不得不重来一遍。如果想减少返工，一次成活儿的话，可以用建筑界老前辈张镈的好办法，先算后做。

假设一块地有几公顷，给定了容积率。有了容积率之后，根据建筑的厚度、层数就可以先算出有多少长度，根据这些长度，可以分出定量的很多短截，几层就是乘以几，将这些短截全部安排在规划里，就是你设想的容积率。空间有富余，容积率会高于设想，安排不下，就是布局要修改，或建筑必须加厚。

又如前文第 4 项所举的旅馆设计的例子，也是先算后做的设计方法。

这种方法，在当今用电脑辅助设计时更为方便，可以减少很多无用功，提高效率，轻松设计。

7. 消防的基本观念

建筑设计的诸多规范中，最重要的一个就是消防规范，它是一个安全规范。我在 50 年前开始工作时，一位从德国留学回来的总建筑师——顾鹏程在讲述消防时的一句话，让我印象深刻。他说，消防的原则，是当有火警时，人们能在 6 分钟以内从房间内的任何一点很快逃到室外。后来我们经历了没有高层规范时设计的 100m 高的建筑，没有超高层规范时设计的 218m 高的超高层建筑，都时刻不忘这一原则。虽当时没有规范，做完设计后，与当今的规范差别不大。

我们可以想一想，多层建筑从房间的最远点到门口，从最远的门口到楼梯，从楼梯经 20 多米高下来，再通过走廊、门厅到室外是否超过 6 分钟？

再想一想，高层建筑如果 6 分钟内不可能时，是不是规范就要求做防烟楼梯？即进入楼梯就较安全了，不是向下走就是向上到屋顶，上屋顶时间太多时，在 50m 高左右设防烟或直接通风的避难间。但现在的消防规范对 100m 高的建筑不要求设中间避难层好像不太理想。

消防的理念是，逃生越困难时越要注意增加安全措施。当起火受损失时，尽量减少其损失，所以规定了不同面积的防火分区面积。但不管怎么说，一切措施都是针对最大、最难的一个防火分区来考虑的，包括消防水池。

从多层的"建规"到高层的"高规"，安全的原则是一样的。但时代的发展，使我们更多地利用地下空间，而地下不是用室外云梯来扑救的，所以设计时防烟楼梯显得特别重要，地下越深、越大就越要注意，尽量多做排烟井，再加以报警、自动喷洒、缩小防火分区乃至增加能接触新鲜空气的地下交通道等来解决越来越复杂的消防问题。总之，人的逃生是第一要素。概念清楚之后，办法就多了。

8. 规范不会约束时代进步

很多设计者看了消防规范及其他各种强制性规范以后，发现限制很多，对很多业主提出的新要求，不敢去设想，不敢去研究。

但消防规范的文本前有一个"通知"，通知中有一段文字特别重要，"在执行本规范个别规定如确有困难时，应在地方建设主管部门的主持下，由建设单位、设计单位和当地消防监督机构协商解决"，就是说规范没有约束时代的进步，也没有约束设计人的创作。我们只要本着"预防为主，防消结合"，尽量采取措施，与当地消防监督机构共同想办法，是可以解决的。

其他规范也是如此。往往制定的时候，我国还没有发展到有些先进国家的程度，但时代在前进，规范修订比较慢，有些内容根本没有编进规范，在这方面要靠建筑师的敏感，大胆去实践，如人民大会堂、国家大剧院、大型超市、仓储商店、大型游乐场等，用负责任的精神，万分注意人身安全，在实践中去总结经验，顺着社会的进步，应该都能办到。

9. 退红线后的设计

退红线是当年北京提出来的，北京的市长去了新加坡之后，想搞绿色的北京，提出退红线的要求。红线本是规划建筑线，退红线解释不通。当然，有些建筑，如大商场、剧场、体育馆等为了疏散的要求，是应该的，还有两个地块之间要互留空间，也是合理的。而现在每一块红线都退，就不好办了。

既然已定，我们建筑师只能在此规定下做文章了。因为退了红线，消防车在道路上够不着了，里面就要有消防通道，但红线与建筑物之间的地下部分可以利用。有人说：这里要走管道。这就不对了，因为过去不退红线时，管道一样走，管道是直接进入市政管线的。那时，地面没有那么多的井盖。我的做法是：在较大的建筑物地下室四周，留一圈管道走廊，可以避免地上井盖，又为检修找方便，一举两得。

10. 城市设计的要素

城市设计是单独一个门类，但为什么要提呢？因为规划师往往提醒建筑师要注意群体的关系，不要只顾自己的单栋建筑，一个简单的办法是看看左右两边建筑的高度，如果我们的建筑中既融合了左面的高度，又融合了右面的高度，是很容易协调的。

11. 建筑立面的简便设计法

要想将建筑立面做到世界上绝无仅有，肯定是困难的，但要做到不至于很难看，还是容易的事。

最简单的办法是先打格子，将要开窗的位置定在一定的格子里，例如开间是 4m，层高是 3.2m，在横向分 5 格，纵向分 4 格，每一单元是 20 个方格。如取横 3 纵 2，是 6 格，依此排列，开窗率是 30%，不会难看；如取横 2.5 纵 2，是 5 格，开窗率是 25% 也不难看。总的来说，开窗率高一点会好看一点，像人的眼睛，大一点会好看一点。如再要好看，就加一点线脚，像人的双眼皮一样。总之，有点规律比没有规律会好一点，建筑学里叫模数，美术学里叫韵律。

当房子过长的时候，你可以分分段，大体上，以一个方形至一个黄金分割的长方形作为一大段，这样看起来就不会太单调，人们不会说像兵营或像宿舍了。

当房子过高时也是如此，可以纵向分分段，也许可以利用避难层。

最后要注意的是门头不宜过小，门头小了就不神气了，注意一个"神"字。凡"神"都是伟人的化身，如释迦牟尼、孔子、妈祖等在庙里做得都比真人大，否则就看着不神气了。所以门头要想办法感觉略大才好。如人大会堂的门头相当于总宽度的 1/3，北京饭店的门头相当于两层高，都不是功能的需要，重视一点，对整个儿建筑会起画龙点睛的作用。

12. 竖向设计

竖向设计是很多人不敢碰的一个领域，其实是人吓人给吓住了。竖向的根本是水往低处流。

我们可以先从规划的道路标高来算出坡度，如一个道路的交叉点是 50.0m，另一个交叉点是 51.5m，就可以用插入法来分成十五格就是 0.1m 一个点，两个道路的点有了之后，就可以画出等高线来了。

当然进一步细画，就有道路的纵坡，一般是 1%，人行道的道牙一般是 0.15m，人行道的坡度一般是 2%，这样很快就引到红线边了，有了红线边的标高，建筑物的室外就比较好定了，然后就可以定建筑物的室内标高。

红线内的场地原则上是水向红线流，一步一步地完成全部的竖向设计。

关键是不要怕，只要敢去碰，一定能解决。

我见到不少有名的境外建筑师也同样不会做竖向，随便写了几个标高，最后施工时就不好收拾了。

13. 层高的研究

一般公寓的层高在 3m 左右，但下面有时有一、二层的裙房，如果裙房做 5.0m 甚至大于 5.0m 层高，就能做四跑楼梯，可以节约很多楼梯面积。但 4.4m、4.2m 的层高就将公寓楼梯间全加大了，损失太大。

业主喜欢在设计之前定层高，目的是提高容积率，由于不是设计人员的计划，很多因素没考虑，以致最后的成品很糟糕，不得不降价销售。其实只要告诉设计人要求的容积率，设计人员是有办法在不降低层高的条件下来完成的。例如：一个 3 跨 ×5 跨的写字楼，以 8m×8m 间距及 1m×1m 柱截面的柱子来计算，每层面积是 25×41=1025m²。如果每边挑 1m，是 27×43=1161m²，约增加 13%，10 层就相当于增加了 1 层面积还多，层高 3.6m 变成层高 4m，3.6×10=36=4×9，总高度没变。何况再挑 1~2m 对结构来说也并不困难。

14. 楼梯间的防火门也有讲究

一般高层建筑至少有两个楼梯间，而楼梯的宽度最少也要 1.1m 及 1.2m，也就是说每层的最多人数可达到 220 人，但一般塔式公寓人数极少，即使 2000m² 一层的写字楼的人数也达不到 150 人，所以按消防规范的要求，可以设计 1m 宽的乙级防火门，但很多设计单位设计 1.2m 的双扇门，经常影响楼梯的宽度，花多了钱还影响使用。

15. 卫生间

卫生间是每一个设计里都有的，但那么多的卫生间很少见到设计到位的。例如视线遮挡的问题，往往就解决不好，尤其是男卫生间，一开门就看到小便斗，不得不挂布帘子，布帘子几天就脏了。甚至于男女卫生间还门对门。我还见到连浴室的更衣间也有设计成门对门的。有的设计做两道门，当两道门正好都开的时候还是看得见。其实只要动一点脑筋，里面做一道挡墙，使门开着也什么都看不见就好了。有些人多的公共卫生间完全可以不做门。

还有卫生间里的厕位小隔断，1.2m 宽加外开门，一进卫生间看了很乱。其实做向里的内开门，其隔断 1.5m 就够了，再紧凑一点的话，1.4m 也够了，这样的卫生间，既省面积又看上去文明多了。

16. 外墙的要点

外墙的要点是解决保温及防水。保温是外墙的根本，自古以来，窑洞如此，北京的碎砖墙也如此，后来改成 360 墙也是保温需要。但自从不许用黏土砖之后，不知谁发明了内保温，还包括薄薄的所谓保温砂浆，然而丁字墙角的冷桥始终没解决，后来不得不改为外保温。但外保温用的是挤塑泡沫板，做涂料没问题，一做瓷砖等块料就成问题了，原因是弹性模量不同，还需要在中间衬一层钢丝网水泥砂浆板。当然用干挂法做石料等肯定不会出问题。关键是从根本上认识保温，知道哪些钱是该花的，总不至于做出比古老的碎砖墙保温水平还低的保温墙吧。

除此之外，防水问题是重点。最上面的女儿墙要解决盖板上的防水，窗上皮要做滴水，窗下皮要防止进水。说到窗子防水，这一点很多人忽视，因为过去木窗下有滴水，下面有砖窗台，比窗下皮低 50~60mm，但现在用了铝合金窗和混凝土后，建筑师不告诉结构此处要低 50mm，以致外墙做法无法做在窗下，而变成包住窗框，形成了朝天缝，水就从这里进到室内，这是当今的常见病，要注意。再下面是墙基的防潮，现在的设计往往不标明。由于勒脚部位的墙是潮湿的，一般抹上去的水泥类的面层经过几年冻胀之后，不是开裂就是脱落，这部分做块料干挂或在地下室墙上用牛腿托住较为安全。如此看来，外墙处理水的问题是第一要素。

17. 建筑构造

建筑构造对工作初期的建筑师来讲好像很难，其实它的本质应该是：建筑师想用的表面建筑材料如何固定在结构上的问题。然后考虑保温、防水等物理要求。

例如过去的木门窗要固定在砖墙上，直接用钉子钉不上，就先把木砖砌在墙里，然后把木门窗用钉子钉在木砖上。又例如楼梯栏杆的固定，因为铁栏杆无法直接焊在墙上，所以要在墙上留一个洞，将尾部开衩的铁栏杆伸进去，用水泥砂浆灌牢。

构造，就是一种材料要直接固定在结构上有困难时，可用一种两面都能固定的过渡材料相接。

另外就是要解决材料的强度及挠度。

例如石膏板吊顶，石膏板要放在龙骨上，其龙骨要多大，如是木龙骨的话，你就看一看自己的板凳，就是说 400mm 跨度的 1/20，即 20mm 厚的面材上一个人没问题。不上人的话 20mm 的板 800~1000mm 跨度没问题，就是说跨度的 1/40。将要用的材料试一试、比一比就明白了。外墙的构造也是如此，如 4m 层高的幕墙铝材用 1/20 高跨比算的话，200 的料差不多，窗户宽一般是 1.5~2m 之间，所以用 100 的料。工厂的 70 系列即 70 的料，对于 1500mm 左右的窗来说也是 1/20。

这些都是用旁证法来进行初步的判断，使设计能很快进行。

18. 结构柱的估算

当前的建筑都很大很高，50m 乃至 100m 高的建筑已经很普遍了，在设计方案的时候，结构柱子的大小如果估计不清楚的话，就很难将柱网定得合理。我在工作中总结出一个简单的数据，即 100m 是 1.7m^2，柱直径是 1.3m×1.3m。列表如下（表1）：

建筑高度（m）	柱截面面积（m²）	柱截面尺寸（m）
100	1.70	1.3 × 1.3
90	1.53	1.2 × 1.2
80	1.36	1.2 × 1.2
70	1.19	1.1 × 1.1
60	1.02	1.0 × 1.0
50	0.85	0.9 × 0.9
40	0.68	0.8 × 0.8
30	0.51	0.7 × 0.7
20	0.34	0.6 × 0.6

建筑高度与柱截面关系（普通钢筋混凝土） 表 1

若感到柱子太粗，想让它细一点的话，可在下面几层用型钢混凝土柱（也称劲性钢筋混凝土），那么 100m 是 1.0m² （表 2）：

建筑高度与柱截面关系（劲性钢筋混凝土） 表 2

建筑高度（m）	柱截面面积（m²）	柱截面尺寸（m）
170	1.70	1.3 × 1.3
140	1.40	1.2 × 1.2
120	1.20	1.1 × 1.1
100	1.00	1.0 × 1.0

19. 机房面积的估算

我国建筑师 50 年以前是将各个专业全包的，到现在各专业越分越细，甚至于本专业的室内装修，内墙的木门窗、铝合金门窗及外墙的玻璃幕墙、干挂石材、构件墙板等在不知不觉中都分出去了。对这些本专业的东西，我们新一代的建筑师还多少知道一点，但其他设备、电气、结构在我们很多新建筑师头脑里几乎都没有了。最近两、三年里遇到的世界顶尖建筑设计公司大多数也不是很清楚。我见到一位欧洲建筑师，为了一个 18m 以下的商业建筑，耗费半年时间也没有完成建筑方案。一位美国建筑师设计旅馆也如此：图上没有结构柱，也不知道机房需要多少。与这种建筑师打交道，感到建筑师的基本功好像在倒退。

我们各专业都在一个设计单位里，其实只要下一点点工夫，要得到一些专业知识并不是很难的。我在 25 年以前，为编制旅馆设计面积定额时，统计过几十套图纸，发现设备、电气约占建筑面积总数的 7% 左右。当然有的不一定在一个建筑物内，如锅炉房、煤气调压站、变电房等，但大多数都在一个建筑物里，除每层都有强、弱电小室及新风机房外，有关变配电、备用发电机房、生活水箱及泵房、消防水池及泵房、中水处理机房、污水泵房、热交换机房、空调制冷机房、排烟机房等多数在地下室。所以，在方案的时候要事先做到预留，使以后各设计阶段顺利进行。地上的部分约占建筑总面积的 2%~3%，其余的 5% 左右都在地下室。如果在方案的过程中留够了机房面积，就不会被动了。

20. 住宅设计要回顾发展历史

其实住宅的本质没有变，人的大小没有变，起居活动内容没有变，只是经济状况变了。但经济发展相对住宅来说，还没有超过世界各富裕国家的标准，所以还是有参考的依据的。即使我们回顾新中国 50 多年的历史也能找到明确的方向。

就拿 1956 年苏联专家为中国设定的住宅标准来看，当时有两种标准图：一种是五开间，一梯三户，三个二室户；一种是七开间，一梯四户，三个二室及一个三室户。就细部来说，二室户（相当于一房一厅）的户型面积是 66m²，三室户（相当于两房一厅）是 80m²。大房间（即厅或主卧室）面积是 17m²，小房间面积是 13m²。一间 7m² 的厨房，一个三件的卫生间。为什么我要举这个例子呢？因为这是一个不算富裕的欧洲国家——苏联，为我国社会主义初级阶段设定的大多数人民的住宅标准。应该说是欧洲中等偏低的标准。

后来苏联专家走了，我们将标准一降再降，从 66m² 降到 62m²，从 62m² 降到北京 53m²、全国 50m²。1975 年因"大男大女分不开、老少三代分不开"而将层高降低，面积加到 56m²，高层因电梯原因做成 62m²（这种户型被后来叫成"小厅大居室"，当时这个"小厅"只有 6m²，晚上可放一张床），1995 年北京提出的小康标准是多层 64m²、高层 72m² 左右。1999 年取消实物分配改为货币分配，从此国家标准图没有了，进入了商品住房新时期，由国家制定标准到市场制订各自的标准，设计人不适应了。

前一个时期，大家用的口号是"大厅小居室"，实际上这个口号仅用于北京的小康标准，所谓"三大一小一多"，"三大"是指将 6m² 的小厅放大到 14m² 标准间的"一大"、厨房放大是"二大"、卫生间放大是"三大"，"一小"是因面积还是不够，只能将卧室适当缩小，"一多"是要多一点储藏面积，仅此而已。

此后设计的商品房就变成"大厅小居室"，当然厅大了人们没有意见，卧室一小，问题就来了，小到比 1956 年还小就不像样了。所以，用相对论的观点来说：应该是"小厅小居室、中厅中居室、大厅大居室"才对。

21. 名称的改变，影响人们的思维

有一些名称的改变，把含义也改了，上述的"大厅小居室"就是一个典型。

还有，如公寓当年被苏联专家改称成"多层住宅"，然后自然有了"高层住宅"，再后来公寓成了外国人住的高档住房，其实，世界上通用的公寓是指：合用公共楼电梯的寓所，是区别于"住宅"的称谓。公寓不一定高档，外国人也不一定高档。

又如独栋的住宅变成了"别墅"。由于叫别墅，就纷纷建到了远郊区，别墅的"别"，字义上是别业，是第二个以上的房产，"墅"是野土，野土地上的别业，不是正规的住宅，而国外在远处的住宅是中下层中产阶层的住处。

再如旅馆称之为"宾馆"，使人们误解为高级房，所以家里的卧室应该比宾馆小，然后卧室小到连壁柜也没有了。

小区本应在郊区或卫星城的，我们将它搬到了市里，不管是 $1hm^2$ 还是 $100hm^2$，一律叫小区，使市里的道路间距越来越大，导致街坊消失了，交通随之堵塞。

规划的红线本是规划的建筑线，某一位"首长"为了想搞绿化，从此规划条件里就多了一个"退红线"的规定，现在一般要退 5m，有的退得更多。岂不知退了 5m 以后，消防车够不着了，变成多了一条消防车道，绿化还是没有办成，反而浪费了土地。

所以，我们不管名称错不错，只要把真正的含义弄对，也不至于将设计弄错。住房应该是根据相对的经济标准，设计成小厅小居室、中厅中居室、大厅大居室才对。

22. 一个老系数的运用

苏联专家的年代，在设计住宅时，用一些技术经济指标来衡量设计是否合理，有一个叫 K 系数，可以称为"居住系数"，即当时的卧室面积／建筑面积要大于 50% 比较合理，当时的 $66m^2$ 及 $80m^2$ 一户就是 50%，因为当时标准比较低，所以房间都称卧室，没有分起居、客厅、书房、餐厅、客房、家庭室等。这几年我将这些主要房间，如社会上称的几房几厅，用"主要房间面积／建筑面积"来研究，凡设计合理的，往往居住面积系数都在 55%~50% 之间。

户型越小应该系数越偏高，因为户型小的有时连过道都没有，户门直接进小厅，小厅直接进卧室、进厨房、进卫生间，所以系数高，在 55% 以上。户型大的，因为除厨房、卫生间外，还有前室、过道、步入式衣柜、生活阳台、工作阳台、跃层的楼梯、工人间、储存室、洗衣间等，所以当主要房间够了之后，都是一大堆生活必需以外的内容，所以系数就偏低，在 50% 左右或更低。经济条件好了，多一些辅助内容，肯定是对的。但我看到大批设计方案，一些户型并不是很大的，往往由于房地产商为销售提出了很多辅助内容，导致卧室很小，小到只能放下一张床，一对床头柜，不信你们去看看，一大批样板间都是如此。

我的邻居就遇到这种情况，一套超过 $100m^2$ 的一房一厅，因为做了跃层，一套不算小的户型，有玄关，有上下两个阳台，楼梯虽然只有一个，但楼梯上面的空间也算面积，加之公共交通的一个楼梯照两层计算、一个电梯厅当然也是两层计算，还有两个电梯及机电管道也是按两层计算，最后搬家具上下楼梯还不得不拆了楼梯栏杆，下面客厅里还没有卫生间。我算了一下，K 系数是 30% 多一点，显然是不合理的，难怪我的邻居叫苦连天，买了不久后就只好出租。

还有一种情况相反，户型在 $200m^2$ 以上，做了 5~6 间小卧室，卫生间还要合用，住户原本经济条件好，人口并不多，买了大家具，却只能每间房里放一点，无法生活。

我经常为房地产商改图，凡照上面的系数办事，加上用"大厅大居室、中厅中居室、小厅小居室"的原则，都能改成好用的户型。户型放大则辅助的内容随之加多，跃层往往只用在 300m^2 以上的户型，最大的户型在达到 1000m^2 时，辅助的内容甚至有健身房、游泳池、家庭影院等。以这些原则修改，房地产商是满意的，最终结果是好卖。

23. 写字楼的设计要点

写字楼过去叫办公楼，曾是"一条过道两排房，加上楼梯、厕所就完了"的建筑类型，但现代城市发展了，出现了高层写字楼，有些内容规范里有，如防烟楼梯、消防电梯，另外一些规范没涉及的内容不少建筑师就不太清楚了。

例如：电梯的数量是根据人数定的，但人数的根据又是多少？一时查不到根据，就被电梯商弄糊涂了。其实所谓人数指标，就是某一层办公室的人数除以这一层的建筑面积，有了这个数值，大体就有数了。北京某报纸上公布过，一个公务员办公面积标准是 16.5m^2/人，电梯商一般根据 15m^2/人来统计，大体上 250 人用 1t 客梯，1t 可载 14 人，高峰时 250 人要载 18 次。既然面积与人数是定数，而我们设计时习惯用面积，为什么不能用面积来思考呢？用 $250 \times 15 = 3750m^2$，即 3500m^2 需要 1t 客梯，这是比较理想的数字，是当前高级写字楼的依据。而中级写字楼，应不少于每 5000m^{2}1 台 1t 客梯。这些数值由电梯商核算后，认为大体上都是可行的。所谓 5000m^2 用 1t 是指扣掉首层商业和裙房面积后的写字楼建筑面积，如剩下的是 30000m^2 左右，就可用 6 台 1t 的客梯。

客梯的安排最好是一对一对的，如果遇到检修，不至于没有电梯用。当然一对以上，如 3 台为一组也可以，但横向最好不要超过 3 台，超过后可能会看不见信号，在电梯厅里挤来挤去也不是办法。如果面积偏大，算出来的电梯数量过多，也可以用载重量来调节，如用 1 吨以上的 1.15t、1.35t、1.6t 等的电梯来调节。

高档一点的写字楼最好不用 1t 的电梯，因为 1t 电梯的门偏小，只有 1m 宽，大一点的电梯有 1.1m 以上的门，进出就比较理想。

当遇到高层或超高层，层数多的时候，可以上下分区，以 50m 左右高度为一区为宜，因为 50m，大约 10~12 站，以 1000~1500m^2 一层来算，大约 12000~18000m^2，正好是 2~3 台一组，比较理想。

电梯厅不宜太窄，也不宜太宽，一般在 2.5~4m 之间，太宽了，来回走很不方便，如"文化大革命"时设计的北京饭店，厅有 8m 宽，那边刚刚铃响，待走过去，正好关门。

值得注意的另外一个问题是，在首层的电梯厅口，不要缩小宽度，如厅宽是 3m 的话，口部也应是 3m，因为首层的人数是标准层的 10~12 倍。

高层分组以后，由速度来调节等候时间，一般第一个 50m 用 1.5m/s（现在改用 1.75m/s），每隔 50m 升一级，每级 1m，即 50~100m 高用 2.5m/s，100~150m 高用 3.5m/s，150~200m 高用 4.5m/s……以此类推。

客梯解决之后就是货梯，由于写字楼客户的可变性比较大，经常要做装修，所以货梯的数量就要研究，大体上货梯与客梯的相对比例是 1:3~1:4。

消防梯可以兼作货梯，但消防梯是高层需要，不一定下地下室，而货梯往往要下地下室与后勤挂上钩。这是两个概念，不要混淆。货梯也不一定下到最底层，而是应该根据需要来决定。

写字楼的厕所是根据人数来的，人数根据有了，厕位的数量就可以计算出来了。厕位算出来后，洗手盆可根据厕位 4:1 或 3:1 来定，高级一点的写字楼男女各不少于两个盆为好。

此外，强电与弱电大约各占 6m²。若有新风机房放在核心筒，大约是本层面积的 1.5%，即 1000m² 的话约 15m² 左右，1500m² 的话约 20m² 左右。

只要弄清这些东西就行，写字楼主要就这些内容。

24. 车库设计

住宅和写字楼是当前房地产的主要项目，是设计人都要接触到的。但由于汽车发展很快，要将汽车全部停在地面是根本办不到的。以 10000m² 建筑用地作为例子。假设地上容积率是 3 的话，地上要建 30000m²，北京绿化要求 30%，密度一般只能做到 40%。由于北京要退红线，到达每栋建筑门口用的道路及消防环路至少也要占 15%。剩下最多只有 15%，即最多剩下 1500m²。而车位要求每 10000m² 65 个车位，即使设计得最经济，每辆车只用 25m²，也要 65×3×25=4875m²，超过 1500m² 很多，只能在地下解决。有时容积率高达 5~6，加上密度大，可能造成地面几乎 1 辆车都放不下。所以将地下车库设计好很重要。

车库设在地下，以每辆车 40m² 来计的话，约占总建筑面积的 20%，我见过很多图纸要占到 30%，甚至到 35%，即每辆车要占 70m²，造成很大浪费。因此，车库设计已在建筑设计中占很重要地位了。以下一些内容，一不注意就会损失很多面积：

（1）地下车位与结构的柱距有关。很多人习惯用柱距，但由于地面建筑的高度不同，造成柱子的直径不同，因此，用柱距净尺寸为依据最合理。车库停车最基础的数据是车的大小，一般以 1800×4800 来计算，但我统计过大量车的数据，以北京最多的为例，捷达的尺寸是 1660×4428，富康是 1702×4071，即大多数小于 1800×4800，即使高级一点的奥迪 A4 也不过 1772×4548。知道这些尺寸，是为了个别尺寸紧张的地方还有可能安排一些车位，不要将面积浪费了。

（2）一个地下车库最少要两组坡道，如果每层停一点车，往往坡道的面积就占了很多，车库应尽量集中在同一、二层。

（3）地下车库防火单元允许到 4000m²，要求的疏散楼梯少，有很多楼梯可以不下去，以节省面积。

（4）转圈坡道占面积很多，应尽量少用。

（5）地下车库尽量设计成单行线，会增加一些停车位。

（6）车库应尽量不和其他机房放在同一层，因为层高不同，而其他机房在同层的面积一定少于 50%，面积即使不损失，起码空间也要损失，坡道也要加长。

（7）现在的建筑都很大，所以车库也很大，车库大了坡道也就多了，众多坡道要占很多建筑面积，如果我们平时注意高速公路上的收费站的话，三车线的路面会对应 9~12 个收费口。因此，当我们下车库经过收费后，坡道就可以减少到一对，这样也可省面积。

采取措施及精益求精的话，每辆车 35m² 以下是可能的。

（编者注：以上 20~24 项更详细的论述，请看本书中关于住房、写字楼、车库设计的相关文章，此处只阐述一些重要原则。有些内容略有重复，编辑时未作删改，是为了保持原文的完整性，以及方便不同需求的读者。）

25. 总结——将复杂的问题简单化

写了这些内容，只想告诉读者一句话，别把设计看成很复杂的一件事，只要有目标，有心，"复杂"的问题都可以简单化。

文 / 寿震华
原载于《建筑知识》2005 年 1、2、3 期
2011 年更新

方案速"算"口诀

在前文绪言"轻松设计"中，笔者提到设计的两种思路：先形体后内容或先内容后形体。前者的结果就是"成王败寇"，即使成为地标的建筑也常有很大缺陷；后者遵循规律，先满足"适用"、"坚固"、"美观"，往往也不会差。对于绝大多数设计者而言，后者有规律可循，容易掌握，而前者成功的案例其实是后者游刃有余的表现。所以，打好扎实的基础、掌握设计规律是根本。

以下是我做过的一个1000床综合医院的案例，这个十几万平方米的方案我只用两周的时间就将平面功能基本理顺了，同时，体型也已胸有成竹。当时和效果图公司的人员沟通时，他们说我"很肯定"，而他们遇到最多的情况是，建筑师一边看着建模一边改立面，心里没把握，对体型任意变形，跟平面完全对不上。

该项目是1000床的新建综合医院，业主并没有详细的任务书，只有总床位1000（后期扩充至1500床）和总面积不超过150000 m² 的指标。

一、先算后画

在本书"快速设计高容积的好小区"中，笔者提到，老一辈名建筑师张镈，在设计功能复杂的工程之前要先算账，很多人不理解，觉得"不艺术"，而笔者尝试之后发现此法十分科学，屡试不爽，不但一次次快速完成设计，还发现了很多无法交圈的方案其症结所在。

为什么要先算？计算的目的是"翻译"任务书：

（1）将使用面积转换成建筑面积；

（2）将功能分类，每部分功能都按比例留出足够的公共交通面积；

（3）把各类功能分配到各单体（如果有多栋楼）；

（4）把各单体的功能根据面积进行排列组合，均匀分布到各楼层。

有了经过翻译的面积表，总平面和平面布置就会非常顺利。

同时，翻译的过程也可以检验任务书：如果使用面积之和已接近总建筑面积，题都出错了，怎么可能有解呢？

1. 自拟任务书

本案例在开始做方案时，医院顾问单位还没有给出详细的任务书，所以第一步，我就根据经验，估算出每个功能区块面积，自编了一个任务书（直接用建筑面积）作为设计依据。此部分工作特别重要，我用好几天时间才完成。后来策划单位给出的详细任务书，与我自编的任务书出入不大，而且他们在门诊部分还少算了科室区域外的公共交通面积，可见"翻译"的重要性（表1）。

按照 90m²/床确定医疗部分建筑面积指标　　　　　　　　　　　　　表 1

序号	部门	建筑面积比例（%）	建筑面积（m²）
1	住院	39	35100
2	门诊	15	13500
3	急诊	3	2700
4	医技（普通）	27	24300
5	保障系统	8	7200
6	行政管理	4	3600
7	院内生活	4	3600
	小计	100	90000
8	医技（单列项）		10240
9	体检		1500
10	科研	32m²/人	6093
11	教学	10m²/人	10600
12	保健	20m²/人	400
	小计		28833
13	供暖锅炉房		1500
14	地下车库	500 辆	20000
	小计		21500
	总计		140333

接下来，要将表1的14大项分别详细列出具体内容和面积分配。在这里我们不讲医院设计，只列出部分面积表作为举例（表2~表5）。其中医技部分为了便于分配楼层，又将内容进行进一步分类。保障系统是最容易漏项的。

住院面积分配　　　　　　　　　　　　　　表 2

部门	建筑面积（m²）	备注
病房	35100	40 床/护理单元，分 2 栋
住院处	300	
集中更衣	1000	分 2 栋
营养厨房	1300	
病案中心	800	

部门	建筑面积（m²）	备注
库房 1	300	
总计	38500	

门诊面积分配 表 3

科室名称	建筑面积（m²）	备注
儿科	12785	单独入口
其他科室（13 个）		
挂号收费	550	
门诊药房	600	
门诊手术部	600	
一级交通辅助	7065	30%，含门厅
总计	21600	

医技分类 表 4

分类	部门	建筑面积（m²）
放射科	DR、CT、MRI 等	2200
	检验科	2300
	功能检查	1600
	消化内镜	1300
手术相关	手术部、更衣、病理科、血库、ICU	6100
供应	中心供应、配液、中心药站、中心药库	3200
肿瘤	核医学、放疗	3000
其他	康复、血透、DSA、高压氧舱（贴建）	5130
总计		25430

保障系统 表 5

部门	建筑面积（m²）	备注
污物垃圾收集	150	
太平间	400	独立建
卸货	100	
洗衣房	400	
员工餐厅／厨房	2000	贴建
小计	3050	
冷冻机房		
变配电		
柴油发电机		
消防控制室		
消防水池		
消防水泵房		
生活水泵房		

部门	建筑面积（m²）	备注
工程维修		
库房 2	200	
空调机房		地上分散设
小计	2650	(140333-车库-东区) ×5%-室外
总计	5700	7200-1500

2. 总平面单体布置

考虑到这是一个新建医院，根据场地情况，决定采取分散式布局，门诊、医技、病房分开，以利于今后各自扩展。不要被这么多功能所迷惑，应化繁为简，先分类、分单体，再逐个解决。

本项目场地自然分成两个地块，西侧正好可作为医疗区，东侧作为行政区。根据人流来源、场地形状和医疗流程，以医技楼为核心，南侧是门诊楼，北侧是病房楼，最北边是需要隔离的感染楼和太平间，各单体以连廊连接。东区以办公楼为核心，布置其他行政、辅助用房（图 1）。

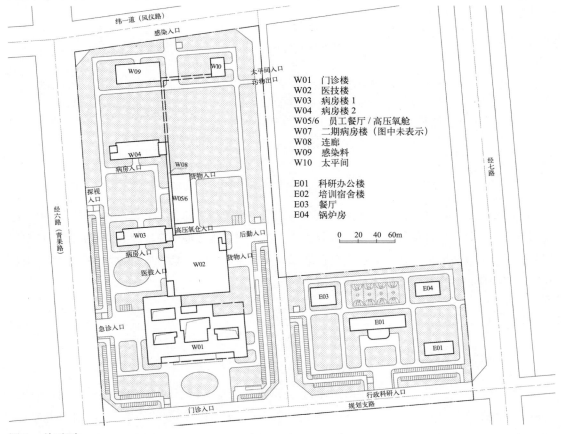

W01　门诊楼
W02　医技楼
W03　病房楼 1
W04　病房楼 2
W05/6　员工餐厅 / 高压氧舱
W07　二期病房楼（图中未表示）
W08　连廊
W09　感染料
W10　太平间

E01　科研办公楼
E02　培训宿舍楼
E03　餐厅
E04　锅炉房

0　20　40　60m

图 1　总平面

在北京三甲医院看过病的人都知道，从距离医院门口三站地的马路就开始堵车。本书"如何使车库设计经济一些（二）"中也提到，要利用小区四周退红线的区域停车，而且车辆只在外围一圈行驶，不进入小区内部，这样不仅利用地上边角多停了很多车，而且彻底实现了人车分流。这次，笔者把这个创新做法移植到了该项目中，在门诊和病房入口附近靠红线处，设置了长条形、分散式的室外停车场，车辆不进入医疗区，直接分散到附近停车区，不仅能方便患者临时停车、减少地下车库成本、避免门口交通拥堵，而且场地内也能实现真正的人车分流。

3. 功能组合，分配楼层

所有功能列全了，单体楼栋分好了，接下来，就是逐个解决各单体内的楼层分配问题了。我们只需要把算好的各部分功能归类，面积加加减减、排列组合，使各层面积尽量均匀就可以了（表6）。

主要单体楼层分配

表6

楼层	门诊楼	医技楼	病房楼	感染楼
标准层	—		病房	—
F5	—	设备层		—
F4	科室	手术部 /ICU/ 病理科 / 血库		—
F3		检验科 / 血透 / 康复		—
F2	化验 / 科室	放射科 / 功能检查 / 消化内 /DSA		感染病房
F1	急诊 / 体检 / 挂号 / 取药 / 儿科 / 发热肠道门诊	中心供应 / 中心药库 / 中心药站 / 配液 / 卸货 / 尸体 / 垃圾 / 信息中心	住院处 / 集中更衣	挂号收费药房 / 发热门诊 / 肠道门诊
B1	车库	放疗 / 核医学 / 机电	南楼：病案室 / 库房1 北楼：营养厨房	—
B2		—	—	—

这一步要注意层高。因本案例是分散布局，层高问题相对简单：病房单独考虑；门诊、医技可以统一；地下室功能比较复杂，需要关注。考虑到医技楼地下室需要设置放疗室，且车库与医技的层高要求不同，所以只在门诊楼地下设置车库，在医技楼设置机电用房，而营养厨房专门供应病房，放在病房楼地下最为方便。

4. 平面布置

（1）柱网

其实平面和总平面基本是同时布置的，在确定柱网后，就可以在场地上一边"打格子"，一边根据间距要求摆放单体了。很多人习惯迁就车库，上来就8.4m的柱网。其实即使是车库，8.4m的柱网也是偏大的（详见本书"如何使车库设计经济一些（一）"），柱网定得不合适，面积很容易有较大偏差。

本案例由于病房楼单独设置，其柱网只需要考虑病房的形式。医技部分的手术室对柱网比较敏感，如果柱网大了，面积很容易超。其他部分则相对灵活，而且采光要求不高，因此医技单体可以有较大进深。门诊科室和车库柱网接近，8m 左右的开间通常可分为 3 间单人诊室，一个科室单元的进深在两跨左右。综合考虑上述因素，我决定让门诊和医技楼均采用 7.8m 的柱网。

（2）核心筒

记得上大学时，做完设计后同学之间互相观摩，一次，一个同学说："这个方案楼梯布置得很舒服。"这句话我一直记忆犹新。其实，她那时已经掌握了核心筒布置的要诀——均匀。小时候听父亲说"平面就是楼梯、厕所"这句话，长大后慢慢领悟到了这句话的深刻含义：建筑从地下室到顶层，尤其是公建及综合体，平面功能、形状、面积有很大差异，核心筒的位置却是相同的（特殊需要转换的情况除外）。所以，找准位置就意味着对功能的全面把控、对法规和其他专业的熟练掌握。

本案例是分散布局，有多栋单体，故核心筒最合适的位置就是靠近单体之间的衔接处，并且，一定是在主通道（医院街）能看到的位置。消防疏散楼梯根据规范分散均匀布置即可。

在本书"揭'秘'综合医院设计之实战篇"中，笔者提出，应借鉴日本医院的做法，客梯与病床梯的电梯厅分开设置。这是医院与其他公建的一个区别（图 2）。

（3）地下车库

地下车库的坡道位置特别重要，选得不好，对总图、地下室平面负面影响非常大，很多时候都是因为没有优先考虑好坡道位置和地下室的关系，导致车位不够而采用机械车库的。而建筑师往往还不自知，总是强调客观，诸如场地限制等理由；业主也不明其中玄机，以为机械车库更省，其实全是误区！

本案例坡道设计顺序是：第一，最合适的地上位置是在周边室外停车区内；第二，要综合考虑地上到地下一层的坡道在地下的走向，与门诊楼地下室平面中车行路线是否交叉；第三，在地下室平面中找到联系地下一层与地下二层的坡道位置，同样必须保证整体车流路线顺畅。注意地上地下的车流应按单行线考虑，全程应顺畅，不应出现交叉（图 3、图 4）。

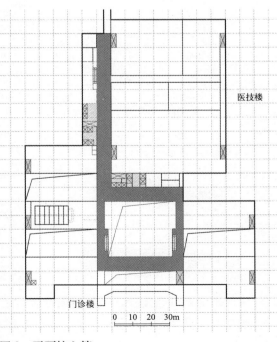

图 2　平面核心筒

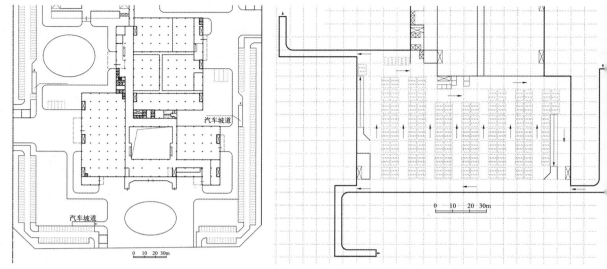

图 3　首层汽车坡道　　　　　　　　　图 4　地下一层汽车坡道

5.单体面积核算（表7）

各单体实际面积　　　　　　　　　　　　　　　　　表7

楼栋	建筑面积（m²）	备注
门诊楼	43584	其中地下车库 20034 m²
医技楼	29052	
病房楼	38700	2 栋
高压氧舱	600	贴建
员工餐厅 / 厨房	2000	贴建
连廊	2200	B1~4F 层
感染楼	2100	
太平间	400	
锅炉房污水处理 / 液氧站	1500	
东区（行政 / 科研 / 生活）	12239	
其他室外建筑		
总计	132375	

二、心中有"数"

任何事情都没有捷径，一气呵成的背后是胸有成竹。就像快餐，之所以"快"，是因为大量的半成品储备，从点餐到上菜，期间只需要完成最后一步加工组合。从食品加工的全过程来讲，并没有"偷工减料"，而是通过批量加工、标准配置等方法使流程简化，以节省时间。

方案速"算"的秘笈就是大量的积累，把自己修炼成活"天书"——手中无书，心中有数。我们心中应备的"数"包括以下几类：

1. 指标

（1）面积指标

类似预算所讲的"定额"，是指计量单位的建筑面积数，比如：旅馆的"每间面积（m^2/间）"、医院的"每床面积（m^2/床）"、剧场观众厅的"每座面积（m^2/座）"、汽车库的"每车面积（m^2/辆）"等。掌握了这些指标，根据给定数量就能迅速算出需要的面积，或根据面积估算出数量。

还有一类是"每人建筑面积指标"，比如宴会厅 $0.7m^2$/人，一般餐厅 $1.2\sim1.5m^2$/人，办公楼 $10\sim15m^2$/人等。这些指标是计算人数的重要依据，尤其在消防问题上。

（2）数量指标

指单位数量与对应面积或人数的关系。比如：电梯指标，1台/$3000\sim5000m^2$（写字楼）或1台/$100\sim150$床（医院）；洁具指标，手盆1个/50人、马桶1个/20人等。

（3）系数

比如各类建筑的"使用系数（率）"：办公楼约75%，多层住宅约80%，高层住宅约70%，医院约55%，小区道路面积约20%等。这在翻译任务书时特别关键，因为任务书只给房间使用面积（净面积），我们必须首先留出足够的公共交通，即：使用面积之和/使用系数=总建筑面积，否则总面积肯定交不上圈。

一类建筑里面不同功能也有比例关系。比如：医院的门诊、急诊、医技、病房的面积比例；旅馆的客房、餐饮、娱乐、后勤各部门等。

还有一些特殊的系数，比如住宅的"居住系数"，主要居住空间面积/套内（户型）建筑面积=55%上下，这是衡量住宅性价比及合理性的重要参数。

公共建筑中，位于地下的机电用房，通常面积比例在5%左右，地上约2%~3%。这个数据很多"主创"都不知道，所以方案常常缺这块面积，等到初步设计再想要出来就费劲了。

（4）关系

有些功能是有固定比例关系的。比如：餐厅与厨房，面积比约1：1~0.6；宴会厅与备餐及粗加工，与餐厅和厨房类似；手术室与ICU床位，约2床/间手术室；门诊量与病床数3：1等。

2. 人体尺度及建筑尺度

（1）人体尺度

从古希腊时期，建筑尺度就是以人体尺度为参照物的，至今未变。可见，牢记人体尺度的重要性。常用人体尺度包括：身高、体宽、体厚；摸高、坐高、坐时视线高；肩宽、臀宽；前、侧向手握距离；坐时臀与膝、足尖、伸直足跟的距离等。

（2）家具尺度与室内空间

与人体尺度关系最密切的就是家具尺寸和洁具、厨具尺寸，如桌椅、柜、床、沙发、马桶、手盆、淋浴间、浴缸等。家具尺寸又直接影响着室内空间尺度。尤其是居住建筑，就那么几个房间，因为人是确定的，家具是确定的，所以户型面积不会有太大出入。因此，凡是所谓的什么新式"居住理念"，都是自欺欺人。

（3）建筑尺度

由室内空间进而可推导出建筑的开间、进深（建筑厚度）、层高这些决定建筑体量的数据。这样，在方案一开始就对体量有了正确估计，不会花过多的时间去想象各种与功能不匹配的怪异造型。

比如：一个 500 间客房的五星级旅馆，客房开间至少是 4.5m，每层客房约 20 间左右，如果是双面布置的板楼，进深大约为 9+9+2=20m，层高 3.3m。有了这些数据，占 55% 面积的客房体量就有了：建筑宽度 =4.5×10+9×2（核心筒）=63m，建筑高度 =3.3×（500/20）+12（两层裙房）=94.5m，厚度 =20m。客房体量就是整体建筑的基本形象。

除了体型方面，门窗、楼梯、电梯、汽车坡道、转弯半径、汽车尺寸等相关设备与细部的尺寸也应熟记。特别注意：4.5m 层高很尴尬，一方面楼梯四跑平台高度不够，面积占用过多，另一方面作为机电用房，高度又很勉强，应尽量避免。

（4）规划及城市尺度

从建筑再推导到场地，规划方面的间距要求也需熟练掌握：消防间距、日照间距、视线间距等；道路宽度、场地坡度等场地方面的尺度特别容易忽略，应特别重视。

再放大到城市尺度，交通工具的变化是城市和单体建筑规模发展的最大动力。然而，使用建筑的人体尺度相对固定，当巨大尺度的综合体建筑和建筑群大量出现时，单体长度动辄达到四、五百米（公交车一站的距离），规划区块几十万平方米，从而导致城市路网过于稀疏，造成交通拥堵严重。比如，北京道路面积只有 7%（五环内），而纽约人均汽车保有量是北京的 4 倍，城区面积是北京的 1/3，但纽约不堵车，主要因为纽约的道路面积占 25%！我们知道居住区的道路比例在 20% 左右，一般建筑的公共交通面积要占到 20%~30%，尺度放大，原理相同，比例不应变。

（5）以人为本

什么叫"以人为本"？所有的尺寸、尺度、空间数据都是从最基本的人体尺度推导出来的。因为人的尺度没有太大变化，所以建筑尺度、体量的浮动范围也很有限（金字塔、神庙、教堂、纪念碑这种极少数刻意营造气氛的除外），超过合理范围，性质就会发生变化，设计思路就得调整。比如超大型机场、火车站、世博园，虽然是封闭的物业，但内部尺度已经远超过人步行可承受的范围，内部交通就需要按照城市的思路处理，设置电瓶车、接驳火车等。因此，对大多数建筑师来说，把精力花在踏踏实实掌握基本数据上对提高方案能力是最有效的方法。

3. 其他专业数据

其他专业的基本数据，比如结构柱子大小，梁的高、宽、跨度关系，板厚与跨度关系，核心筒内的机电管井及面积等，这些也都与方案有关。当我们熟悉了其他专业的基本数据后，就懂得了他们的"语言"，更容易与他们沟通、协调，以达到我们对整体方案的目标。

4. 经济与法规

经济性与法规约束是学校里不涉及、在实践工作中又非常重要的内容。离开这两方面的考虑，方案就是"架空"的，只能叫作学生作业，不具有可行性；具有可行性的方案一定是合理合法的。

笼统来讲，合理的方案一般是各项要求综合做得比较好的，通常也是经济的。包括使用率较高，满足规划指标和功能要求，结构形式、机电系统、装修做法、材料选择适当，节能等。经济性是业主最关心的，我们作为服务者，当然应该首先站在业主的角度去考虑。

法规包括法律和规范。按照建设流程完成报批手续、满足强制性规范及消防规范都属于法的范畴，理论上没有商量余地，但当遇到规范没有包含的特殊情况时也可以单独研讨。

其他指导性的规范要辩证对待。很多建筑师没有规范就不会做设计，这是把顺序颠倒了。指导性规范是从大量实践中总结出来的参考数据，所以是先有实践，后有规范，而且受当时经济技术条件所限制。因此，不可迷信规范，要大胆实践、小心求证，用实践推动规范更新、行业发展，而不是让参考成为技术发展的绊脚石。

就拿最常见的楼梯踏步高度来说，我见到的绝大多数公共建筑都不超过170mm。为什么？"规范规定的呀"，回答得理所当然。首先，在规范中这一条并不是强制性的；其次，制定这条规范时电梯、扶梯还很少见；第三，我亲自量过，地铁的楼梯踏步高是180mm。试问：每天巨大人流通过地铁楼梯，并没有谁觉得不合适，为什么在楼梯基本只用于消防疏散的今天，同样尺寸搬到公共建筑中，就不合适了呢？所以，看待规范要用发展、辩证的眼光，不但知其然，更要理解其所以然。

图集、技术措施等就更不是强制性法规了，它们是作为设计案例与参考，为了帮助设计而不是制约思考的，何况里面还有很多错误。相比图集，我个人更推荐采用厂家的资料，因为那是最新的技术。

三、方案口诀

为方便记忆和练习，我将方案设计的顺序及关注的重点问题编成了以下口诀：

画图之前先计算，面积体量存心间；

总图地形优先勘，机房车库地下占；

平面布局看核心，合法合理分布均；

电梯何需询顾问，面积分区足可参；

结构不可无支点，柱网确定由开间；

立面不变应万变，比例尺度循经典；

举一反三勤总结，各类建筑全破解；

定额指标多收藏，自编自设真内行。

在我看来，当能领悟到口诀每句话的含义，并且熟练运用常用的数据，就算参透建筑设计的要义了。不过，随着技术的发展，数据也得不断更新，这些更新甚至可能导致思路的变化。所以，一定要与时俱进，多观察，多积累，边实践边总结。

文 / 沈东莓

2016 年 8 月

场地设计

不容忽视的竖向设计（一）
——亡羊补牢，为时未晚

一、天灾人祸敲响警钟

近几年的几场暴雨引发了北京群众对场地排水问题的热议。北京年降水量不大，城区地势平缓，因此人们仅仅对地面积水有些直观感受。但如果暴雨发生在山区或沿海，后果可能是灾难性的：城市被淹，爆发泥石流、山洪，建筑工程场地塌陷等，经济和生命损失都会相当惨重。

2011 年我参加了一个总图设计培训班，主讲是总图规划高级工程师，原重庆钢铁设计院总工肖丹琳老师，她具有 30 多年总图设计的丰富经验，目前还在亲手做设计。两天的培训班出现了罕有的座无虚席且无人早退的场面，可见大家对总图知识的渴望。可惜时间太短老师对一些基本概念无暇细说。尽管如此，我还是感到收获颇丰，对场地设计从深度和广度上都有了更清晰、深刻的认识，而对那些因忽视竖向设计造成的灾难和损失更加惋惜。

在北京，虽然鲜有滑坡、泥石流、房屋倒塌被淹等极端恶性事故，但不良的竖向设计，也给人们的生活、出行造成诸多不便，甚至是伤害，最常见的就是场地内标高定得过低或过高。场地标高过低容易导致雨水倒灌，于是就有些建筑师为保险起见，宁高勿低，将场地标高抬得特别高。但过犹不及，这样会导致人车进出困难，只好设置很陡的坡道和台阶，有的甚至因为坡道距离不够长，不得不占用人行道，更谈不上无障碍设计了。尤其对于沿街商业来说，本来沿街长度范围内都是可以进出人流的，但由于高差过大，只好集中设置一、二处大台阶作为人行道通向高台的出入口，人为地设置了进入商业的障碍，无形中阻碍了顾客的购买欲。

以下是两个典型的"宁高勿低"实例，给场地内外交通衔接带来极大不便。

（1）实例 1（图 1）

北京的小区 a 与小区 b 仅一路之隔，小区 b 经过仔细的竖向设计，四周道路与小区内部场地都是平缓衔接，而小区 a 是国外事务所的方案，未经过竖向设计，场地标高定得过高，致使场地比四周道路高出 1.5m，人行出口不得不设置很多台阶。汽车坡道更是超出红线，侵占了人行道（超出红线是违法设计），不但给行人造成诸多不便，而且严重影响了市政设施——无

图 1　未做竖向设计的居住区

障碍设施无法连续。西侧与北侧市政路拐弯处被迫以一个 3、4m 长、坡度达百分之十几的陡坡过渡，自行车上下坡极为困难和危险。

（2）实例 2（图 2）

北京某公共建筑场地高抬约 1.5m，本来很长的沿街面缩小为两个汽车出入口，为了收费还要设杆，汽车必须停在百分之十几的斜坡上交费，而且下了坡正对十字路口，如果冬天下雪刹不住车十分危险！人行通道被挤到不足 1m 宽的一边，因为拐弯坡度转换过于剧烈，地砖凹凸不平，特别容易崴脚。现在都提倡绿色出行，但这种设计只能是"自行车和残疾人免进"。自行车坡道太陡上不去，人行通道连推车的宽度都不够，汽车通道有横杆拦着，无障碍更是免谈。

场地出口就是十字路口

人行通道不足 1m 宽

图2 未做竖向设计的公共建筑

由于不良设计充斥着城市的各个角落，所以人们已经见怪不怪了，直到灾难发生，才有舆论质问：设计是怎么做的！

二、从总图设计到场地设计

1. 我国总图专业的历史变迁

1998年前，国内工业建筑领域有一个"总图运输"专业，它负责工业厂矿总图规划、总图施工图设计及施工管理。计划经济时代，一个大型企业就像一座小城市，工作、居住、商业、教育、医疗、娱乐设施，无所不包，因此，厂区设计实际囊括了选址规划、生产工艺、交通运输、能源动力、单体建筑、绿化景观、管线设备等从方案到施工图的全过程。这在当时发挥着政府指导性作用。

1992年，我国开始向市场经济转型。因对西方设计市场不了解，以为不需要总图专业，于是1998年后，我国取消了大学里的总图运输专业，拆分为两个体系，即建筑系里的"场地设计"和土木工程系里的"城市交通与总图运输"。但实际上，建筑系里基本没有场地设计的专门课程。

1998年前，国家编制的设计文件深度规定中，从方案、初步设计到施工图的各阶段都有"总图"专业，并排在最前面。然而2003年修订的设计深度规定中，却将"总图"改成了"总平面"。这一改，使概念彻底混乱了。专业没了，名称改了，工作没人做了。

然而，随着项目开发规模不断扩大，开发方式"大跃进"，使总图设计这一客观"刚需"的不足越发凸显。经各方强烈呼吁，2010年，西安建筑科技大学终于恢复了对总图运输专业的独立招生。

2. 场地设计基本概念

工业建筑的总图设计实际就是民用建筑的场地设计。"场地"是指基地中（红线范围内）包含的全部内容所组成的整体，其构成要素包括：建筑物、构筑物，交通设施，室外活动设施，绿化与环境景观设施，及工程系统（管线及工程构筑物如挡土墙等）。"场地设计"就是依据建设项目的使用功能和规划条件，在现状条件及相关法规基础上，组织、安排场地中各构成要素之间的关系，使其形成一个有机整体。

场地设计的内容包括7大项：场地设计条件分析，场地总体布局，交通组织，竖向布置，管线综合，绿化与环境景观布置，技术经济分析。

其中，场地设计条件包括地形、气候、水文地质等自然条件，位置、环境、市政等建设条件，以及规划条件。这些条件中地形是最容易被忽略的，但它直接关系到竖向布置方案，竖向布置又直接影响总体布局、交通组织、管线综合及绿化景观。由此可见竖向设计在场地设计中的核心地位。

场地设计应从项目立项就着手进行。对于普通的民用建筑，大都是从建筑方案接手的，那么在开始主体建筑设计之前就要首先进行场地条件分析。到了施工图阶段，场地设计是否科学、合理、经济，最终着落在管线综合上。因此，场地设计应贯穿项目建设的始终，"一头一尾"尤为关键。

3. 总图专业工作范围在民用建筑领域的分工情况

总图专业工作范围在民用建筑领域的分工情况　　　　　　　　　　　　　表1

总图专业设计内容	民用建筑领域做工作的专业或单位
总平面	城市规划、建筑、景观
道路竖向	市政设计院
场地竖向	前期方案空缺，后期施工图景观
场地排水图	空缺或给排水随意布置雨水口
管线综合	主要给排水，各专业分别做，无人综合
场地土石方	预算、测量、施工单位
挡土墙	结构或施工单位

从表1可以看出，除去市政道路竖向设计划归市政设计院、总平面图归建筑师画以外，场地竖向设计是后面场地排水图、管线综合、场地土石方计算、挡土墙设计的基础。无论从时间还是专业顺序上讲，作为项目龙头专业和主持人的建筑师应义不容辞统帅设计，绝不能交由景观设计师来完成。

4.场地设计特点与成本

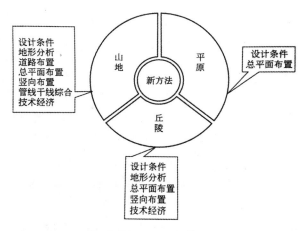

设计条件
地形分析
道路布置
总平面布置
竖向布置
管线干线综合
技术经济

山地

新方法

平原

设计条件
总平面布置

丘陵

设计条件
地形分析
总平面布置
竖向布置
技术经济

图3 不同地形场地设计思路不同[①]

大综合、难重复、不可逆和可预见是场地设计的主要特点。平原、丘陵、山地的设计思路是不同的（图3）。

坡地（丘陵、山地）项目如果缺乏对场地设计的认识，把坡地当平地做，不出事则已，一出事便是大事。山地项目场地工程成本接近总投资的一半。要想少走弯路，科学避险，就需要场地设计的技术支持。

三、竖向设计基本概念

1.定义

竖向设计（或称垂直设计、竖向布置）是对基地的自然地形及建、构筑物进行垂直方向的高程（标高）设计；既要满足使用要求，又要满足经济、安全和景观等方面要求。

2.基本任务和原则

竖向设计的基本任务是利用和改造建设用地的原有地形，具体包括以下几个方面：

（1）选择场地的竖向布置形式，进行场地地面的竖向设计；

（2）确定建筑物室内外地坪标高，构筑物关键部位（如地下建筑的顶板）的标高，广场和活动场地的标高，场地内道路标高和坡度；

（3）组织地面排水系统，保证地面排水通畅，不积水；

（4）安排场地的土方工程，计算土石填、挖方量，使土方量最小，填、挖方量接近平衡，未平衡时选定取土或弃土地点；

（5）进行有关工程构筑物（挡土墙、边坡）与排水构筑物（排水沟、排洪沟、截洪沟等）的具体设计。

以上的任务可以概括为几个关键词——竖向布置、建筑标高、场地排水、土石方量及构筑物，并且是有先后顺序的：先有合理的竖向布置，才能确定合理的建筑标高，使场地不积水，从而

---

① 赵晓光.场地规划设计成本优化：房地产开发商必读.北京.中国建筑工业出版社.2011.

使土方平衡。最后是必要的构筑物设计。所以，后面四项正是竖向布置的原则和目标，即合理的竖向布置评判标准。

3. 设计条件

（1）现状地形图；
（2）地质条件和水文资料；
（3）市政道路竣工图；
（4）地下管线情况；
（5）填土土源及弃土地点；
（6）总平面图；
（7）建筑首层平面图。

其中（1）～（5）是场地本身的基础条件，应由甲方提供，但很多甲方不知道可以向规划部门索取，并要提供给设计单位，很多建筑师也不懂得这些是设计条件。

市政道路和总平面图的深度应符合表2的要求。图4所示是市政道路竣工图举例。

市政道路和总平面图的深度要求　　　　　　　　　　　　　表2

	条件	深度
市政道路	场地周围市政道路竣工图	● 道路平面图（道路宽度，人行道宽度，道路与红线关系等） ● 道路纵断面图（变坡点标高，纵坡坡度、坡向等） ● 道路横断面图（横坡坡度、坡向，道牙高等）（图4）
总平面图	场地周围道路、环境	与市政条件及规划条件相符
	场地	场地出入口位置，各级道路宽度、定位和连接关系，建筑、绿地、停车等场地划分及相对高差等
	场地内建筑	定位，首层平面轮廓线（包括出入口位置及其与道路衔接关系，室内外高差），汽车坡道位置等

当前，总平面图问题非常多且普遍，最常见的问题是：只管红线内，红线外的市政环境道路条件表达不全甚至完全没有。我曾听到一位国家一级注册建筑师说："红线外不是责任范围可以不管！"这样绘制出来的总平面在总图专业中被称为"裸体总图"，存在于绝大部分项目中（图5）。在绝大部分居住项目中，建筑师为了抢时间，满足甲方预期的销售目标，在方案设计时往往是按照"满足最大容积率的'裸体总图'报规→单体户型施工图→景观、市政道路、管线垄断行业来做二次场地及管线设计"的顺序进行，而正确的顺序是：先按建筑布局意向来规划场地道路竖向及管道走廊和景观环境，再做单体方案，并相互协调整合。这样颠倒程序导致的恶果是：前期错误的方案已报批通过，后期经竖向设计后发现单体正负零不合理，但已经施工，无力回天，最终完工后场地被淹、积水……此种案例不胜枚举！然而，业内一直存在这种误区，以讹传讹，错的都变成对的了！

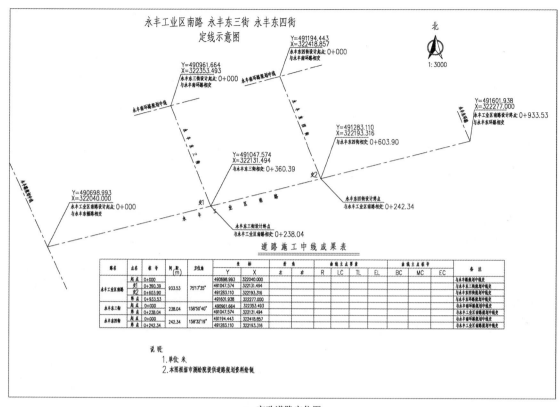

a 市政道路定位图

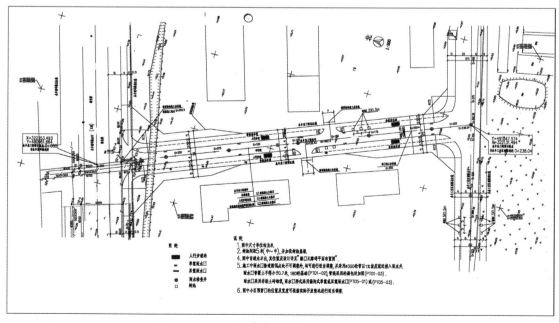

b 道路平面图

图4 市政道路竣工图举例

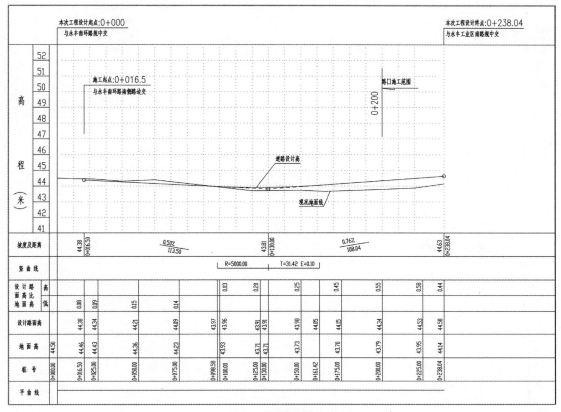

c 道路纵断面

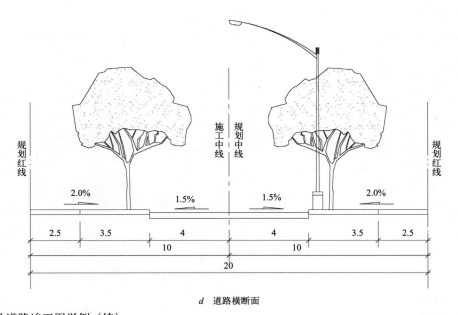

d 道路横断面

图4 市政道路竣工图举例（续）

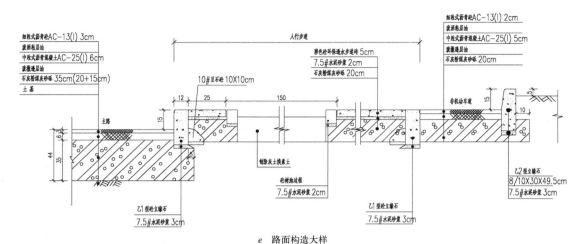

e 路面构造大样

图 4　市政道路竣工图举例（续）

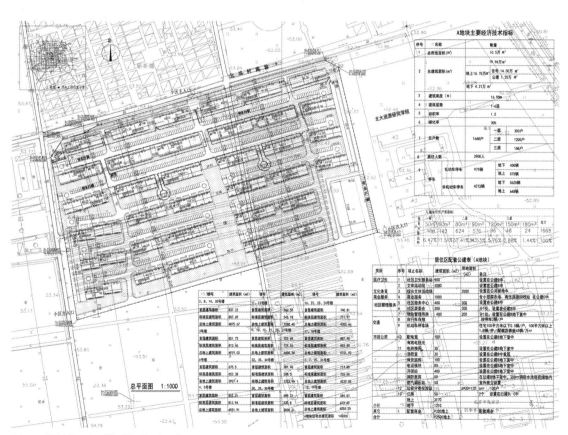

图 5　某居住项目的"裸体总图"

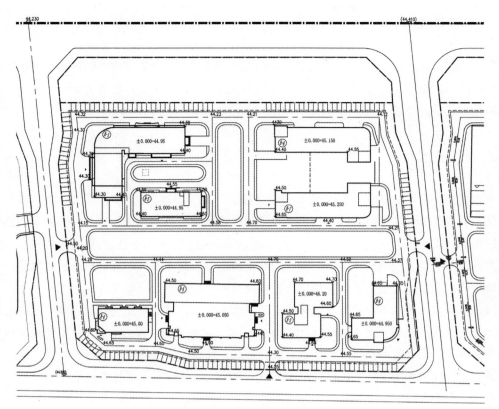

a 原场地竖向设计，只有标高很难判断地势起伏变化

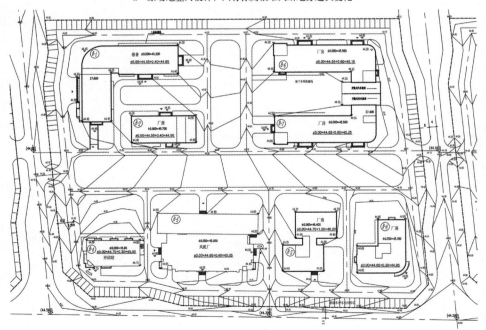

b 笔者重新用等高线做的竖向设计，场地地势一目了然

图 6 某项目竖向设计

4. 一般步骤

平坦场地比较简单，一般设计步骤是：道路及室外竖向布置→建筑室内外标高→场地排水设计。

坡地场地则要在上述步骤之前，先进行以下步骤：确定地形竖向处理方案→计算土方量→支挡构筑物的竖向设计。

5. 表达方式

一般教科书上都会讲到"标高法"、"等高线法"及"局部剖面法"。其实归根到底只有一种方法，就是等高线法。等高线法是地形表示法中最科学、最有价值的方法，我们看到的地图都是用等高线表示地形的。那么为什么只注标高就不行呢？其实不难理解：点组成线，线构成面，零散的标高点不能直观地反映地形"面"的起伏变化，因此无法判断设计标高的正确性，只有一定数量的等高线才能使人非常直接地、近似地对地形形成整体印象（图6）。

而且，坡度较小的平坦地形，因为标高是"渐变"的，更需要通过画等高线，以便很容易地查到任意一个位置的标高；而坡地则因为坡度过陡，必须采取台地的处理方式，类似"梯田"，台地的界线实际上就是等高线，标高是"突变"的，反而比平坦场地更易判断地势。

关于等高线等场地基础知识已经有很多书籍介绍，这里就不再重复叙述了。

文 / 沈东莓
2014 年 4 月

不容忽视的竖向设计（二）
——等高线画法实例

在建筑系的相关课程中都有等高线的内容，可奇怪的是，在我这些年来见过的几百个项目中，不管是方案、初步设计还是施工图，居然没有一套图的总图竖向设计用等高线来表示！问题不在于是否必须要画等高线，而在于不用等高线根本不可能清晰地表示地形的起伏状况。设计人在不清楚场地高程的情况下，根据什么决定建筑的正负零标高？正负零标高不清，势必造成很多错误和危害，甚至还有人把坡地当平地设计，在方案通过后却无法实施，耽误工期，贻害甲方。

常见的典型错误有下面几种。

一种是建筑物被抬得很高，以致即使用最陡的坡度，也无法满足道路高程到建筑物入口标高的过渡，不得已只能从人行道边缘开始起坡，导致人行道被切断了（图1）。另外由于建筑物抬得太高，车库坡道先从人行道边缘向上，经过退红线的宽度到达地下车库的出入口，然后再向下坡向地下车库，真是没事找事的做法！图1这个例子明显是在没弄清楚建筑四周场地高程的情况下定的正负零。

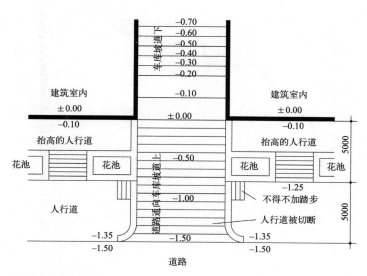

图1 正负零过高

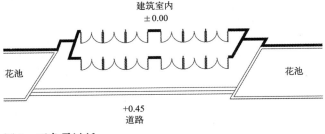

图2　正负零过低

另一种情况是建筑物正负零的标高定低了，进门后不得不向下走。我猜测肯定是设计时弄错了，在结构施工完成后不得不采取进门向下的措施。我遇到过一个非常有名的境外设计公司做的项目就是如此。我们在配合设计的时候已经提供给他们一个有等高线的竖向设计图，但他们可能认为中国人肯定没有水平而不屑一顾，故导致了设计错误（图2）。

我还遇到过一种情况。一位自称"大师"的境外建筑师，在一个地形非常复杂的工程项目总图上，居然坚持不用等高线，以致方案出来后，大堂的标高高出场地10m之多。从地块外面的道路进入地块，无法用合理的坡度到达大堂前的门廊。该项目地形是一个山坡地，中间有一个泄洪沟，沟的两边是台地，地形图等高线不清楚，但高程还是很清楚的。作为业主的顾问，我将地形图用近似的等高线画出来，地形就清楚了（图3）。这位"大师"经不起我们多次提出竖向的问题，修改了一年多，但还是解决不了，最后甲方不得不请他离开，实在可悲。

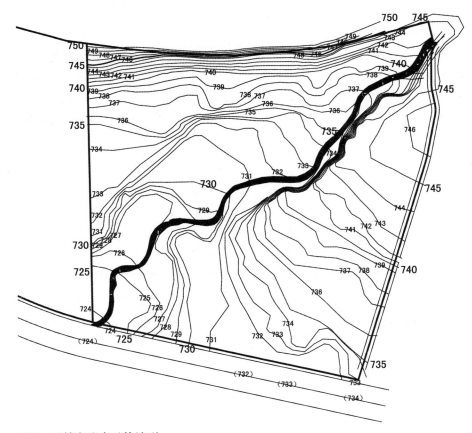

图3　用等高线表示的地形

因此，我认为竖向设计是建筑师应该掌握的技能。

上述错误的原因，简单说来，是由于在看不清整体地形起伏趋势的情况下，只能根据道路上的个别零散高程，迷迷糊糊地"懵"建筑标高造成的。正确的竖向设计步骤应该是：道路高程→道路等高线→人行道高程→人行道等高线→红线高程→场地等高线→建筑角点高程→正负零标高，一步一步推导出来。所以，从道路高程是无法直接得到建筑标高的。

下面我们用一个实例来看看如何从道路标高一步一步推导出建筑标高。

1. 道路中心线标高

我们从规划部门拿到的地形图上至少有道路中心线、道路宽度、人行道宽度、道路与道路交点上的高程（图4）。我们将规划北路两端高程98.05及97.60之间取高差0.1m，用插入法求出98.00、97.90、97.80、97.70各点的位置（图5）。

2. 道路等高线

根据道路的断面，可以得到道路横坡，一般道路横坡是1%~1.5%，进一步求出道路边缘高程。以规划北路97.90为例，为便于计算，假设道路横坡是1%。通过97.90高程点做一条垂直于道路中心线的辅助线，辅助线与道路边缘交点的高程应该是97.90–10m×1%= 97.80。用同样的方法可以求出规划北路上与中心线高程相同的点在道路边缘的位置。接着将这些高程相同的点，如97.80与97.80连线，当全部连线完成后，就出现道路的等高线了（图6、图7）。

再用同样的办法，完成规划西路的等高线。我们发现规划西路的等高线较规划北路密，说明规划西路的道路坡度大于规划北路（图8）。

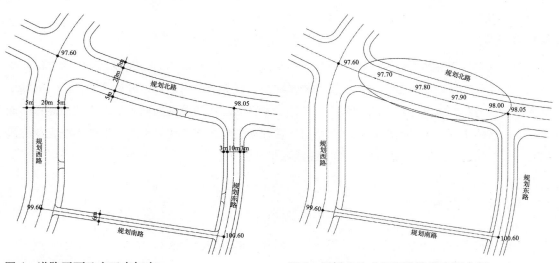

图4　道路平面及交叉点标高　　　　　　　　图5　用插入法求规划北路等高距高程

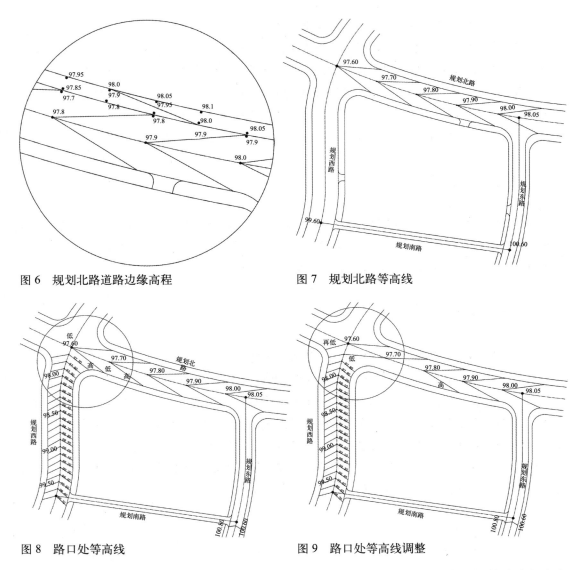

图 6　规划北路道路边缘高程　　　　　　　图 7　规划北路等高线

图 8　路口处等高线　　　　　　　　　　　图 9　路口处等高线调整

　　检查画完的等高线会发现，由于规划北路与规划西路的坡度不同，规划北路的路南侧在交叉路口的高程出现"高—低—高"起伏的奇怪现象，规划道路应该是"顺坡"的，那么问题出现在什么地方呢？问题出现在规划西路也是用两个已知高程简单地用插入法求中间点高程。而实际上，道路中间可能还有变坡点，在路口处往往坡度也会有变化（因市政条件不全无法准确判断）。所以我们应该调整路口附近的等高线形状（图 9）。

3. 人行道高程

　　一般人行道的道牙高是 0.15m，所以，规划北路路边的两个高程 97.80、97.90 引到道牙的上沿就是 97.95 及 98.05（图 10、图 11），再用插入法取得 97.90、98.00 的位置。

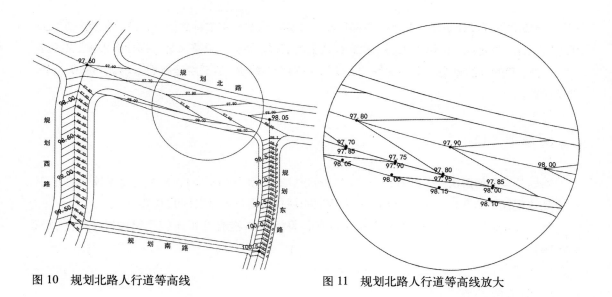

图 10　规划北路人行道等高线　　　　　　　图 11　规划北路人行道等高线放大

4. 人行道等高线及红线高程

人行道的横坡一般为2%，与做道路等高线同理，即可求出红线上的高程点。有了人行道边及红线上的各点后，将同样高程的点相连，就完成了人行道上的等高线（图11）。用同样方法完成规划北路、规划西路、规划东路的等高线（图12）。

规划南路没有人行道，所以，只需要完成道路的等高线（图13）。至此，道路的等高线全部完成了。为什么我说"道路的"等高线完成了呢？因为，这些高程本应由市政单位完成并提供给甲方，并由甲方提供给设计单位，但奇怪的是，我们的设计单位都以"业主是皇帝"为由，就是不敢要求甲方去市政部门索取，而我们设计单位又不是业主，没有资格去要，就是这种不是道理的"道

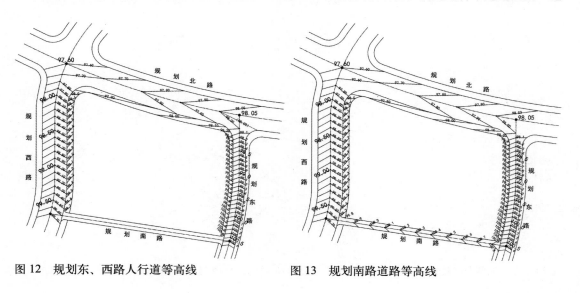

图 12　规划东、西路人行道等高线　　　　　　图 13　规划南路道路等高线

理", 导致拿不到设计条件, 几乎全国都如此。其实, 只要业主拿得到地, 市政单位就一定完成了道路设计, 肯定能在道路施工图上找到红线上的高程。否则, 道路又是根据什么来施工的呢?

当然, 我的办法也是没有办法的"办法", 虽然不够精确, 但至少能够看出场地的起伏趋势, 将工作进行下去。

5. 场地开口

场地开口如何解决呢? 我找出三个典型的开口处 (图 14、图 15)。一个是坡度较平的开口, 一个是坡度较陡的开口, 另一个是没有人行道的规划南路与道路之间的开口。

将开口的坡道两边, 用插入法标出各点, 将相同高程的点相连就得出坡道上的等高线 (图 16)。

6. 场地等高线

最后, 将红线上同样高程点相连, 可以得出整个场地的等高线 (图 17)。有了等高线, 坡向就清晰了。至于坡度, 如果是道路, 可以通过高差与距离的比值求出, 如果是场地, 则是通过高差与等高距 (两条等高线之间的距离) 的比值求出。如: 规划北路是 1∶324, 0.3% 坡度; 规划西路是 1∶58, 1.7% 坡度; 规划东路是 1∶37, 2.7% 坡度; 规划南路是 1∶125, 0.8% 坡度。道路的坡度在 0.3%~2.7% 之间。一般情况下, 小于 2% 的坡度往往是看不出来的, 3% 的坡度才有点感觉, 而且站在 3% 以上坡度的位置才会觉得有点斜的感觉。

根据带有等高线的竖向图, 我们掌握了场地的坡度、坡向, 这时候再确定建筑的正负零标高就有根据了。

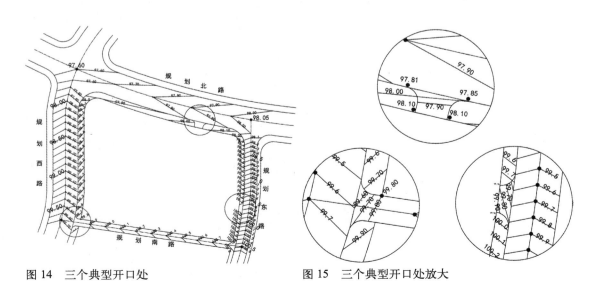

图 14　三个典型开口处　　　　　　　图 15　三个典型开口处放大

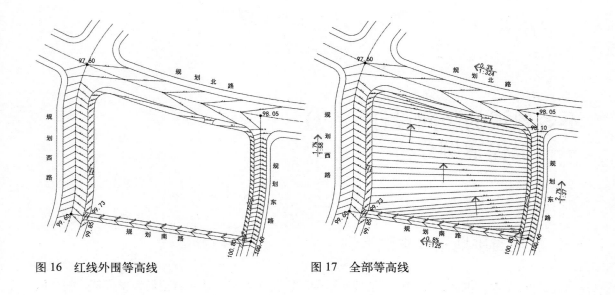

图 16 红线外围等高线   图 17 全部等高线

在平原地区，场地的坡度基本上都在平坡范围内，规划不会受地形影响，通常到初步设计才做竖向设计，主要目的是确定建筑正负零。但如果是在山地，做规划方案前则必须先进行场地竖向研究，研究场地的坡向、坡度范围，以确定哪些场地适合建设，哪些需要避让，建筑的朝向、分布，等等。这些分析都是规划布局的重要依据，没有这些依据的规划方案如果实施了，后果可能是灾难性的。

文 / 寿震华
2014 年 4 月

不容忽视的竖向设计（三）
——工程案例分析

一、坡地当平地做的失败案例

这是一个北方地区比较少见的坡地地形的居住区（图1），业主希望做得密度低一些，但是为满足高容积率，不得不做一些接近100m的高层来平衡。规划设计将这些高层集中布置在场地北侧地势最高的部位，将低层住宅布置在南侧地势低的部位，而且低层部分还有大片连接多栋楼的地下车库。业主不希望做超高层，所以，尽管有不少高层，容积率仍然不够，

图1 原设计规划总平面

而且高层集中，日照也有问题。当我看到这个方案时，据说已经得到业主单方认可，准备做施工图了。此时非常棘手的问题是：因为先定了单体建筑布置方案（本书"快速设计高容积的好小区"一文中曾经谈到，"先定户型是一种错误的方法"），但单体正负零却迟迟不能确定，只好开始研究场地竖向，然而，场地坡度大，地形比较复杂，设计方做竖向时又是只注标高，肯定交不上圈！

这是一个缺乏竖向设计认识、坡地当平地做的典型案例。虽然没有道路竣工图，但业主提供了场地地形图（图 2），有实测的道路标高，坡地地形已经非常清晰，而且局部坡度达 8%~10%。但业主或设计方却均无视地形的复杂性：业主不了解坡地开发中场地工程成本巨大（山地的话要占到总投资的一半），声称"要将坡地一律铲平"；而设计方也因为不懂得坡地规划的设计方法，在业主催促下出了一个典型的平地布局规划方案——横平竖直、南北向、板式，与地形走势毫无关系，导致了上述棘手情况。

丘陵和山地项目规划之前必须进行地形分析，内容包括：

（1）高程分析——最高点、最低点、最大高差；

（2）坡度分析——8%、8%~25%、25% 以上；

（3）坡向分析——南、北、东、西坡或平坡；

（4）自然排水分析——分水岭、山脊线、山谷线、冲沟。

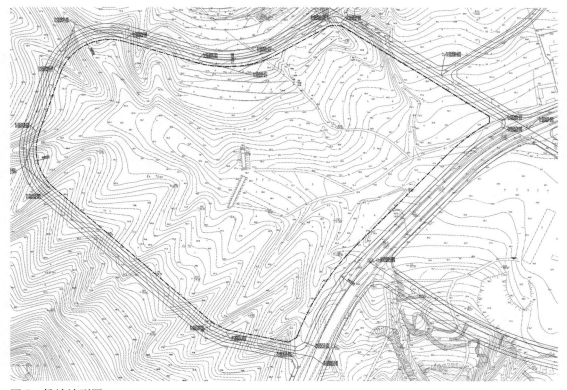

图 2　场地地形图

其中要注意，世界各地的坡度分类标准不尽相同（表1）。

坡度分类标准参考值（%）   表 1

分类		一类	二类	三类	四类		
中国大陆	规划	0~8	8~15	15~25	>25		
	设计	<10	10~25	>25			
中国台湾		<5	5~15	15~30 独栋双拼联栋住宅	30~45 低密度住宅群，台阶式	45~55 低密度住宅群	>55 禁建
美国		<5	5~15	>15	>25 禁建		

我跟设计方负责人说，不能只注标高，必须把场地等高线画出来，但设计人说不会；我只好根据这些道路的实测标高和常用的道路横坡，动手画出了场地的等高线——"地势分析图"（图3），场地地势便一目了然了。

地势分析图与地形图的地势起伏是吻合的，相当于假想的最接近实际地形的"场地平整图"。根据上文所述，对高程、坡度、坡向进行分析得知：从最高的西北、西南向中西部降低，之后再整体向东部降低至最低，随地势降低坡度逐渐加大，大约为2.8%~6.5%，最高点80m与最

图3　地势分析图

低点 54m 高差达到 26m。这种场地的自然坡度相当于北京平原地区的 10 倍。因坡度大，我采用的等高线等高距是 1m，而北京平原地区的竖向设计等高距多采用 0.1m 或 0.05m。

坡地场地的 1/3 坡度在 4% 以下、1/3 在 5%~6%、1/3 在 8% 以上很常见，依山就势规划基本就能消化高差，达到品质与工程量的平衡。

在坡地建筑布局时，应遵循以下规律。

（1）建筑长轴应以顺等高线布置为主。

（2）当建筑布局垂直等高线布置时，需要做特殊处理：

- 底层顺应地势做减层处理；
- 局部空间采用架空设计；
- 随着地势的变化设置不同标高的出入口；
- 不同层面的交通廊道的连接；
- 建筑内部空间的逐级跌落等。

本案例从地势图的分析上看，最大坡度还没有达到 8%，算是丘陵地带的"平地"了。如果按照坡地的规划设计规律做设计，本来是可以很顺利的，但可惜的是，设计方把坡地当平地做，建筑布局与坡地设计规律完全背道而驰，不仅道路的设置丝毫未顾及等高线走向，更人为地加剧了场地坡度，使局部区域坡度达到了 10%（北部坡度 10% 的区域采取台地处理，图 4）。

原方案按照平地设计的典型思路：单体南北向阵列式排布，地下车库连成片，甚至在坡度 10% 的高层部分亦做了大片整体地下室，同时，由于覆土要求又达 1.6m 之厚，不得不深挖，凭空多出个"设备层"（住宅底层需要设备层吗？），挖得越深，汽车坡道越不够长，地下室标高非常混乱；此外，做惯了平地，总想把建筑放在"平"台上才踏实，明明 5% 的坡度可以按平坡处理，非要做出几个台地，使场地内出现数米高台，但建筑间距太小，构筑物布置不下，给景观和道路交通都带来不小的难题。

本案例当时陷入了进退两难的境地，毕竟业主已经先入为主，设计方既不能自我颠覆，又无法继续深入。为最大限度减少对现有规划的改动，同时又使场地设计更合理，我提出了以下优化方案（图 4、图 5）。

（1）局部调整道路：除东西向入口间 10m 宽的主要大道外，其余组团间道路及外环路统一为 6m，取消、调整个别组团路。

（2）道路调整后，多层住宅及别墅区（南侧大片区域）道路系统顺应自然地形，地面不出现高台突变，地下车库均从坡道进入。

（3）北部高层部分场地自然坡度过陡，已达到 10% 以上，必须采用台地。

（4）首层正负零确定：暂且忽略宅间路，按照组团内地势确定单体正负零，室内外高差统一按 0.3m 考虑。

（5）住宅地下车库：考虑到组团内坡度也较大，单体间正负零高差也达到 1m 左右，若车库底板标高统一，则部分住宅地下室层高过大，因此，车库采用斜楼板，坡度不超过 2%，以尽量统一住宅地下室层高。为尽量减少地下室埋深，以达到缩短坡道之目的，车库顶板拟采用

图例：

市政道路中心线平点标高：76.50
等高线标高：
道路纵坡度：4.2% / 75.2
单体建筑正负零地坪标高：78.80
单体建筑地下室顶板标高：73.90
等高线：
台地界线：
场地坡度： 2.0%

图 4 竖向优化方案

说明：
- 市政道路标注道路中心线节点，标高单位米。横线表示红线坡度1.5%4坡点，人行道横坡按2%考虑，道路两
  按150m考虑。
- 场地内道路横坡根据具体情况，适当采用平道考虑。

0——10——20——30 m

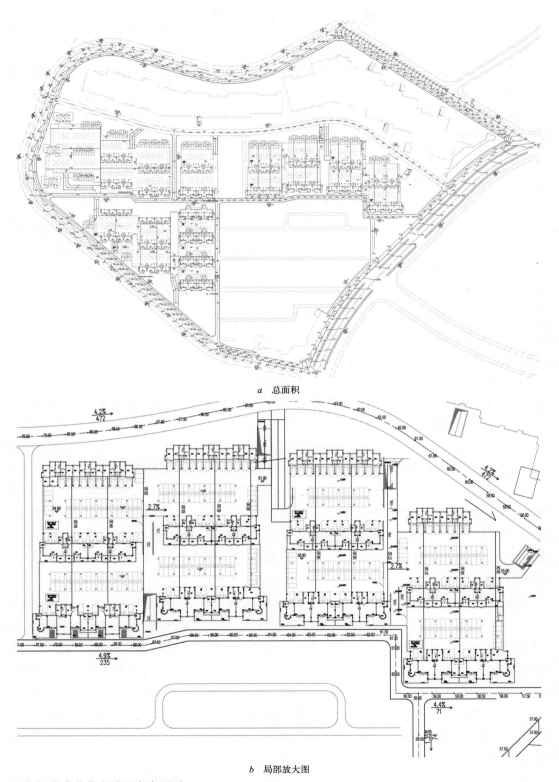

a 总面积

b 局部放大图

图 5 竖向优化之地下车库平面

厚板（板柱体系）结构，层高按 3.3m 计算，最大覆土厚度满足 1.6m，车库层标高＝正负零标高－（3.3+1.6）。为减少地下室标高变化，局部覆土将小于 1.6m。

优化方案虽然有了，但毕竟前期弯路走得太远，要业主和设计方一下子转过弯来并非易事。这个反面案例好在尚未施工，是因为设计方自己做不下去及时悬崖勒马了，而更多已实施的因忽视场地竖向设计造成人员伤亡、财产损失惨重的案例不胜枚举！笔者呼吁：不要让悲剧在你手中重演，竖向设计不容忽视！

二、竖向优先争取主动的成功案例

我担任主要主持人的北京金融街中心区活力中心的 F7、F9 大厦是一个因优先竖向设计而争取主动的典型案例。该工程场地坡度不大，但因单体超长，首层周圈都有入口，高差矛盾凸显。外方的方案对场地考虑不周，我方接手后优先进行了竖向设计，最终确定了首层入口多标高的方案，为后续施工图顺利开展奠定了坚实基础。

整个活力中心地处金融街心脏地带，涉及西达西二环路、北至武定侯街、东邻太平桥大街、南到广宁伯街和金城坊西街的广大范围。项目包括 F 区（F1~F10 地块）和 B 区（B1~B4，B7）地块，是集合了写字楼、公寓、旅馆、商场、运动休闲的大型综合群体，总建筑面积约 160 万平方米。其中，F5、F6 地块是由北面的 F1、F2、F4 地块与南面的 F7、F9 地块围合而成的中央公共绿地。同时，在中心区地下，还开发了连接各个地块以及地面道路的地下交通系统，各地块地下二层通过地下交通相互联系（图 6、图 7）。

该项目各地块已于 2007 年前后陆续建成，我所在单位承接了 F 区 F1、F2、F4、F7、F9 地块合计约 50 万平方米的写字楼、公寓、旅馆、商场。其中我担任主要主持人的 F7、F9 大厦是如今的超五星级丽思-卡尔顿酒店、连卡佛购物中心及金融家俱乐部，自西向东横跨 F7、F9 两个地块，总长达 300m，占地 33000 多平方米，总建筑面积 20 万平方米，地下 4 层，地上 18 层，塔楼最高 68.75m，地下停车 900 多辆。F7 以及 F9 西侧裙房地下一层至地上三层是购物中心，地上四至五层是运动休闲，包括洗浴、网球和游泳池；F9 东侧裙房及 18 层的塔楼是丽思-卡尔顿酒店；F7 与 F9 在地下室连成一片，地下四至地下二层为车库和机房（图 8、图 9）。

中心区的开发商是金融街控股股份有限公司，规划和各个单体建筑的方案设计都是美国 SOM 公司。SOM 公司于 2003 年 3 月完成 F7、F9 大厦的"100%DD"（Design Development，方案设计深化），并不是我们以为的初步设计，只是比方案"深入"了一些而已，其深度与我国的初步设计标准有很大差距。场地竖向设计是本工程的一大难点，建筑东西方向总长 300m，高差 1.8m，南北也有 0.6m 左右的高差。作为超五星级的酒店，无障碍是起码的要求，而业主方对商业的人性化设计要求也很高，要求首层一圈的各个入口均不出现大高差，即"出台"或"跳坑"。SOM 的 DD 只简单地标注了几个标高（图 10），根本谈不上"竖向设计"，总工寿震华在我们刚从 SOM 接手该项目时就指出必须先抓竖向设计。

虽然场地东西向的整体坡度只有 1.8/300=0.6%，很平缓，但是酒店和商业对入口的坡度要

图 6　金融街中心区总平面

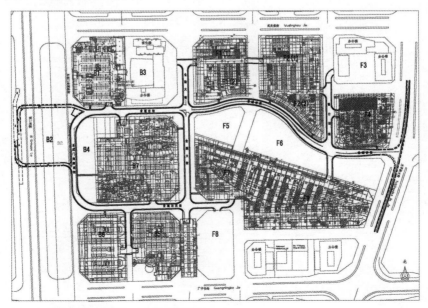

图 7　金融街中心区地下交通总平面

图 8　F 区鸟瞰模型

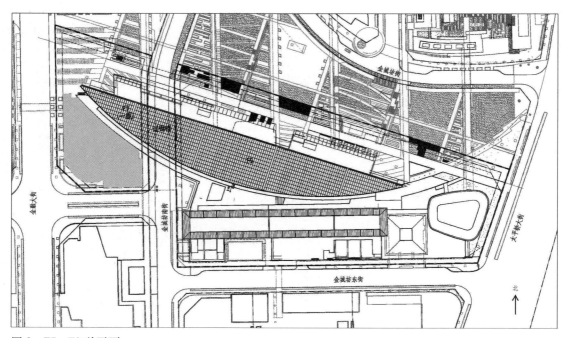

图 9　F7、F9 总平面

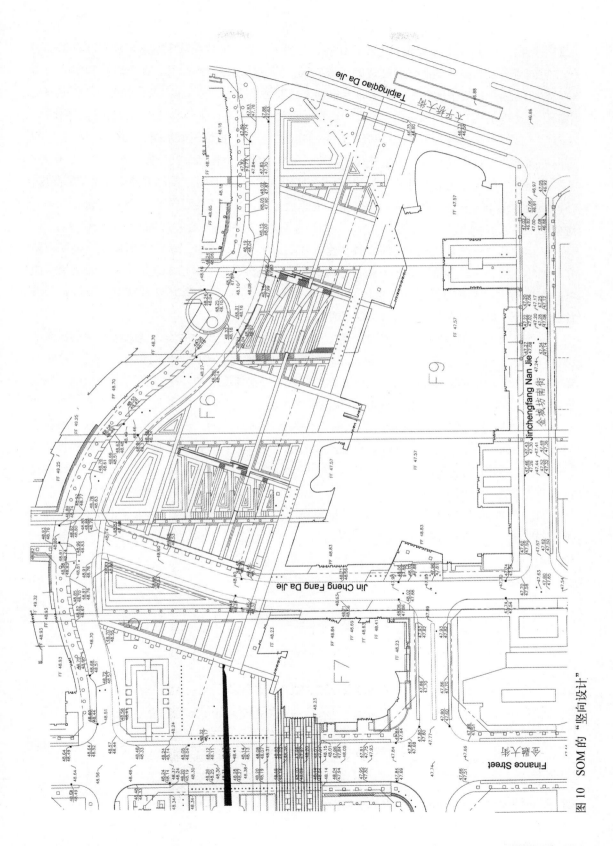

图 10　SOM 的 "竖向设计"

求都很严格，这 1.8m 的高差要在哪里消化呢？如果入口处不允许出现大高差，那只能将高差消化在室内了。我想到了当时已经建成的东方广场，同样是东西方向很长，在王府井和东单两端的入口处室内均有一个比较缓的斜坡，而室外入口则是平缓过渡的。但 1.8m 高差如果在室内集中消化会显得很突兀，如果按照 1 : 12 的坡度，需要 21.6m 长。于是我就决定遵循"大事化小，小事化了"的原则，将 1.8m 的高差分散在不同功能分界处，把位于最东侧、地势最低处酒店的室内标高定为正负零。这样，首层楼板根据室外地势分为几个标高，其他楼层都是平板。于是，首层和地下一层就出现了不同的层高，这对于商场影响不大，却保证了高品质酒店有足够的高度，结构楼板不至于太复杂。所有入口都与室外有平缓过渡，尤其是酒店不会出现"大台阶"——避免使人感觉不亲切，有悖于丽思 - 卡尔顿的待客原则，同时也满足了无障碍要求（图 11）。

幸运的是，该项目的市政道路条件齐全，我们着手又早，有比较充裕的时间认真地从道路开始画等高线，一步步推导到人行道、红线，再到建筑各角点，最后确定正负零。我的第一版竖向图所有入口都是平缓进入，室内一律高于室外，场地高于道路，F7 首层有、个标高，F9 首层有 4 个标高，确定的正负零比 SOM 的低了 400mm（图 12）。

然而，最合理的设计未必能得到实施。如果 SOM 同意了我的方案，就意味着他们原来的设计有问题，所以，他们就以"商场内必须只能有一个标高"为由，拒绝修改，而且强迫甲方降低 F7、F9 之间市政路标高来解决原方案过街楼下净高不足、难以通过消防车的缺陷。我的思路是"化解矛盾"，如果按照 SOM 的说法，必然会"激化矛盾"，与业主的初衷相违背。我坚持市政路是设计条件，不能因外国人的设计失误而随意改动，前后花了半年的时间与业主交涉、与 SOM 争论，对开始的设计也修改和妥协了七、八次，终于在地下室挖到离底板还有 1m 的时候，业主同意采用我定的正负零，但 F9 西侧原先 1.0m 标高统一到了 0.4m，导致西侧入口低于道路（图 13）。

四、五年后，原先暂缓建设的 F7 二期建成了。当我来到现场时，发现门口多了残疾人坡道，而我原本的设计都是平缓的入口啊！想必是业主还是迫于压力降低了市政路高程导致的（图 14、图 15）。

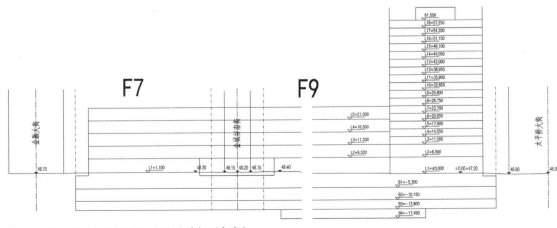

图 11　F7、F9 场地高差关系剖面（东西方向）

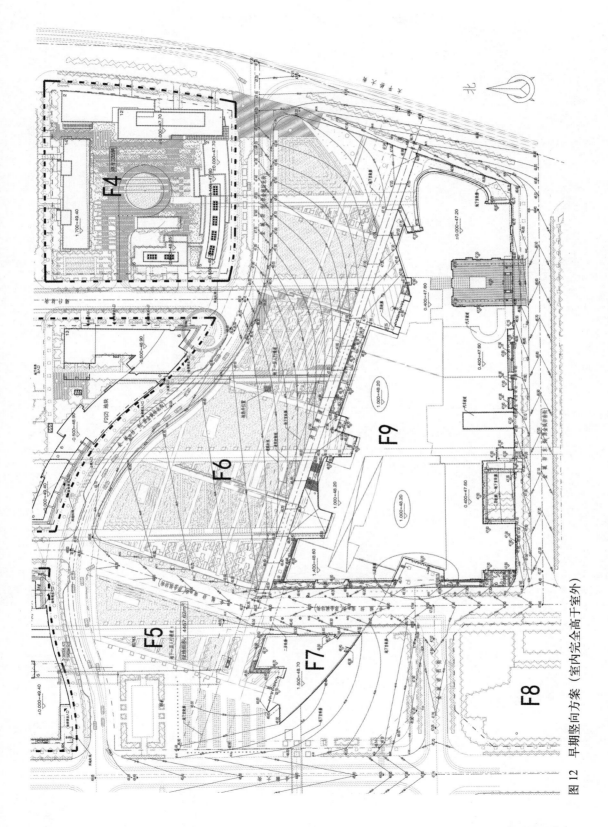

图 12　早期竖向方案（室内完全高于室外）

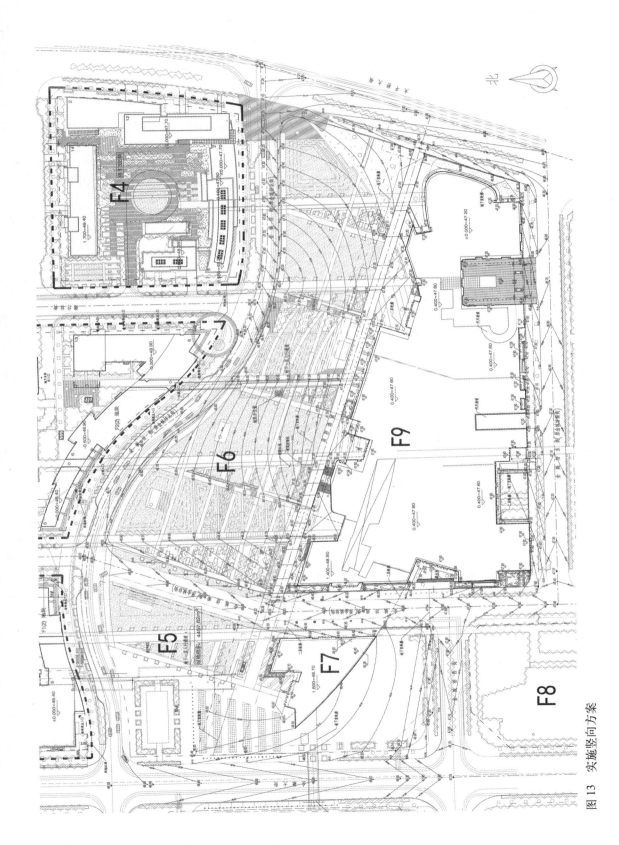

北

F4

F6

F9

F5

F7

F8

图 13　实施竖向方案

a 酒店及 F7 二期以外的商业周圈入口：几乎都是无障碍入口

b F7 二期入口出现了大台阶和残疾人坡道

图 14　商业的无障碍和有障碍入口对比

图 15　商业室内坡道

尽管有局部妥协，这次的竖向设计还是算非常成功的：

(1) 我们的竖向设计动手早，争取了主动；

(2) 酒店和绝大多数入口都是平缓过渡，最大高差只有三步踏步；

(3) 最终，业主同意了我定的正负零，给整个工程带来了极大好处。

另外，我的同事们——F 区的 F1、F2、F4 地块主持人也同时用等高线法做了竖向设计，我们在交界处进行了仔细协调，最终综合形成了一个交圈的 F 区整体竖向图（图 16），相当壮观。

尽管该项目荣获了部级和北京市级的奖项，也有北京第一个超五星级旅馆等亮点（详见本书《诠释"奢华"——北京首家超五星级旅馆，即金融街丽思 - 卡尔顿酒店设计》一文），但我始终认为竖向设计才是其最成功之处！人们从室外场地自然舒适地过渡到室内，不会留意入口的特别，这正是因为人性化设计是符合人的自然需求的。

三、快速估算建筑标高的尝试

正如前文提到的，多数开发项目都是前期急于推进，规划不成熟就单体先开工，其中相对好一点的情况，是设计方要确定正负零时终于意识到应该先做竖向。我就顾问过这样一个案例。这个案例就是单体马上要施工了，但是由于前期没有做竖向，而且限高、日照间距均卡得很死，所以室内外高差调整余地很小，施工方要求正负零调整不能超过 0.3m。这次的时间特别紧迫，我就尝试了一个新方法：先根据场地整体的等高线估算出单体正负零，先出施工图，再调整等高线到各单体，调整正负零。

我最先拿到的是一版"裸体总平面"（即没有红线外道路环境的总平面，见"不容忽视的竖向设计（一）"），在我的强烈要求下，设计方才补上了周边道路。但当我拿到市政道路条件一比对，发现总平面上的道路与之不符，总平面的红线居然画到了人行道上（图 17）。也就是说，如果没有做竖向，设计方连自己红线画错了都不知道。

在未得到市政道路条件时，我先按照道路交叉点的标高做了一版场地竖向（图 18），但拿到市政道路条件时，发现除了道路交叉点标高以外，在道路中间还被加入了变坡点，重新调整后场地竖向就变了（图 19）。本案例因为做竖向的时机已晚（又是设计顺序颠倒），为满足单体的高度、日照间距，并且节约土方，故尽可能利用现有市政条件确定小区道路纵坡坡向和坡度，即，使坡向与市政路保持一致，利用市政路现有标高确定坡度，从而既保证与市政道路衔接顺畅，又满足单体限制条件。所以，市政条件的准确对本案例特别关键。

完成了场地等高线后，我就根据穿过单体的高程最高的等高线加上室内外高差先估算了一版正负零（图 19），设计提出去之后，再仔细做单体的等高线，确定最终的正负零，完成正式、完整的竖向布置图（图 20）。

图 16　F 区整体竖向图

图 17　含市政道路的总平面（云线部分的粗点画线才是正确的红线）

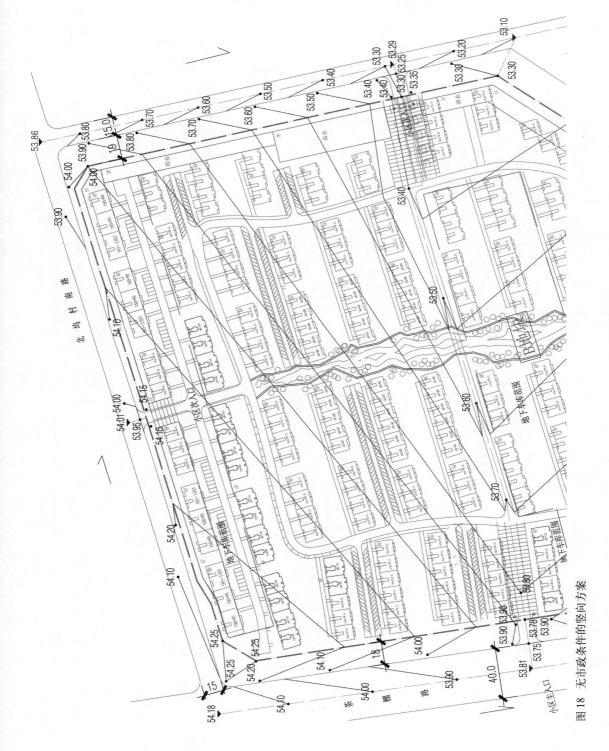

图 18 无市政条件的竖向方案

图 19 根据市政条件调整的竖向图及估算的正负零

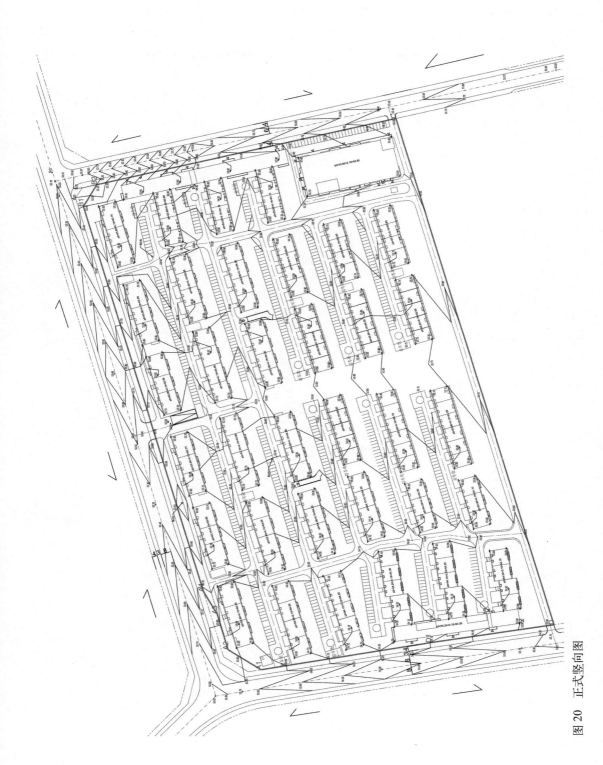

图 20　正式竖向图

我的这次尝试是成功的。因为当得出场地等高线后，竖向设计实际已经完成 70% 了，单体的正负零可以根据附近最高标高的等高线加上室内外高差估算，就高不就低。结果发现，误差很小，均可控制在 0.3m 以内。而这样正好打了个时间差，满足了出图时间的要求，调整范围也可控。

虽然这是一个快速估算的方法，但毕竟是设计顺序颠倒造成被动、不得已而救急用的。我们在做规划设计时，仍然必须按照合理的顺序进行——先规划后单体，先竖向后标高，才能最大限度地避免返工的风险。

文 / 沈东莓

2014 年 11 月

小区规划与居住建筑

北京一些住房问题的探讨

这些年来，听到不少甲方反映我们设计的住房不好用，或者卖不出去，而有时稍加修改就有良好的反映，我想有必要就我们遇到的一些问题进行探讨。

1."小康住宅"

"小康"是一个既抽象又具体的概念，它是我国为了提高人民居住水平提出的方针。为此各界做了不少努力，各地也提出一些面积标准，尤其是提出了一房一厅的标准，我觉得应该研究。

小康是相对改革开放以前的住房而言的。改革开放以前，我们住房的水平是很低的，北京的多层基本户型是 56m²，最早是两房一厨一厕，后来提出"三大一小一多"，即厅大、厨大、浴大，两小房（两个小卧室）加较多的储藏面积，使起居空间独立出来，能放下冰箱和洗衣机的厨房，可以有洗浴的地方，有点储藏面积，大体在 64m² 左右。使我们的居住水平达到过得去的最低标准，因此谓之小康。

从 56m² 升到 64m²，是基本户型的放大，局、处级干部必然相应地增加面积，甚至往往优先建设，这在我们设计任务中明显地反映出来。因此必然会有大批 56m² 的住房富余出来，就不应该再建一房一厅的比小康以前还小的住房，人口少的完全可以利用富余出来的 56m² 住房加以改造，否则等于又建了一批低于小康标准的住房。

此外，有一些房地产商将拆迁用房降低到 50m² 左右，等于又盖了一批低于小康标准的住房，违反国家规定，有关当局应加以制止。

2.预制板混合结构

预制板混合结构已用 40 年了，记得那个时候，这种苏联的经验是：一快，二经济。但我们实际遇到的是：一贵，二抗震不利，三漏水不好修。为了与苏联的"友谊"及甩不掉的落后的预制构件厂，我们牺牲合理住宅已数十年了。

有不少起居室和小餐厅之间的纵墙位置上多了两个砖垛子，遇到这个问题时，我们只要建议改成现浇楼板，这两个碍事的砖垛就可以不要。在抗震成为设计的重要考虑因素之后，我们实际已有了钢模的经验，又有了商品混凝土，为什么非要用这种劳民伤财的落后工艺呢？

3. 六层半的跃层户型

目前商品房中，有一种流行设计，叫做跃层户型。往往在多层的六层前半部分加了一个大半层，虽然不影响后面的日照间距，但由于设计不注意，在六层一般的两房一厅中不大的厅里加了一个小楼梯。当六层之上加了两房之后，这个户型的面积就加了很多。但是厨房面积并没有加大，厅的面积由于多了小楼梯之后，反而缩小了，导致这个单元各房之间比例失调，开发商往往卖不出去，非常头疼。

如果将六层一个小房改成一个小楼梯，并将剩余的部分匀给厨房，加上楼上两房，就变成略为好一点的三房两厅单元。当然，在六层做高级户型而没有电梯是不太理想的。

另外在高层顶上往往也能见到如此设计，说明有些设计人员太缺乏生活经验了。因为高层顶上比较安静，结合高层造型可以退台做成大阳台，成为高级公寓是相当理想的，但绝不是像前面那样简单地在小厅里加小楼梯。

4. 大于小康标准商品房的大厅

大于小康标准的商品房最近建了不少，尤其设计了一些大厅小房的户型，据介绍，都强调是根据"三大一小一多"原则设计的。其厅之大，有 50~60m² 的，甚至最近还见过近 100m² 的大厅，而卧房之小，又是小到 10m² 以下的。

小康住宅的厅是在总共 60 多 m² 情况下的"大"，仅仅是将过去在卧房里的起居空间拿出来，成为一个厅，比早先吃饭或分居的 8m² 小厅放大一点，口号而已，不是指小康以上商品房的原则，我们不应该盲目照套。

最近，我分析了一批美国豪华住宅的平面，起居室面积在 19~38m² 之间，其中 80% 在 20~31m² 之间。当然餐厅是除外的，即使加上餐厅的 15m²，也不到 60m²。无论如何 60m² 是很大的空间，尤其与面积不成比例的卧房设计放在一起，问题更大。难怪买主看了这些房子摇头。起居室以外，有的家庭愿意有家庭活动室，面积在 15~50m² 之间，其中 60% 在 20~31m² 之间。

美国近些年来，出现了一种名为"GREAT ROOM"或称之为"大厅"的设计（图 1），这是在豪华住宅中起居室以外的大空间，又高又大，作为家庭社交活动之用。即使这种大厅，其面积也不过在 20~56m² 之间，其中 60% 是 38~46m² 之间。这些数据供大家参考。

5. 大于小康标准商品房的卧房

上述一些商品房的卧房偏小的问题，也都是依据"三大一小一多"来设计的，另一方面深圳也有根据香港公屋来设计的住房，这里指的是大于小康标准的商品房，所以设计不能千篇一律，应该根据买家的需要来决定。

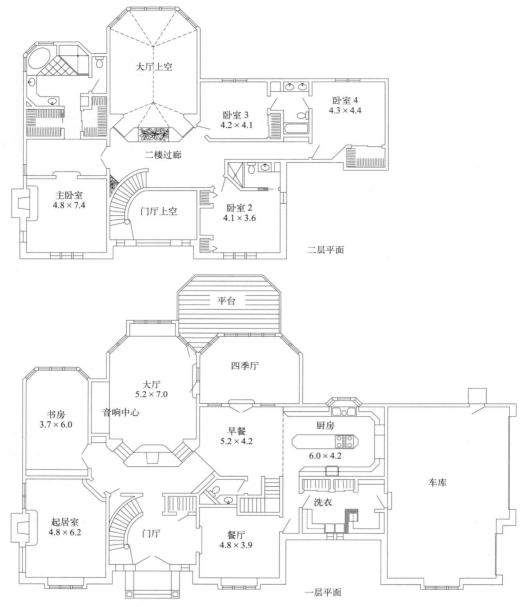

图1 美国带有 GREAT ROOM 的豪宅

我们收集了一些美国豪华住宅的数据供研究。统计表明，小卧房多数在 11~18m² 之间，70% 以上是 11~15m²（不包括壁柜面积，但美国住宅卧房里多数有长于 2m 的壁柜，折算起来也应有 2m² 左右）。

不过，主卧房的大小则大大超过我们的设计，这也是商品房最重要的一环，统计出来的数据是在 19~36m² 之间，其中 80% 是 20~25m²，这是一个重要的数据。此外，主卧房的存衣面积加上卫生间的面积多数还大于卧室的面积（图2），这在统计以前是没有想到的，在近期见到的图纸中也没有见过，说明我们对住宅主卧室的研究还不够。

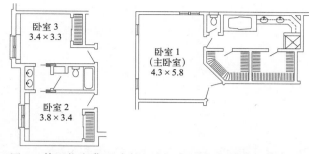

卧房的数量，在美国多数是四卧房的，占 65% 左右，三房是 20%，五房 15%。当然，他们不讲计划生育，我们的情况则不同，具体问题得具体分析。只要不是以国有单位销售为对象的商品房，以上的一些数据，还是有重要参考价值的。我曾经与一些代

图 2　美国住宅典型卧室设计：卧室面积不包括衣柜、卫生间；主卧室衣柜与卫生间面积之和大于卧室

销商谈过这些问题，他们认为客户是有所反映，但一般设计人不肯理会，他们认为这个观点基本是对的，由于他们多数不是学建筑设计专业，因此多半没有系统来研究，只是老感觉图纸不理想。

6. 关于商品房的卫生间

主卧房的卫生间套在卧房里，已经有了共识，但脸盆往往是立式的，没有脸盆台面，在当前化妆品那么多的情况下，恐怕是非做不可的。

卫生间的浴盆有时设计得不好，装修不好做。例如浴盆后面是脸盆的话，由于浴盆后面是空的，装修就非常难办。

浴盆也是需要研究的一个题目。设计人认为浴盆是身份的象征，其实，我调查过大量的用户，可以说 95% 以上的人仅用来做淋浴时接水，由于清洁不容易，甚至干脆拆了。现代人们的生活中，淋浴是最卫生的事，只是因为长期以来我国没有生产专为淋浴用的淋浴盆。现在这种产品在市场上有卖了，而且有专用的配套有机玻璃门，其价格也比浴盆便宜。目前，五星级旅馆多采用此淋浴盆作为一种必要的部件，总统套间更是必备的部件。如果有一个浴盆和一个淋浴盆放在一起供人们选择的话，我相信绝大多数会选择淋浴盆的（图 3）。
我本人在 20 多年前的首都机场旅馆方案中就在绝大多数客房中设计了这种淋浴盆，受到国际友人的欢迎。我们为什么非要让人们很困难地爬进爬出这种浴盆，甚至滑倒受伤这岂不是花钱买罪受吗？现在该是我们来打破这种不良传统观念的时候了。

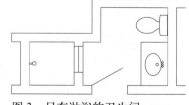

图 3　只有淋浴的卫生间

7. 洗衣机放什么地方

我们的洗衣机一般是放在卫生间外面，即使很讲究的住宅也是如此。

美国住宅的洗衣机放在一个小洗衣房或杂物间里（图 4），有专用上水和下水，以免到处

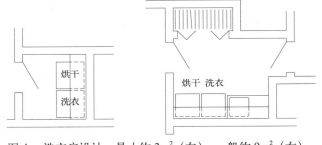

图 4　洗衣房设计：最小约 3m² （左），一般约 9m² （右）

流水，使住宅整齐美观。一般面积只有 4~5m²，最大的也不过 10m²。我在土耳其公寓里也见到过这种设计，面积只有 2m²，非常实惠。这方面，可能是由于我们洗衣机使用年头不长，勉强放在卫生间外面成了习惯所致（现在国内已有很大改观）。

8. 独立式住宅的选址

独立式住宅，我们往往错叫称之为"别墅"，很多开发商将它建到很远很远的郊区，这些都是错搬国外经验的结果。

我们学习一些经验，都应该具体分析。开发商希望现在一些有实力的住户购买，但是偏偏买者不多，造成大量积压，并将积压的理由归于市场不景气。

我分析：

（1）发达国家在郊区建设的大批住宅的购买对象，多以中等收入阶层为目标，这个广大阶层在我国还并没有形成购买力。

（2）我们所谓的卫星城其实还没有建成，有公路或正在建设公路，也没有地铁相通，我们的私家汽车还没有普及，建房的距离往往在 20~30km，甚至北京到天津之间的廊坊地区也向北京推销这种"别墅"。试想谁会在没有风景、没有海水、没有特别气候的地方去买别墅呢？如果这种"别墅"是住宅的话，那就更困难了。

（3）我们的轻轨快速交通还停留在规划图纸上，条件与国外的中等收入住宅区不一样。

（4）在"别墅"区内还建了一些小康住房，但没有公共汽车站，即使买得起，又如何上班呢？这说明开发商开发的目的有问题。这些开发商多数是官商，恐怕连他们自己也不清楚为什么在郊区建这些小康住房，只是一味追求高容积率，以为便宜一定有人要，实践证明，他们的设想错了。

（5）假设为有经济实力的住户设计，我们设计的标准又不够高。用"三大一小一多"的概念设计的图纸，没有足够大的院落，他们不感兴趣。我认识的一些买主希望的是：较近城，应比目前"别墅"大一倍左右，还要求这种住宅区住户的生活水准不能差距太多，要有较大的院落。这些要求正好符合我们统计的一些美国较好住宅的面积标准，使用面积大体都在 234~301m² 之间，还不包括车库面积。但另一个问题是我们目前卖价总是以建筑面积作单位，唯恐建筑面积标价太高。其实以一栋住宅加上院落一起计价，不会有问题，我们平时只讲"房价"，其实应称"房地价"，只是不习惯而已。

9. "别墅"设计本身也有一些不足

现在的"别墅"实际是住宅，往往用地仅半亩左右，即 300 多平方米。本来前面的院子不大，可是经常会发现仅 10m 面宽的南面设计了汽车库以及住宅入口。将前面仅有的不大的绿化面积，挤得剩一点点了。即使这样，其他专业设计往往还凑热闹，起居室里设大梁，起居室里通下水管，暖气管子随便装，连电门插销也像过去小康前的设计一样，离地 1.5m。试想，如此住宅谁有兴趣去买。

过去上海里弄的房子虽只有一开间或两开间，有的前面只有 3~4m 深的院子，住户宁可通过后门厨房进入，以保留仅有的一点绿化。

天津一些大型老住宅大多数从东、西两面入口进入门厅，然后保留南面的房间安排客厅、起居室以及餐厅、客房、书房等向阳房间，通过这些房间的落地门出经平台到南面的绿化草地去活动，而院子的大门则设在入口一侧的南面或北面。汽车库则通过入口直通到底，非常理想，很省用地。

北京过去四合院多，人们习惯于享受北房，个别有汽车库的四合院面积都很大，胡同在南面，车库多半设在西边厕所位置，入口则在东南面，通过东环廊转入北房大厅，享受南面的院子。后来洋人在北京设计的一些大使官邸，大都与天津住宅相仿。由此可见，住宅设计应有自己内在的规律。

10. 南、北戴河的一些别墅

南、北戴河设计的一些别墅，应该是真正的别墅，建在海边，为什么也不受买主欢迎呢？主要是真正的客户阶层还没有找到好的住宅，而别墅是他们的第二步。当前即使有买主也是大企业，用作职工度假以及暑期旅游高峰出租，甚至可做会议之用。其实应该设计成客房，而不能设计成住宅式的别墅。

由于南、北戴河是旅游保护区，当地不能建工厂，因此也没有职工，没有企业主，谁会去买呢？

11. 原因

造成上述问题的原因分析如下：
（1）小康部分的建设仅限于单位建设，住房改革尚未普及，因此常与国家总体建设部分脱节。
（2）落后的结构形式受苏联长期影响却不肯放弃。
（3）将高级商品房与一般小康住宅的概念相混淆。
（4）设计人长期生活在自己低标准的环境里，不易设想高标准生活。

（5）规范以低标准生活和节约为基础，各专业接触外界少，常常难以突破。此外，规范不是标准，很多人头脑里只有规范，不懂规范之外还可以有相应的标准。

（6）设计人员长期以来都是依照规范和各单位制定的措施做设计，离开条条框框就不会做设计。

（7）长期以来，公寓都被叫成"住宅"，近期的住宅又都叫成"别墅"，概念分不清，设计也就更糊涂了。

（8）规划上的卫星城与国外实际已建成的卫星城的概念实际是不同的。

（9）别墅与旅游建筑不分。

（10）调查研究不够。

上述这些问题，在全国各地几乎都能看到，尤其是官商开发的公寓和住宅，问题更多。因此需要得到重视，尽可能减少我们国家的损失。

文 / 寿震华
原载于《建筑学报》1997 年 7 期
2011 年更新

编者注：本文虽发表已有十几年，但仍有现实意义。当今很多住房设计与十多年前相比，不但没发展，反而后退了，正是建筑师与开发商、策划不了解历史的缘故。了解住房历史发展的因果关系，有助于使我国住房设计健康发展。

让更多人达到小康
——关于改造一批未达小康住房的建议

改革开放以来，我们的生活提高了很多，住房建设也完成了不少，尤其是中央提出奔小康的口号，更是鼓舞人心。北京市也接着推出了"95 住房标准"——一个小康的标准，使我们能都有"三大一小一多"，即有一个 14m² 左右较大的起居厅，一个较大的厨房，一个能洗澡和放得下洗衣机的较大的卫生间，有 10m² 左右虽不大但与起居分开的卧室，尽量多的储藏面积。大体上两房一厅多层的面积达到 64m² 左右，比过去多了约 8m²。这一新的建筑标准提出以来，新建的住房不管多层还是高层，大家住得都比较满意。尤其是很多较富裕单位，更是建了一些大于上述标准的住房，使我国住房的平均水平大大地提高了一步。

但是新建的住房虽多，毕竟仍有大多数居民还是住在"95 小康标准"以前的住房里。现在，有些人群的经济收入已经达到了小康，但住房还不到小康。要买新的商品房，经济上还差一点，住习惯的地方，也不想搬走。但这大量低于小康标准的住房又不知何年何月轮得上拆改，论其结构结实程度，再用上 50 年也不成问题，正是拆了可惜，留着又使人们常感到住在不足小康标准的房子里没有出头之日。三年前，我曾向我院提出过改造 20 世纪 80 年代、甚至 60 年代建的一些住房，使之能够达到小康标准的建议，但人们比较乐于新建，对改造不感兴趣。为此，我想在此提出来，大家讨论讨论，也许还有参考借鉴的意义，使大家很快先达到小康，然后再向中康、大康迈进。

20 世纪 80 年代的多层住房标准是 2 室户 56m²，大卧室 15m²，小卧室 10m²，小厅 7~8m²，一个简单的厨房，一个无法洗澡的小卫生间。与"95 小康标准"来比的话，主要就是缺少一个能与卧室分开的厅，卧室还可以，厨房也差不多，卫生间要能洗澡及放得下洗衣机就好了，至于储藏空间大都有一点，差距不大。因此，主要在于改善一个厅及改善卫生间这两点。如果这两点解决的话，就与"95 小康标准"差不多了。为此，我建议将 20 世纪 80 年代一些住房中的厨房、厕所拆除，就成了一间 15m² 的厅，在厅外接出一个新的厨房和卫生间，个别南向户型要多拆一个阳台（图 1~ 图 4）。厨房和卫生间大体用 3900×1900 的尺寸，有 7.4m²，就能基本解决问题（图 5）。厨房除炉灶、洗池外，还能放下冰箱，卫生间能放下恭桶、脸盆、淋浴及洗衣机。如能这样，大批 80 年代乃至 60 年代的房子都能达到小康标准。当然，我所找到的是比较典型的几种类型，修改设计也只是一种设想，我想，大家会根据不同情况，创造出更理想的办法。

典型五开间 2-2-2 单元

典型五开间 3-2-2 单元

改建后成一厅 2-2-2 单元

改建后成一厅 3-2-2 单元

图1 改造前后的五开间 2-2-2 单元   图2 改造前后的五开间 3-2-2 单元

这个设想有没有现实性呢？我认为是可行的，理由是：

1. 在南北局部各加出 1.9m 宽度，最多会影响日照 20cm（图6），因为加出的部分不是满加的，在最高一层可以矮一点。

2. 现有厨房、厕所的管道，多数是铸铁和镀锌管，已到了更新的时候了，弃之不可惜。

3. 新加出的面积不大，每户增加大约在 7.4m² 左右，即使 1m² 造价 1500 元的话，也不过 10000 元左右，现在正在房改购房，大多数人家是能承担的，即使少数人家暂时承担不起，银行应该可以支持贷款。

4. 结构方式应该不是问题。

5. 改造的工作量不大，工期不会太长，可以先加外面，加完之后再拆里面，可以不搬家。我们的同事们听到这个建议时，都表示欢迎，只是希望我早日写好这个建议，早日能够得到有关领导的支持。

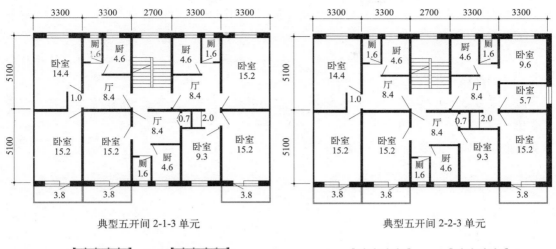

典型五开间 2-1-3 单元

典型五开间 2-2-3 单元

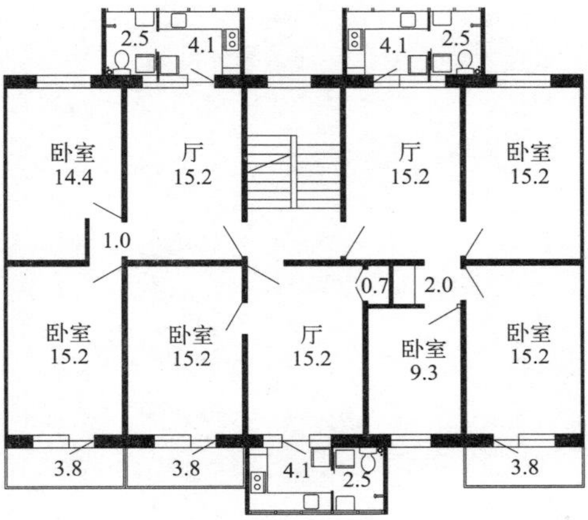

改建后成一厅 2-1-3 单元

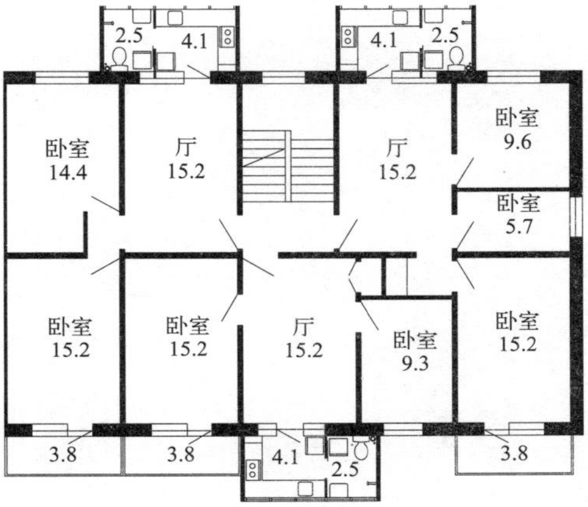

改建后成一厅 2-2-3 单元

图 3　改造前后的五开间 2-1-3 单元

图 4　改造前后的五开间 2-2-3 单元

图 5　新增加的厨房、卫生间

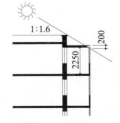

图 6　新增阳台对北侧日照影响很小

　　6. 虽然进入新改造的厨房、卫生间要经过厅，但不会影响家具布置，通过厨房窗采光也还可以。现在有些新的商品房，由于进深较大，也有厨房在厅外的。

　　7. 只要在原窗台部分开一个门宽就可以进出厨房，过去的建筑都是砖墙，比较好处理，位置又在窗下墙，也不会影响建筑物的安全。如果过去没有抗震加固的话，反而可以同时进行加固。

8. 修改以后，由于加出来的部分是较轻的结构，窗面积较大，有条件的话还可以将不改的部分刷一点涂料，立面还会好看一点的。

以上是我多年来在脑子里盘算的东西，现在写出来，希望得到建筑界同行们的支持，大家一起出主意，一定会想出更好的办法，应该会得到领导支持，出台一些政策的，衷心希望早日使更多的老百姓在住房方面进入小康。

文 / 寿震华
原载于《建筑学报》2001 年 4 期
2011 年更新

住房问题再研究

　　五年前我写了一篇《住房问题的研究》，房地产商对该文较感兴趣。三年后，我根据变化的情况，又写了一篇，时隔三年，住房政策发生了根本的变化，原则上福利分房要结束，城市住房已全面推向市场，这一变化直接影响房地产市场。房地产商纷纷找我修改方案，有的甚至已经建到地面，有的已经封顶，但他们感觉到不改图就无法销售出去。原因是什么呢？因为福利分房有国家标准，又有标准图，即使后期的半福利分房有些超标，一般超标不多，最多也不过超 20% 左右。不管建房地点，不管面向东南西北，不管容积率多高，职工根据工龄、单位工龄、单双职工、职务、职称，打分排队，分高先挑，分低后挑，有房能住，有房能结婚就满意了。经济效益还可以的单位，买房的要求也不太高。第一篇文章是针对当时商品房初期产生的问题而写的，而今进入全面商品房阶段，房地产竞争更激烈，房地产商开始重视户型、重视外形、重视环境、重视安保、重视一切质量。但房地产商对下一步如何设计，还是感到渺茫，设计人员大部分又不习惯于向业主提建议，导致房地产商往往决策错误。但是在深圳，"二次置业"的口号已经打了两年，对前几年买的房子不满意了。为此，我对这方面情况进行再研究，现在虽又过了两年，但变化不大，我看这篇文章还有用，为什么呢？因为我发现大家不了解历史。

一、研究一下新中国成立 50 年来城市住房的变化

　　新中国成立后，彻底推翻了之前的住房状况，进入均分年代，居住水平很低，北京旧四合院成了大杂院，上海的大小住宅呈现出"72 家房客"的状态。总之，有房住是最重要的了。接着对住房条件特别差的地区进行改造，北京改造了龙须沟，上海建了曹杨新村，等等。

　　20 世纪 50 年代中期，苏联专家为我们制定了一些标准，说是社会主义的。我参加了北京的住宅设计（图 1），3.2m 开间，6.0m 进深，五开间三户，七开间四户。两房 $67m^2$，三房 $80m^2$，每户一间厨房，一间卫生间。这样的标准用了不久，发现因为财力不够，一时无法快速满足城市住房需求，不得已采用两家或三家合住，期望以后恢复，当时叫做"合理设计，不合理使用"。

　　1958 年"大跃进"开始设计小面积户型，目的是为了两家不合住，1959 年感到共产主义快要到来，出现一个"9014"大户型，但好景不长，遇到困难，不久，全面进入全国 $50m^2$ 两房户、北京 $53m^2$（首都标准略高）两房户的大批住房时代。中间还出现过简易房。

五开间平面

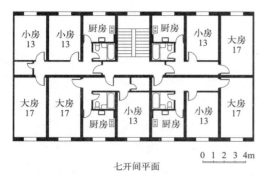

七开间平面

0 1 2 3 4m

图1 20世纪50年代与苏联专家一起设计的北京2型住宅

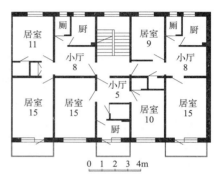

0 1 2 3 4m

图2 小厅大居室

1975年为解决"大男大女分不开，老少三代分不开"的情况，经邓小平同意，降低层高到2.7m，北京可做56m² 房"一小厅"户型（图2），是"小厅"晚上可以放一床的户型，不是大家现在理念上的起居厅。

改革开放后，建了大批上述面积住房，后来北京提出"95标准"，口号是"三大一小一多"，"三大"是厅大，这个厅就是比晚上能放床的厅大，厨房略放大，卫生间略放大，"一小"是将卧室缩小，"一多"是希望储藏面积多。认为多层64m²、高层70m² 两房一厅的是小康标准。

四、五年前，有些单位突击建了一些超小康标准的住房，基本是80m² 两房一厅户及100m² 的三房一厅户，卧室面积标准也不过达到当年苏联提出的初步标准。当然，房地产方面还建了一些90m²、110m²、130m² 的户型。

这就是50年来的城市住房史，尤其是北京。

二、下一步怎么办

现在，人们有房子住了，有的住在小康标准房里，有的已进入"中康"，大批还住在小于小康标准的住房里，就世界范围来看，可能还处在第三世界偏上的标准里。随着生活水平的提高，城市居民的生活也有很多改变。彩电早已普及，冰箱、洗衣机已是必备的家用电器，液化气、天然气已进入每一角落，甚至摆摊儿的也用液化气，电话、手机也已普及，电脑已大量进入家庭，超市买东西已成习惯，留学生开始回国。汽车年年增长，新开发的住房区，规划已要求按照 1/2 户的比例设车位，有的已要求要每户设车位。应该说住房建设前途一片光明。

下一步怎么办？根据已有的住房来看，小康以下的标准不需研究，因为比重已很大，有些随着经济水平的提高，恐怕会逐步拆除，研究的对象应该是最大量的中等及中等以上收入居民用房的前景。

三、中等收入家庭的可能要求是什么

1. 分析 20 世纪 50 年代苏联为我们定的标准

两室为 $17m^2$ 及 $13m^2$ 各一间，每户是 $67m^2$（图 1），当时有一个系数叫"居住系数 K"，即每户居住面积（主要居室面积）/ 建筑面积 = 居住系数 >50%，我觉得这个居住系数有点意思，可以为现在设计和策划使用。但由于多层、中高层、高层塔式及板式交通面积不同，如果扣除交通面积，更能说清楚问题，所以我建议采用套内建筑面积来研究"居住系数"，即：

三房一厅　　　　　两房一厅

图 3　杰宝公寓

居住系数 = 每户居住面积 / 每户套内建筑面积。每户居住面积 = 起居室、卧室等住房面积总和，每户套内建筑面积要扣除公共交通。

这样 20 世纪 50 年代苏联为我们定的居住系数应该是（17+13）/（67-6）=49%，（17+13+13）/（80-6）=58%，两间和三间主房的厨房、卫生间一样大，所以系数不同，平均系数是 54%。

前几年我们设计的杰宝公寓（图 3），卧室面积与上述苏联标准大体上差不多，加了 $30m^2$ 左右的客厅，加了保姆间或储藏小间，系数也是 54% 及 56%，平均系数是 55%。

每户的建筑面积 = 每户套内建筑面积 + 交通面积。如果根据这个房间面积套现在的两房一厅户型应该是：

多层：(17+13+13) /55%+7=85m²

高层：(17+13+13) /55%+13=91m²

但苏联为我们定的标准是社会主义初级阶段的，即第二次世界大战后临时大批建房的标准，世界各国建了不少，新加坡也有，现在正在拆除。上面分析的两房一厅是多层85m²、高层91m²，可以认为这是苏联观点，并不是较理想的标准。

2. 分析"95 标准"

"95 标准"肯定不是人们理想的标准，两房一厅的厅是14m²，房是8~10m²，多层每户才65m²，高层是72m²，因为我们自己命名叫小康，标准肯定认为是低的，比苏联为我们制定的社会主义初级阶段的还低。

3. 分析 100 年前的上海弄堂房子

100 年前中等收入的上海人，租几间弄堂房子（图4）是不成问题的，虽然卫生设备没有，厨房是有的，可独用可合用，客堂半公用，合用时，兼作公共通道。正房大体是 4m×6m，厢房略窄长，面积差不多，去掉结构也有 22m² 左右，亭子间一半面积（在楼梯休息平台进去，在厨房上面，一般为节约层高）也有 12~13m²，一般家庭根据人数租 2~4 间，但购房时就购一栋，即 200m² 左右。

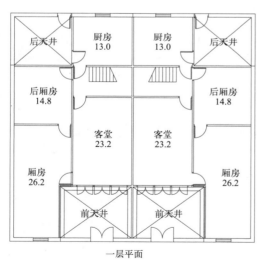

一层平面

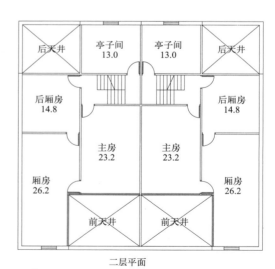

二层平面

0 1 2 3 4m

北

图 4　100 年前上海弄堂房子

上海在 20 世纪 20 年代后，逐渐出现新式里弄，有了卫生间，但依然有亭子间，有时有小卧室，面积大约在 13m² 左右。出现工友室，大约 6m²。新式里弄有买的，也有租的。

这就是当年上海中等收入家庭的住房情况。

4.分析南方城市骑楼

广州、厦门、汕头、泉州，乃至曼谷、新加坡都有骑楼，下面一般是店面，上面是住房，中间是楼梯，后面是厨房，厨房上是小间，有 2 层、3 层、4 层不等，一个家庭也是 2~4 间，开间一律 4m 左右，房间大小与上海差不多。

5.分析新加坡业主提供的航华科贸中心公寓图

航华公寓（图 5）是国内业主的工程，后来被新加坡业主买走了，他们自己的建筑师改了一轮方案，其标准是针对外商职员的，应该说相当于比较发达国家的中等收入标准，有一房一厅、两房一厅及三房一厅，主卧室有独用卫生间，次卧室两房合用一个卫生间，厨房与保姆间相通。主房面积为 23~26m²，有很多壁柜，小房不算壁柜为 13~14m²，客厅 40~44m²，这是外商职员的临时住所，至少意味着接近我们今后的方向。

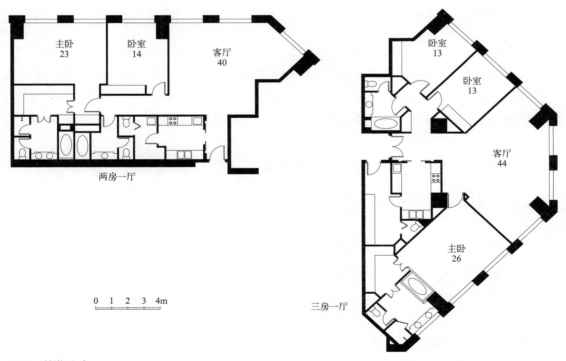

图 5　航华公寓

6. 100 年来住房变化不大

100 年来，中等收入家庭的要求没有太大的变化，当然随着科学技术的进步，卫生设备加进去了，其他无非就是增加电话、电视、可视门铃、煤气、洗衣机、空调、暖气、因特网等，最多取消了壁炉，但这些都不影响房间基本面积的大小。

7. 北美的住房大一点

美国、加拿大中等收入家庭的房子大小也差不多，四房两厅较多，不计车库，大约在 250m^2 左右。往往还有不做装修的地下室，需要时，装修几间用几间。收入偏低的住远一点，收入偏高的住近一点，大体如此。

8. 香港住房普遍小

香港经济虽然比较发达，但地少人多，地价高，不得已只能紧凑一点，所以不是我们研究的例子。

9. 一个有意义的数字

上海有一个有意义的数字，它就是 13ft（英尺），接近 4m，是每户的标准尺寸。上海编门牌，道路两边分单双号，一开间一个号，过去，上海工部局（相当于现在的规划局）在规划马路时，已将每 13ft 编一个号，不管谁建设、多大多小的房子，只要门开在规划门牌的位置上，这栋建筑就是这个号码，如果两家门合开在一个号上，那么只能分编 A、B 号了，如果弄堂口开在这个编号上，那么就是几号弄。因此，过去我们坐公交车的时候会算一算，大约 150 号左右一站，差不多 300m，5 分钟的路。如果门牌差 1000 号，一般我们坐六站，下来走不了多远就到了。

这和房地产有什么关系呢？那就是 4m 是房间的基本尺寸，一般进深比开间大，这就是主房一般在 20~24m^2 以上的原因。

10. 信息互通，标准必然互通

现在即将进入 21 世纪，由于交通发达，全国任何大城市，基本上当天就能到达，信息高速公路使信息的传播以"秒"为单位，只要有心，几乎任何信息都能得到，何况房地产的信息呢！所以房屋面积标准迟早会向国际标准靠拢的。

四、什么影响我们对标准的认识?

1. 有些名词造成很大的误会

（1）将旅馆叫成了"宾馆"。旅馆叫成了宾馆，使设计人员认为旅馆比自己家里高级，我问了很多设计人员几乎都是这个认识。于是住房设计的卧室就比旅馆小，壁柜比旅馆少。试想一下，过去住房标准低的时候，我们出差住的是四张床一间的屋，洗澡是公共浴室，不是比家里的标准低吗？现在能住得起三星级旅馆的人，家里肯定会比旅馆好，能住五星级旅馆的人，家里更要比旅馆强得多。贝聿铭、丹下健三来北京的时候住的是五星级旅馆总统套间，说明他们家里比五星级酒店还要高级。那么，一间旅馆房间至少 16~18m^2，我们的主卧室是不是应该大一点呢？旅馆的壁柜是装旅行时临时衣物用的，希尔顿酒店设计标准规定每人不小于 0.7m^2，那么我们家里是不是应该比旅馆大几倍呢？

（2）将公寓叫成"住宅"，还规定公寓是涉外的。公寓叫成"住宅"，还规定公寓是涉外的，好像我们中国人只能住比外国人小的房子，不知哪来的理论，以致防火规范的公寓和住宅标准也不同。可是近年来，我们中国人家庭装修用的可燃物，远远超过外国人，因为他们倒是暂住的，所以反而不花很多装修钱。

（3）将住宅叫成"别墅"。住宅叫"别墅"，认为别墅比住宅高级，还有的商家打出别墅式住宅的旗号，以为是高级的象征，其实"别墅"两字分解一下就很清楚了，"别"者，别业也，是第一以外的产业。"墅"字拆开是"野土"，不在城里建的住宅，别墅怎么会比住宅高级呢？戴维营不会比白宫高级的，北戴河也不会比中南海好的。因此，人们以为别墅应该建在郊区，建得比较豪华，建了不少，卖也卖不掉，有的干脆建了一半就不建了。有的城市这种房子成了无业游民的据点。远离城市中心的住房，在有快速交通的条件下是中等收入较低的居民居住的，因为价位低，可以用较少的钱买较好较大的住房，这个概念才是对的。

（4）不管城里城外，一律叫"小区"。凡是建住房，不管城里城外，一律叫"小区"，这使城里的街坊划得特别大，交通网格也规划得偏大，常常成为堵车的原因之一。

2. 购买对象不明确

前一阶段，房地产总是以低收入人群为研究对象，以集团购买作为主要目标，国家还公布了经济适用房的标准。我认识一个开发商，开发地点在北京二环以里，我告诉他，不能再建"小康标准"房，他听了，也改了图，但建到地面的时候，他听到一些销售人员说没有市场，就又把图改了回去。后来建成了，正好遇到停止福利分房，只好又要我将小户型改大，甚至在承重墙上加固后开门洞，经济损失很大。其实中国的住房要达到第二世界的标准，还有很多路要走，恐怕住房的房地产永远都会以 90% 的中等收入人群为对象，也应该如此。

3. 设计方面以"使用面积系数"为研究标准，是研究的误区

因为使用面积只是与墙体及公共交通为对比，墙体是固定的，谁设计都一样，公共交通有消防规范，基本上也差不多，因此使用面积系数的高低反映不出户型的水平。而我在上面提出的"居住系数"，则反映了主房面积与辅助面积的关系，系数小了则辅助面积多，如卫生间多大，厨房多大，壁柜多少，保姆间有没有，这才是户型的研究标准，配套越多，标准越高。当然，设计得不好，也会多很多无用面积，但多数设计是精心的。所以我认为研究"使用面积系数"没意义。

五、理想的中等收入住房标准是什么？

应该说中等收入住房的变化很大，我们参照 100 年前的上海里弄房，参照苏联定的标准试着分解演算就可以找出一点规律。

（1）起居空间假设 17m²，餐厅 13m²。分开用已是较小的尺寸，如果合起来互相借用，可以省出几平方米，即合用的厅 25m²，也过得去，这恐怕是未来中等收入的最低标准。

（2）主卧室 17m²（不包括衣柜）可以基本满足要求，衣柜长度至少是旅馆的 6 倍，即长于 4.2m 比较合适。

（3）次卧室 13m²（不包括衣柜），衣柜至少是旅馆的 3 倍，即 2.1m。

（4）其他房间，如第二次卧室、第三次卧室、单独会客房、书房、电脑工作室等大体与次卧室相当，都可以以 13m² 为基数。由于计划生育的政策估计 20 年不会变，所以一个次卧室及两个次卧室（或其他房间）将是今后的主要户型。

（5）户型面积假设（表 1~ 表 3）：

假设 1（单位：m²）　　表 1

起居	主卧	二卧	三卧	四卧	主房小计	主房小计 /55%	多层	高层
25	17	13	—		55	100	107	113
28	17	13	13	—	71	129	136	142
31	17	13	13	13	87	158	165	171

假设 2= 假设 1×120%（单位：m²）　　表 2

起居	主卧	二卧	三卧	四卧	主房小计	主房小计 /55%	多层	高层
30	20	15	—	—	65	118	125	131
34	20	15	15	—	89	162	169	175
37	20	15	15	15	102	185	192	198

起居	主卧	二卧	三卧	四卧	主房小计	主房小计 /55%	多层	高层
35	24	18	—	—	77	140	147	153
39	24	18	18	—	99	180	187	193
43	24	18	18	18	121	220	227	233

根据这些假设，假设 1 可能是将来中等收入较低者的户型，假设 2 可能是中等居中的，假设 3 是较高的。再大的应该是少数高收入者户型，面积幅度将更大。

但将多层、高层以同样面积标准来研究是不合适的（因为业主往往是这样要求我们的）。

过去我设计过一栋面积标准相当大的公寓，其主要指标是（表 4）：

某公寓主要指标　　　　表 4

起居	餐厅	主卧	二卧	三卧	四卧五卧	主房小计	主房小计 /55%	高层
50	40	30	20	20	—	160	320	340
50	40	30	20	20	20/20	200	400	420

这一类公寓的等级相当于上海毕卡第公寓（后来改成衡山饭店），是高收入者住的，算是 20 世纪 30 年代最高档次的公寓了。

经过这些分析我们可以看到，当前开发的标准，与上述假设还有相当大的距离，房地产还有很长的路要走。也许有人认为，这样的假设太离谱了，但我认为是合适的。我们可以想一想，年轻的时候处处考虑节约，结果住房却越住越小，原因是没有要求。现在号召拉动消费，物资越来越丰富，衣服多得卖不掉，汽车生产越来越多，国民经济的平均年增长率达到 7%~8%，我们为什么不敢在住房上想一想呢？

六、当前设计中常见的一些问题探讨

上篇文章之后，主卧开始有了挂衣间，但大厅还是越来越大，卧室还是不敢放大，可能仍受福利分房"标准"的影响。可是还有一些与面积无关的其他问题，在设计中注意得还是不够，下面让我们来进一步探讨。

1. 一厅还是两厅？起居、餐厅该不该分开？

应该说分开当然好，但如果起居、餐厅加起来不超过 40m² 的时候，还是合起来好，这样空间好一点，起居人多的时候可占餐桌座位，吃饭人多的时候可以占起居空间。要是起居室有 25m² 以上，餐厅有 15m² 以上，大小相当于餐馆小包间的时候，分开才有可能。不要为了两厅而两厅，尤其不该在卫生间前设计一个 6~7m² 的"小餐厅"，当然标准再高的话，会客室或起居室单独分开是更讲究了。

2. 儿童卧室

最近看了很多样板房，几乎都有儿童房，据一些室内设计师认为是"以人为本"，他们认为当前买得起房的人是年轻的白领，据他们的调查，一般在 30~40 岁之间，当然是一个孩子，初听起来好像有道理，但细琢磨不对了。我们的土地政策是租用 70 年，难道说住进去的儿童 70 年后还是儿童吗？这些房子设计得太小，设计师的年纪也很小，销售员的年纪也小，一拍即合。设想一下，随着孩子的长大，房间里东西越来越多，面积太小根本不行。这种假设可能是房间太小，不得已而为之。

3. 卫生间设计不认真

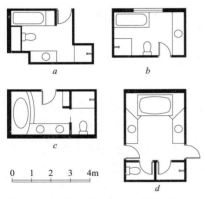

图 6　大卫生间设计：无章法的（a 和 b）和有格局的（c 和 d）设计对比

卫生间的设计图往往画得很简单，1∶50 的图连装修线都不画，造成卫生器具定位不准，我就遇到过这个问题，浴盆的水龙头都装歪了。卫生间的门常常靠边，瓷砖贴了以后，连合页都包上了，门框也盖起来了，门勉强可开，实在不像样。还有，主卫生间往往小于次卫生间，主卫生间有时小得连脸盆台都安不下。卫生间面积小的时候布置得还可以，但卫生间大的时候往往布置得没格局（图 6a 和 b），这是我见到的名头很响的房地产样板房的布置，悬空放一个恭桶，放手纸的地方都没有。淋浴小间也设计得不好，其实淋浴间有成品，0.9m×0.9m 或 0.8m×0.8m 的都有。我找到几个国外设计的卫生间（图 6c 和 d）比较了一下，想看看是否有点不一样。此外，卫生间不敢多设计，三房是两个，四房还是两个。其实，随着户型标准的提高，增加卫生间是首要的标准。上海的和平饭店有 10 个套房，一间客房有 2 个卫生间，美国比尔·盖茨的豪华住宅 6 套半房有 17 个卫生间。虽然，我们不研究豪华住宅的标准，但由此说明卫生间的多少也是一种标准。大城市房价那么高，与卫生设备价格来比的话，应该不是问题。但问题是我们不该用经济适用房的标准来设计中等收入的用房。

4. 厨房流程注意不够

厨房的流程，至少是桌柜—炉灶—桌柜—水池—桌柜，这是最小的厨房要求了，有条件的话，再加一套水池一桌柜，最好能放得下冰箱，但别放到门背后。大一点的厨房可镶嵌洗衣机，可加有杂柜，临时放垃圾，再大可以放餐桌，吃早餐用或兼作备餐，但小阳台的用处不大，设计不好反而少放家具，以下是我见到过的这种设计（图7）。

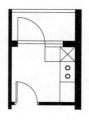

0 1 2m

图 7 小厨房加小阳台不如没阳台

5. 所谓中、西厨分开

最近我从房地产商那里听到一种新的提法，叫中、西厨分开，还大肆宣扬为新理念，将一个大约 $8m^2$ 的厨房分为里外间，据说里面炒菜的油烟不会影响外面。我们的小康标准好不容易将厨房放大了，又被他们的新理念给缩小了，看起来他们是没做过饭的，那么小的厨房连氧气都不够，能做中餐吗？全世界的人都知道中国饭好吃，难道中国人喜欢上西餐了。后来了解到是从现代城来的理念，岂不知现代城是钻了政策的空子，用最小的厨房、商住的概念来解决小户的写字楼，不做饭的中厨房实际上是茶水间。

6. 储藏，保姆室

储藏、保姆室应该随着面积标准的提高相应地增加，但保姆最好有单独卫生间，他的工作是以厨房为中心，可以套在厨房里，也可通过厨房阳台进出，用厨房作为第二入口，更为方便，还有的干脆放在户型单元之外。

7. 跃层设计问题不少

最近小面积跃层单元少了，大家开始明白，花钱买楼梯空间不合算，一算账就清楚。但大户型在高层顶上还是比较普遍，有一个现象比较奇怪，就是在大厅楼梯上面往往有一间面积不小的所谓家庭室（图8），根据布置的家具，有沙发，有电视，有栏杆可看到下面的厅，试问

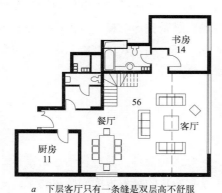

a 下层客厅只有一条缝是双层高不舒服

图 8 不合理的跃层设计

0 1 2 3 4m

b 上层走廊式起居与下层有干扰

上、下两台电视机同时开行吗？我看过好几套图，往往卧室只有十几平方米，而这间家庭室面积高达 30m²，真是本末倒置了。还有起居室的前半部做成局部双层高（图 8），用起来很不舒服。我们经常看到在台湾电视连续剧里，下面是大厅，沙发围圈，后面是楼梯，但楼梯上面都是过道，美国的豪华住宅也没有这样设计的。过去东交民巷的大使公馆里有类似空间，上海的大住宅里也有过，但最多是局部楼梯位置宽一点，也没有 30m²。这个位置是家庭出行前等候的地方。

8. 关于层高

关于层高方面，规范规定不应高于 2.8m，随着福利分房的结束，这类规定应该自行消亡。层高的说法本不科学，不同的结构，不同的跨度，板厚都不一致，假如用净高还有理由，我认为随着经济收入的提高，住房的净高应该有所增高。我们很多设计人员认为不照规范设计是不应该的，实际上应该具体问题具体分析嘛。

9. 关于楼梯踏步

关于楼梯踏步的问题规范也规定得很死，其实用电梯的住房，走楼梯很少，高一点，窄一点，完全可以。20 世纪 60 年代我设计过相当高级的公寓，楼梯踏步是 0.25m×0.2m，至今没有听到不合适的反映，我设计的很多高层办公、旅馆等都用这尺寸，也没听到不满意，所以也应具体问题具体分析。当然，现在动不动把它叫成强规，我认为将来一定会改。

10. 关于电梯

关于电梯方面，过去因为经济房，我们省之又省，宁可增加过道，不愿增加电梯。如今进入商品房年代，过道的卖价也是相当贵的，用电梯该是时候了。四层以上用一个小电梯，应该花不了多少钱（20 世纪 50 年代连苏联也是这个看法），即使 10 户用一台电梯的话，每户也不过相当于 1~2m² 的成本。此外，有一个概念也应该调整，就是住房电梯一般用最差的是不应该的，因为写字楼等使用者以健康人为主，而住户老、幼、弱、病、残者都有，应该更安全，物业要监控，防止在电梯里出问题，但电梯装修不一定豪华。

11. 建筑物理该重视了

自古以来，人们建房的目的是为了对付大自然，应对风吹雨打，现在科学这么发达，为什么建的房子要漏水、会结露、门窗不隔声……实际上是把建房的最根本的问题忽略了，光注意了美观。深圳已经总结了一条经验，贴面砖的房子几乎没有不裂的。尽管我们的设计施工都要求砂浆饱满，实际上，每一块面砖的砂浆不饱满才贴得平，加上混凝土有裂缝，就容易漏水了，反而用防水涂料倒不易漏水。

保温做法太简单，夏季空调关了很快屋里就热了，冬天则很快就凉了，我们的设计人员是根据规范设计的，规范中居然有冬夏室外设计温度的规定，冬天比实际温度高，夏天比实际温度低。天气本是自然的，但我们居然要"设计天气"，天气是我们设计的吗？难怪冬天暖气不停地烧，温度还上不来，有人不得不用电暖气来补充，岂非笑话！

12. 也谈"风水"

谈风水好像是讨论迷信，但我想讨论的是我们如何认识大自然的风和水。没有风的日子不好过，没有水，一片沙漠，没法住人。过去，北京的四合院冬天怕西北风，北墙不开窗，干厕怕味道，设在西南角，其实风水一定程度上是物理学的反映。可是现代人已很有办法，如水，已经用科学的办法，把地下水抽上来，用水库将水蓄起来，用"自来水"管道送到每家每户，这是科学水，现在还正在想"南水北调"的问题。想用热水，也可想办法，甚至利用地热。风也好办，现在可以关起门来，起码可用风扇，当然，还可以装空调，用机械送风。东西向的户型，日光是有的，但有时西晒太阳太厉害，人们已经想法降低东西户型的出售单价，让买房者省下钱来买空调机，既舒服，又能省钱，方向是对的。这是科学风，用科学可以来解决风和水，朝向的重要性开始减少。

13. 高层好还是低层好，住宅好还是公寓好

这个问题其实不用讨论。低层肯定比高层好，住宅肯定比公寓好。但是城里低层区几乎没有一个房地产商愿意开发，独门独院住宅当然比合住公寓好，不管多层还是高层。但是一些大城市，甚至特大城市，用地特别紧张，实际用地的价格很高，被迫向高层发展。20世纪50年代苏联专家定义多层为4层，不久就升到6层，还有城市升到7层8层9层的。此外高层已建了不少，我想不是大家愿意爬楼梯，实在是出于无奈。那么，当今时代转到商品房年代，我们应尽可能在4层以上加上电梯。在特大城市，有时办一件事要乘一个多小时的车，所以城市向高发展，将公寓尽量设计得好一点是上策。

14. 街坊不宜大

房地产开发，街坊不宜大。我们动不动用小区开发的概念来开发大片住房，有的一建就是10年以上，一个小区好像永远建不完，以致造成建房开始时的形势与几年后的形势变化过大，居民不得安宁。房型变化大，环境很杂，居民的经济档次不同，谁也住得不舒服。基地面积大了之后，要解决人车分流也太困难，要么停车与家门太远，要么人车分不了。上海、深圳有些

街坊面积不大，建筑物的半地下可以停车，居民活动在半层以上，基本做到人车分流，四周有路，道路面积多一点，城市交通会好得多。同一经济水平住在一起，物业管理的标准也容易掌握。

15. 会所可大可小

现在全国流行居住区内建会所，据说是个卖点，花了很多投资，做了很好的装修，其结果，打麻将还有人去，棋牌基本上无人问津，台球、乒乓球很少有人去。因为搭伙去玩的青少年不一定住在同一个街坊或小区里。桑拿如果家里需要的话，自己也可以安装。游泳池生意更差，一个小区用不了一个游泳池。这些活动，都是成帮结队的，是属于城市的活动。难怪很多会所，即使不计建房的成本，连水电费、管理人员的工资都不能平衡。假如把这些成本都计入住房的成本单价内，对买房者更是不合理。

如果一定要建的话，应该是外向性的，各街坊之间相互补充，不求齐全，从经济核算的角度研究比较理想，至于少量的麻将房、健身房，有几间房就成了，不一定非叫会所不可。

16. 阳台可不可以变变形

我们设计的阳台都是扁扁的，是过去标准结构阳台板造成的习惯，开间多宽，阳台多宽，用了 $4\sim5m^2$，只能在阳台上站一站。我在 20 世纪 80 年代设计山西晋城矿工公寓时，同样用 $4m^2$，设计成 $2m \times 2m$，用户很满意，有的用作餐室，有的娱乐打麻将，有的改作厨房，有的还住人，就改动这么一点点，就发生了那么多样的变化，可见设计还是可以变化多端的。

七、本文重点

一是研究户型内的房间大小，二是户型可以自己计算。因为很多房地产商将低层、多层、小高层、高层用市上听来的统一面积标准来要求设计，但设计出来的房间面积大小相差特多，他们不理解，设计老返工，耽误时间，大家不满意。

我提出以下这个公式：

（主房面积／居住系数 55%）＋公共交通面积＝每户套内建筑面积

大家可以事先算一算，这样我们就可以作基本假设，例如希望厅多大，起居多大，餐厅多大，主卧室多大，其他卧室多大，其他要求的房间多大，使自己在设计前心里有数。如果希望附属面积大的话，系数可假定得小一点，例如用 50%。大家可以试一试。

八、最近信息

经过几年的努力，我的一些业主已经在策划大户型社区，每户面积都在 $250m^2$ 以上，$400m^2$ 以下。还有 $500\sim1000m^2$ 的大型住户，因为已经有住户向他们提出这个要求。虽然看到的设计图还是一大堆的小房间，但设计是可以改好的，看起来我的研究是现实的。

上述观点，是希望提供给设计及房地产策划者参考，不对的地方，希望指正。

文 / 寿震华

当前住宅设计出现的新问题

经历了三年的真正意义上的商品房设计，由于客户的挑剔，设计方面是成熟多了，但又出现了不少新问题。

1. 前室

前室指的是楼电梯进来后的小门厅，可以脱外衣、放雨具、换鞋、挂衣的地方，有的开发商要求 7~8m^2。问题是该不该有，做多大。

2. 电梯到家

据说电梯到家是一个卖点，一梯一户，电梯出来之后，有一个小门厅，也像玄关。但问题是装不装门，如果装户门的话，去消防疏散楼梯肯定还要有户门，一家至少两个门，加上高层两个楼梯，一个开门在厨房或后阳台，等于一家三个户门。因为不装户门的话，总是不放心的，尽管搞电子的人说有密码卡，但破密码的大有人在，一个电梯玄关，至少也要 5m^2。而且电梯要检修的话，岂不是要到邻居家才能用电梯，花了钱还要找麻烦。这个点子并不好。

3. 中西厨

开始出现在国内的设计图里，最近甚至流行到境外设计公司的图里。我感到十分奇怪，因为在国外没见过。印象中，只有外国人喜欢中餐，很少有中国人在家做西餐，要是有的话，也是少数人，为什么变成时尚呢？后来问了外国建筑师才弄明白了，是中方的销售提的，据说又是什么卖点。如果中厨房做得较大，外加敞开的西厨，是能够理解的，问题是中厨房只有 4m^2，水池还在外面，4m^2 的空间比小康以前的厨房还小，做中餐时，连氧气都不足，不知如何用炉灶？用水池还要隔道门。后来问出来了，源自某工程谓之"SOHO"，才明白此意。人家是钻了政策的空子，用住宅的政策开发商可以借到贷款，买房者也可以找到按揭，本来要租房办公，用租房的钱可以买房，最多损失几平方米小厨房不用，何况，还可以当库房或复印室等，没有损失多少，这笔账算得过来。但做在真正的住家，应该是两回事。

4. 厨房里吃早饭

当然，厨房大一点，肯定比厨房小要好，关键是餐厅经常就在厨房旁，而户型的总面积又不够大，成本末倒置了。

5. 步入式衣柜

很多人到美国一看，公寓里都是步入式衣柜，相当方便，于是在任务书就提出这个要求。原本卧室还有 18m²，或略多一点，做了步入式壁柜之后，主卧只剩下了 12m² 左右，除了放双人床及床头柜之外，什么都放不下。

6. 儿童卧室

现在很多户型里面出现儿童卧室，据说相当时尚，吸引了一些新婚夫妇。可能这些年轻人没有生活经验，贷了款买了房，不知他们想了没有，买房至少可用 70 年，我国又是执行计划生育，一个孩子出生后，此房还能用 60 多年，孩子不能永远是孩子，因此，"儿童房"应该仅仅是次卧室，干什么都能用。事实是，原本房子设计小了，做样板房时装修设计师把床做小了，家具做小了，空间不是看上去大了吗？这是自欺欺人的花招。

7. 洗衣间

我不是反对洗衣间及杂物间，这方面确实有用，问题是，每一项另独立建造的话，总面积必然很大。

8. 分户空调

每户一套空调，为了怕住户不交电费，换句话说，怕买汽车的人，不买汽油，不知怎么想的，每户必须多买一个 3m² 以上的阳台，每户必须学会点燃冷热空调。本来层高不高，管线穿满了各种房间，不做装修很难看，做了装修又怕修理时候拆坏装修。总之，将独立住宅的内容搬到公用的公寓里来了，将来，造成室外噪声污染时不知如何收场。

9. 地板采暖

有一阵，地板采暖被房地产媒体炒得很热，试想，热管子埋在混凝土里，要它放热是多么困难，这类东西在日、韩民族有席地而坐习惯，尚称有理，而很多家具盖在上面，散不出热，不知好处在何处。再者，管线埋在混凝土里，如果装修破坏时又是很难处理的。

10. 大卫生间

当然，大卫生间果然好，有的提出要在三件的基础上加独立淋浴，有的要求双脸盆，浴盆还要按摩浴盆，面积要加到 7m² 以上，要求多样或个性化是好事，关键是户型有多大面积。

11. 跃层小户型

据说，小户型的客户想象力丰富，希望有个性，如果每家一样的个性，岂不变成共性了吗？一房一厅户，还要加上一个户内小楼梯，结果是 100 多平方米的户型，在室外买了楼梯以外，室内还要买两层楼梯，室内楼梯又不能太大。我看到的一个户型就是这样，是我隔壁的邻居，他买了之后直叫后悔。家具搬不上楼，只能先去掉楼梯栏杆，因为厅里有了楼梯，只放一个双人沙发、一个单人沙发就很紧张，叫苦连天。有关户内的楼梯，本来是大户人家的东西，由于水平交通路线过长，做一个楼梯以缩短内部距离，是有道理的。另一种是连体住宅，为了节省开间，一楼一底，或一、两楼一底，都是没有办法的办法。凡讲究的房子，反而往往是平层。

12. 再一次研究居住系数

这里讲的居住面积是指：起居厅、餐厅、卧室、书房等主要面积，其他的：厨房、卫生间、过道、阳台、玄关、壁柜、楼电梯等都是辅助面积，房间里的小过道也算作辅助面积。居住系数（居住面积／户型面积）合理的是 50% 左右，最好大于 50%，尤其是小户型，甚至可达到60%。应该首先满足主要居住面积，才考虑上述其他辅助内容。我见过一些设计，上述内容都有，其结果主卧只有 12m²，次卧只有 9m²，房地产商要求设计不断修改，但始终改不出来。原因是要求不合理，后来，不得不放弃这种要求，经过反复修改，才心服口服。关键是，户型不大的时候，不能要大户型的内容。好比夏利车要把奔驰车的东西装进去是不对的。

13. "大厅小居室"是不对的

"大厅小居室"是特定条件下的一句口号，是北京提出的"95 小康标准"，当时的大厅应该是现在意义上的小厅。实际是小厅小居室，符合经济适用房的概念。而房地产的多数对象是中厅中居室，是中康的标准。只有少数豪华户型才是大厅大居室。我在 20 世纪 60 年代设计过的外交部高级公寓，卧室最小的是 30m²，餐厅是 40m²，客厅 50m²，层高达到 4.2m，前面有主电梯厅，后面有服务电梯。门内厅有 $18m^2$。这种标准的户型可谓大康，是五星级旅馆客人的公寓。由此推想：中康的户型客户，应该是住得起三星级旅馆，中厅中居室客户。

14. 卧室大小

过去，由于将旅馆称作宾馆，使人们错觉到旅馆比家里高级，如果将旅馆正名的话，三星级旅馆的客人，其家里的卧室应该大于旅馆，三星级的旅馆客房一般要达到 $18m^2$，还要有至少 1.4m 宽的衣柜。试想，一个客人在旅行的时候只带一部分行李，在家里，衣柜是不是应该大一些，要多一点？卧室是不是应该在 $20m^2$ 以上，还要外加衣柜？

15. 结论

总之，一切按相对论的观点来分析问题，用相对论的观点来解决问题就能分析清楚，不至于让次要矛盾冲击主要矛盾。人的大小没有变，从新中国成立初期的社会主义初级阶段开始，中产阶级的房子大小，就是一种重要的参考，不同的是计划生育之后，人口结构有了变化，户型的总面积有了变化，但是单位房间的面积应该没有多大变化。这是分析后的结论。

文 / 寿震华
原载于《置家》（天津）2003 年 9 期
2011 年更新

论豪宅

现在房地产的宣传中，稍大一点的户型，喜欢称之为"豪宅"。当然户型的大小，以相对论的角度来说，大一点的户型称为豪宅，也是无可非议的。但究竟豪宅有什么特点，应在"豪"字上研究。

在新中国成立以前，天津的五大道、上海的西区、北京的后海一带，建了不少豪宅。豪宅者，豪门之住宅也。当年大规模阶级斗争的结果，让这些豪门多数移居境外，他们的豪宅，除少数是统战的民族资产阶级自用外，多数被征用，有些被首长用，更大一些则被机关单位使用，包括一些大使公馆、领事公馆。当然这些是豪宅里的极品。还有大批独立住宅及独门独户的四合院，应该也属于豪宅之列。还有一些高级公寓，像上海锦江饭店的南楼及衡山饭店等，本是公寓，后作为旅馆使用，当前都是五星级的旅馆。由此可见，"五星"也是豪宅的标准之一。

在美洲，独立住宅太多了，但多数称不上豪宅，因为多数家庭仅属中产阶级的中、下层，而中产阶级上层的住宅则多数是豪宅。

由以上的分析可隐隐地看到豪宅的影子，那么有些什么硬指标呢？

既然五星级旅馆是一个标准，卧室的标准至少不能低于五星级的客房标准，即应大于$22m^2$，开间要大于4.5m，因为永久的家总要比临时的居所大。

每一卧室都该有单独的卫生间。主人的卫生间还可能有双脸盆、双恭桶，还有可能除浴盆外，有单独的淋浴间。总之，其配备也不能低于五星级旅馆客房内卫生间的标准。

起居室及餐厅肯定是要单设的，既然要单设，当然不会小于$22m^2$。起居是餐厅1.5倍，不会小于$30m^2$。

卧室的多少倒不一定，但三房、四房也是不能少的。

至于书房、健身房、家庭室、音响室、家庭影院、花房、游泳池等，是根据主人的需要，没有限制。在天津还见过有麻将室、抽鸦片室，当然是新中国成立以前的事了。

但有一间50~60m² 交际、会客的房间，在美国称之为大房间（great room）的，是豪宅里必备的，这是豪宅的重要标志，不能忽视。在西方用作家庭集会（party）之用，在东方往往是大家庭集会的地方。台湾电视剧里经常看到，在大厅中间有一对大沙发，是主人或主客的位置，左右通常是两个或四个双人沙发，是后辈的座位，四周有人伺候。背后是大楼梯。可以想象，至少要50m²。在旧中国，往往要占三开间的大平房，中间是双太师椅及中堂桌，两侧各是双椅及三椅，这些都是豪宅最少的内容。

有没有花园不是最重要的，但一般都有，所以称花园洋房么！如四合院本身就有院子。高级公寓就不会有了，但也会有宽宽的平台、阳台。

附属的内容中肯定有前厅、门厅，作迎宾及客人挂衣等用，要有一定面积的厨房、洗衣房、客人卫生间。还有服务人员、保安、司机的暂休、住房、卫生间，还有库房等。

由于大房间（或称大客堂、大客厅）至少要 50~60m²，根据我过去总结的数据，相应地要有 50% 左右的配套面积。所以，称之为豪宅的话，至少要比一般的住宅多出 100m²，所以总面积大多会在 250m² 以上。

最近我查到新中国成立以前，上海有 6000 栋豪宅，据当年的上海房管局统计，平均约 500m²，这就有了一个概念了。

以上是我的观点，供各界讨论。

文 / 寿震华
原载于《左右》（天津）杂志
2011 年更新

理想的居所

中国的房地产商经常将面积稍大一点的住宅产品称之为豪宅，住在豪宅里当然应该是很舒适的，可在仔细研究了这些豪宅后，感觉它们并不都像我们所想的那样舒适，其中一些只是总面积大一点、花钱多一点而已。最近我的一位美国朋友送给我一本书，名字叫做《理想的住宅》。这是一本以蓝图为主，配以建成后建筑照片的图书。书中照片有室外的也有室内的，都标明了总面积、几房几卫、含几个车库等购房者关注的内容。这本书实际上是给要买房的或要建房的人准备的一本广告参考书。如果客户看中了其中某一款，可以请提供这款建筑的公司内有关人员帮助估价，客户也可提出修改要求，这个公司的建筑师、估价师可以提供包括机电设计、室内设计、室外环境设计等的全方位服务。书中总共有 50 个单体住宅图。我粗粗地翻了翻，就能够感觉到这些住宅与我们看到的豪宅图纸有很大不同，它是由一些很有实际经验的房地产建筑师编辑的，是已经建成的、而且是居住者认为非常舒适的户型。再看看我们的豪宅吧，我们看到的常常是一些表面的东西，例如有些大款动不动就要求设计一个"白宫"，有些房地产商就看准了这种畸形的需求，无限地放大住宅面积，从 500m²、700m²、1000m²、甚至到几千平方米。面积是够大了，空间又如何呢？有的层高很低，只有 3.0m，再加上空调后，净高只剩 2.5m 左右了；还有的大厅特大，可以达到 70~80m²，而那些卧室的面积却只有 10~20m²，与奢侈的大面积格格不入。再说这本《理想的住宅》，书中很多细节很富有人情味，案例中的房间该大的大，不该大的就不浪费面积。

最近我花了一些时间，对这本书进行全面的学习，颇有一点心得体会。书中的样本多数都标有房间大小，只有 2 个户型没有。我将有尺寸的 48 种户型的一些数据翻译成公制的数据后，作了一些研究分析，现将自己的一些心得体会拿出来与大家共享。

一、理想的概念

我仔细攻读全书，分析后发现，书中所说的理想，不是豪宅标准的理想。这里的理想简单来说，就是像我们达到小康后，向前再努力一点，经济实力得到进一步充实后的一个合理的住所。

为什么说不是豪宅呢？因为这本书是以美国的住房现状为背景的，是美国打工族的理想住房，也是美国打工族经过努力奋斗而能够实现的目标。

这本书的一个非常明显的特征是：所有的户型中没有发现工人房，很明显是打工族自用的住宅。我年轻时看到过新中国成立前上海的住宅，即使是公寓（当然是指豪华公寓），也有工人房，一般前面一栋是公寓楼，而后面就有一栋工人房。

本书的另一个特征是：没有豪宅标志的大厅（Great Room）——即平时不用的大厅，面积一般在60m²以上，是在家庭举行聚会用的。除了"大厅"外，有尺寸合理的起居、会客及孩子活动室等用房的全部内容。我过去也曾经得到过一本豪宅的书，书中绝大多数豪宅里都有"大厅"这个主要内容。

从美国的习惯说，这里的理想住宅是中产阶级的理想住房，所以我把它定位为我们的理想，即向中产阶级奋斗的理想。

二、户型面积

美国的住宅面积一般不包括车库面积。关于这个问题，我曾问过一些美国朋友，他们说，是为了容易理解这栋房子的共同概念。这使我想起以前在制订旅馆指标时，也没有将车库放在指标里，因为车库面积可大可小，甚至可以停放在露天不占面积。在本书的50个设计里，有些户型果然是没有车库的。我个人认为这样的表示是很科学的。

美国的中产阶级比较多，他们大多拥有自己的住宅。这本书里推荐的户型有大有小，最大的一户有600m²，最小的是246m²，多数在300~450m²之间，确实比我们小康的面积要大得多，但比那些无限大的豪宅要小多了。大多是三房、四房的户型，当然也有少量是五房的户型。

我曾谈到过过去上海的6000户独立住宅的平均面积是500m²。与这些旧上海的独立住宅相比，本书的有些也算得上豪宅，但它们的面积却没有那么大，说明美国中产阶级对住宅的要求是非常理性的、现实的。从书名就可以看出来，它们是理想的住宅，不是轻而易举就能得到的住宅，是人们向往的理想住宅，是通过努力能够实现的理想。所以是值得研究的（附录）。

三、户型内容

1. 门厅

一个过渡用的门厅，是每栋住宅共有的，我们有时称作为"玄关"。门厅不大，一般不过10m²左右。门厅左右两侧通常各为一间餐厅及一间书房（图1），当然也有的一边是餐厅一边是起居室。其位置是外向性的，有的直接与楼梯连接，利于楼上的孩子不经主人的厅室进出，比较方便。当然对着门厅的房间肯定是客厅。

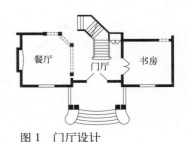

图1　门厅设计

2. 共用空间

美国书上的共用空间名字有很多，有大厅（Great Room），有起居室（Living Room），有家庭室（Family Room），也有休闲室（Hearth Room）。

有大厅（Great Room）的户型很少，在500m² 以上才有，即使有，也不是很大，一般在30~40m² 左右，从图面的位置来看，通常位于起居室的位置，所以可以这样认为：这本书里的大厅只是建筑师对起居室的称呼而已（附录）。

书中绝大多数户型里有家庭室，这可能与美国中产阶级的人口结构有关系，这在新中国成立以前天津和上海的住宅户型里就没有看到过。从家庭室的布局看来，这些户主都是上班族，由于美国的工资高，请专人照看孩子费用太大，所以家里的孩子多数是女主人自己照看的，所以家庭室的位置总是对着厨房（图2）。

而有些设计图上对着厨房的家庭室位置，有的是休闲室（Hearth Room），有休闲室的户型往往次卧少，客卧多，看来是为没有孩子的家庭准备的（图2），也可能是老年人用的，只是名称不同，改一下名称就是次卧。

一些设计中，家庭室取代起居室，还有一些则用起居室代替了家庭室，这些户型都偏小（附录）。但多数户型中既有家庭室也有起居室，一般情况下家庭室的地上铺有地毯，供孩子们在地上玩耍，所以定是满地玩具，这种房间一方面难以整理，另一方面整理的过程也破坏了孩子的玩兴，所以房间比较乱。为接待客人，需要另设一个专用的客厅，供主人起居及会客之用。

家庭室（有的叫休闲室）的位置总是对着厨房；
家庭室总有大窗户对着室外的风景；
面对家庭室的合面上总有一个水池；
早餐空间离厨房很近比较方便

图2　家庭室及早餐空间

在一些大的项目里，一般是 500m² 以上的大户型里，共享空间还包括大厅和专用会客室。大厅一般平时不用，只是在家庭里举行聚会时才使用。既然平时不用，一般面积的中产家庭里没有必要设置，专用会客室也常常是商业主用的，所以也只在少数大面积的住宅里出现，而这本书里极少。

3. 家庭室及厨房（Family Room，Keeping Room，kitchen）

家庭室的位置总是对着厨房，而美国住宅里的厨房都比较大，从统计表上（附录）可以看出，面积大多在 18~25m² 左右。而且都是明厨房，这可能与他们做饭菜的习惯有关。又由于面对着家庭室，所以总有一个柜子对着，柜台面上总有一个水池（图 2），看来水池的利用率很高，这样一边干活，一边可以照顾着家庭室里的孩子。

一些没有孩子的家庭，在家庭室的位置会布置休闲室，这对老人很有用。想象一下，一个人在厨房准备晚餐，而她的另一半就在对面的休闲室里望着她或忙着些什么，彼此都在对方的视线内，不温馨浪漫吗？一般情况下，这个房间总有大窗对着室外的风景（图 2），通常还有一个大平台，可以随时与外界亲近。

4. 早餐室、早餐空间（Breakfast Nook）

早餐的位置也总是对着厨房，面积不一定很大，也不过 10m² 左右，当然也有大到 20m² 以上的，由于不是一间完整的房间，有时与过道相连，有时与厨房相连，面积也算不清楚，我在表上标明的面积是书中蓝图上标的面积，也不是很准确。早餐室每栋设计里都有，虽然房间有时并不完整，但总是有窗对着院子，多数是利用突窗。在窗边一个小桌子吃早饭或简餐，没有拘束，比较自由。当然在没有客人时，可能正餐也在这里吃，离厨房很近，比较方便（图 2）。

也有个别的户型里没有早餐室，但都有一个 20m² 以上的大厨房，在厨房中间有一张固定的餐桌，既可用早餐，也可当工作台。

5. 餐厅（Dining Room）

餐厅是每个家庭必有的空间，在本书的设计图里，我发现餐厅空间并不都是封闭的，这大概是源于新式家庭与老式家庭的不同，新式家庭简单，少有老式家庭的三代同堂和分明的主仆关系，不仅家庭的人口结构简单，而且随着封建意识的淡化，家庭的封建规矩也在淡化，开敞式的餐厅往往不一定要很大。从统计表里（附录）看到，开敞式的餐厅都在 15~20m² 之间，其大小与次卧室相当，往往在餐厅上面就是一间同样大小的次卧室。而封闭式的餐厅就要在 20m² 以上，因为餐桌四周要活动，不像开敞式的餐厅可以合用其他空间。

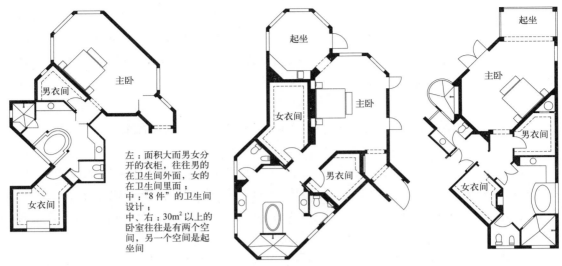

左：面积大而男女分开的衣柜，往往男的在卫生间外面，女的在卫生间里面；
中："8件"的卫生间设计；
中、右：30m² 以上的卧室往往是有两个空间，另一个空间是起坐间

图 3　主卧室设计

6. 主卧室的起坐间（Master Bed Room，Sitting Room）

主卧室是居住建筑的重点，自从我们误传了"大厅小居室"的口号以后，卧室总是小得不尽如人意。我们来看看理想住宅的主卧室有多大。从统计表里（附录）看到：主卧至少在 20m² 以上，这与过去我的观点——主卧室要大于旅馆客房的论述很接近。大多数在 25m² 左右，也有 30m² 及 30m² 以上的实例，但 30m² 以上的主卧，乃至 40m² 的主卧室，往往是有两个空间，一个是 25m² 左右的睡眠空间，另一个空间是起坐间（Sitting Room）（图 3），这样就不至于空空荡荡。我们在电视剧里看到的皇帝卧室也不是一个大通间，起码有漏空隔断来隔出两个空间。毕竟卧床的大小是人的尺度，太大了也不见得舒服。

卧室的使用时间长短不一，有人很喜欢待在卧室里，因为卧室里有衣柜、有洗浴间，也可以有写字的桌椅、有生病或不适时在屋里小吃的桌子，非常温馨。

过去我说过，主卧不应该小于旅馆的客房，因为客房是临时住的，临时的意思是：除生活必需的最简单的设施、家具外的东西一概没有。因此生活中天天要用的和用得最久的东西就放在卧室及主卧室里了。所以，卧室尤其是主卧室，应该大于我们旅行临时住的旅馆就不难理解了。

旅馆的客房空间（不包括卫生间及小过道），三星级是 16~18m²，四、五星级要 20~22m² 以上。从本书的图纸统计中，进一步证实了我以往的分析。最近，遇到几个要求建五星级以上旅馆的朋友，他们比较希望客房的宽度达到 4.5m 以上，最宽的要求是 4.7m，而我在研究全部的图纸之后，发现理想住宅中绝大多数宽度也在 4.5~5.0m 之间（附录），只有少量的宽度超过 5.0m。这是一个意外的发现，可以认为超过 5.0m 宽度的空间大概其感觉并不舒服。所以，以黄金比来设计主卧的话，大致不超过 30m² 的一个空间是合乎逻辑的。超过 30m² 的主卧室隔出一个单

独的起坐空间的话会更合理。

7. 主卧的衣柜、卫生间（Master Bed Room/Closet，Bath）

好的主卧，卧室与衣柜、卫生间的面积比是1:1。我分析了书中几十个户型后，证明1:1这个比例基本上还是正常的，当然不是绝对的。当总面积较大时，比1:1还大，但比1:1少的情况没有发现。大体上1:1还是一个重要的比例，是设计主卧的根本要素，过去我们重视不够。

这里所说的衣柜是步入式衣柜（Walk-in Closet），有的与主卧卫生间相对布置；也有的设计在主卧卫生间里面，以便于化妆和更衣；还有的在卫生间内外同时布置（图3）。

对较大面积的衣柜，会将男主人的衣柜与女主人的衣柜分开设置，但女主人的衣柜总是大于男主人的衣柜。而这样分开的衣柜往往男的在卫生间外面，而女的是在卫生间里面（图3）。当然在这个问题上还有可能与天气的湿度有关，不能千篇一律。

8. 主卫的新发展

主卫也应该是理想居所的重点。从统计表中（附录）可以看出，几乎绝大多数是五件器具。五件中，浴盆是必备的，随着科技的发展，大的按摩浴盆及蒸汽浴盆已经比较普遍，脸盆一定有盆台（五件往往指有两个脸盆），第四件肯定是恭桶，而恭桶已经逐渐的进入小单间，以免左右悬空放在外面。而我们的设计图中，将恭桶悬空地放在墙中而左右无法放手纸的情况经常出现，但在本书中根本没有发现，可见这些设计师的设计功底很扎实。这是生活常识，我们的设计师甚至老设计师也常常忽视了这些重要的细节。第五件是淋浴间，本书中100%的设计都包括的内容（图4）。

也有含六件的卫生间，这第六件就五花八门了，有的是净身盆（图4），有的是双恭桶；当然有条件做双恭桶肯定方便使用。

a "7件"的卫生间，步入式衣柜在主卫生间里面

b "6件"的卫生间，第六件多数是净身盆，步入式衣柜在主卫生间的对面

c "5件"的卫生间100%全有淋浴

图4 主卧卫生间设计

还有七件、八件的（图3、图4），还有一间主卧用双卫生间的（图3），当然更方便了。随着科技的进步，物质的丰富，设备的降价，卫生间也就不断地提升标准。

9. 客房（Guest Suite）

图 5　客房设计

客房的房间大小，一般与旅馆的客房相当，有专用的卫生间，有衣柜。这种设计可能与美国地大、人少、住得稀、流动性大有关。客房总是与户型大小有关，户型小的肯定不设，户型中等的经常与书房合用，户型大的会单设。这些设计方案中，有一个户型比较特殊，它的卧室除主卧室外，其他全是客卧，这可能与业主的家庭人口结构有关，可能是一对老人，或是没有孩子的家庭，所以客房都带有专用卫生间。这样的话，这种房间其实就是万能的房间了（图5）。

10. 次卧

次卧的大小是我最关心的，尤其是当我们大量宣传报道"大厅小居室"后，就更想将这种理想住宅的次卧了解清楚。

从本书的统计结果看，这些住宅的次卧室面积大多在 $15\sim20m^2$ 之间（附录），个别的一户也有一间是 $12.2m^2$。总之，次卧的面积相当于旅馆客房大小。房内设有衣柜，而衣柜的面积是不计入房间面积的。

关于次卧的间数，有 1~4 间的幅度，这肯定与家庭结构有关，但其卫生间，在最少的情况下，也不会小于两间合用一个。这就看出来，卫生间是衡量住宅等级的一个标准，换句话说，卫生间越多，使用越方便，其住宅的等级就越高。我们在媒体的报道里了解到美国的富豪比尔·盖茨的豪宅，其 6 套半房就有 17 个卫生间，可见卫生间的地位非常重要。

这本书是理想的住宅，是小康成为中产阶级后的住所，生活水准有较大提高，而卫生间的大小、配置和数量是这种高水平生活的重要指标。有很多人担心卫生间太多，没用，浪费，在小康阶段，这种担心是必要的，因为小康的生活标准与中产的生活水准还有一定的差距。小康阶段，我们关心的是住宅内有几房几厅，可见卧室和厅是该阶段的重要空间。而美国中产阶级对住宅的描述是几房几卫几个车位，说明在个人起居空间得到满足后，个人卫生间空间的保障成为进入中产阶级的重要标志。

美国还有一个习惯，就是一人一间房，所以次卧的面积说小不小，说大也不是很大，其大小与旅馆的客房差不多，而旅馆一般是考虑两个人共用，所以同样的面积一个人用当然就更舒服一些。这个面积大小也正好说明是供中产家庭使用，而不是豪宅家庭。

11. 书房、图书室、家庭办公室（Study，Library，Den，Office）

书中所述户型里，大多有书房，看来美国的中产阶级大都是知识分子家庭，所以书房就比较重要。当基本生活需求满足之后，住宅开始向舒适转化，于是出现了某些专用房。

书房的面积大小与次卧的大小接近，其位置一般在门厅两旁。门厅的一边是餐厅，另一边往往就是书房。书房在美国还常常是男主人接待客人谈业务的地方，所以在门厅旁是比较方便的。如果是自由职业者，书房就是营业接待的地方，如我们建筑师，就是绘图房兼接待的房间。

书房有时标明兼为客房，客房的位置比较远离主人的卧室区也是合理的。凡书房兼作客房的时候，就一定带有卫生间，这样才合理。

有的标明是图书室（Library），就很少看见带有卫生间。

个别情况，也有将书房及图书室放在主卧圈的，大概是为了使用主卧室的卫生间。因为书房或图书室使用的时间较长，有必要考虑卫生间的方便实用。在生活中，将双卧室之一作书房也是常有的。这些实例告诉我们，书房的布置既要考虑书房本身的方便使用，也要考虑主人在书房时的各种需要。

在市场经济的社会里，注册一个公司，需要注册公司地点，一个人的业务放在自己的住宅里也是合理的，这就出现了家庭办公。家庭办公室的位置与书房的位置基本相同。

12. 活动室（Play Room，Game Room，Media Room，Billiard Room）

除了起居活动以外，在生活富裕的情况下，一些其他活动的房间，也往往单设。

活动室（Play Room，Game Room）往往是孩子们的活动区，多数设计将主人房放在楼下，孩子的房间安排在楼上，所以这种活动室就跟着孩子也放在楼上。活动室可大可小，平面形状随设计造型变化而变化。活动室不是卧室，什么形状都可以，空间也有高有低，没有规律。因为这个空间是阶段性的，也是可有可无的。

音乐室多数在孩子区，但也有设在主人区的，这要看主人买房时的兴趣所在。

台球房倒是多数设在主人区，可能是主人的专爱。

还有工房（Work Room），其位置很多在汽车间附近，也有通过一个廊子，设置在远离生活区的地方。美国的住宅都有大小不等的院子。他们在周末会自己修理自己的住宅，很忙碌。我在美国的时候还为一个朋友刷涂过他住宅的外墙面。这种工房里摆满各种工具，包括割草机、木工机具等，是男主人活动的地方。

有的设有专用健身房（Exercise Room），也远离生活区，但比较靠近有风景的前廊，毕竟这是主人用的。

很多户型中都有室外游泳池，因此附近的更衣室一定少不了，因为除主人外，很有可能客人也会用，有的布置了半卫生间，即没有浴室的卫生间，也有带更衣、淋浴的房间，是根据主人的需要来设置的。

13. 阁楼（Loft）

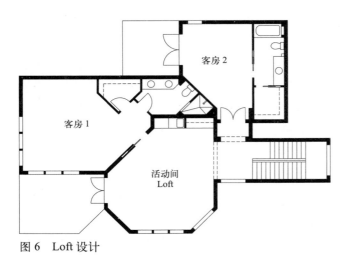

图 6 Loft 设计

Loft（阁楼）这个词很难翻译，在这本书里表示的位置是在楼梯间上面的空间，四周是次卧室，从图面上看，有点像这些次卧里的孩子在房间外的公共活动区。但这种空间，在本书众多的户型里很少见，只存在于个别户型中。

在其他的解释中，Loft 确是阁楼，常常是单房户型里产生的特殊空间，是经济型户型里的特殊产物，很多是坡顶下的一种半高空间。有时可能下面是起居，上面作卧室。也可能下面是多人的办公室，而上面是小老板自己私用的办公室。

但 Loft 在我们这篇文章里的位置是，一个楼梯间上面的活动空间（图6），与当今社会上为了偷面积的 Loft 概念不同，因为这里不是小户型。

14. 洗衣房、杂用房（Laundry，Utility）

在所有的户型里，洗衣房及杂用房是必不可少的。尽管有的称为洗衣房，有的称为杂用房，但从图面的表示看来，内容是一样的，有水池、有烫衣板、有洗衣机、有吸尘器、有杂用柜，其面积大多在 6~10m² 之间（附录），当然也有大一点的。

不过，单独的小间倒是不多，可能与他们都有车库有关。在美国看到的一些车库里，除了停车外，还可存放大量的杂物。例如有大大小小的自行车，看得出来，这些都是孩子成长的见证，有时发现它们常常被挂在墙上。当然还有一些球类、杂用的梯子，等等。

四、净高

我们的公寓设计，从层高 2.7m 起，现在逐步有 2.8m、2.9m、3.0m，有的甚至达到 3.1m，已经被房地产商大肆宣传为高空间。但除去了地面做法及钢筋混凝土楼板，一般要扣除 250~300mm 厚度，所剩的净高其实已经不高了。这样的层高其实还没有达到新中国刚成立时，由苏联专家领导我们设计的首批工人阶级公寓的层高。那么，净高究竟多少比较理想呢？从该书的设计来看，次卧室的净高基本是 3.0m，这说明理想住宅的房间净高不应该低于 3.0m（附录）。

与次卧室不同的是，主卧室的净高均不低于 3.6m，可见主卧室的地位，也有高到 3.9m 的（附录），说明理想的主卧比次卧要高，装修也比较讲究。而公共空间就更高了，一般不低于主卧，当然也有高到 4.8m 以上的，甚至于双层高（6m 高）的也有。

五、居住系数

我在表中设了一个居住系数栏（附录），这是我们在 20 世纪 50 年代苏联专家领导我们设计工人住宅（公寓）时要考核的指标，是指"居住面积/建筑面积"，理想的结果是 50%。经过对书中所有户型的统计，发现其居住系数都在 45~55% 之间，这表明居住系数 50% 左右是合理的。

这个系数可以作为房地产商设计任务书的依据，例如：你需要起居室 30m²，家庭室 25m²，餐厅 30m²，主卧 25m²，两间次卧或客房 15m²，即 30+25+30+25+15+15=140m²，系数是 50%，建筑面积应该是 280m²，依此一般能设计出比较合理而理想的住宅。

当然要经济紧凑一点的话，系数就高一点，如系数是 55%，即 140/0.55=255m²，也是能做到的。

假设要舒适一点的话，如各种设施多一点，过道宽一点，卫生间大一点，衣柜大一点，则可将居住系数降到 45%。即 140/0.45=310m²，一定很舒服了。

同样的套内建筑面积任务书如果用于多层或高层住宅，那么销售建筑面积还应加上单元内公共楼电梯的公摊面积。

我在回答一些房地产商的咨询时，发现凡设计迟迟不能完成的，往往是任务书不确定。他们既希望户型设计得舒服好用，又要少的总面积，因此总认为设计的"水平不高"，真是冤枉人，其实就是任务书不科学造成的。

如果你感到设计图不理想时，不妨用居住系数算算，自己就会得到合适的结论。

六、几点启发

分析完全部图纸并计算出全部数据之后，得到以下启发：

（1）居住系数特别重要，能制定合理的任务书。

（2）理想的起居室并不是小起居室的无穷放大。

（3）家庭室的位置在厨房的对面，而不是在楼梯间上面或那些不好利用的地方。

（4）厨房是家庭里的一项重要空间，一般都不小，值得主张小厨房的人深思。

（5）早饭的空间，有条件的时候，也是重要的内容，必要时将厨房放大一点也好。

（6）餐厅的封闭与否，要看是否有服务人员来决定，没有的话，开放的餐厅很好。

（7）主卧室一般比较大，但也不是太大，以 25m² 左右为合理。

（8）主卧的开间比较宽，但再宽也在 5m 以下。

（9）主卫生间非常重要，其面积不小，而淋浴是最重要的设施，是所有主卫必备的。

（10）有条件的话，步入式衣柜是理想的选项。

（11）有条件的话，主卫加衣柜的面积至少等于主卧的面积，甚至大于主卧室。

（12）次卧的面积大约是主卧的 2/3，一般在 15~20m^2 之间，但不包括衣柜及不能使用的小过道。

（13）卫生间的多少，是反映居住水平的指标，有条件的时候，应该一间卧室配一个卫生间。但想少一点的话，也不该少到三间卧室合用一个卫生间。

（14）客房一定是带卫生间的，标准与旅馆的客房相似。

（15）其他用房及太阳房外廊等都是必要以外的内容，有条件及有要求的话，其多少和大小是无限的。

以上是个人的心得，仅供同行参考。

文 / 寿震华

原载于《建筑知识》2007 年 2 期

2011 年更新

附录　美国住宅户型统计表

户型面积(m²)	编号	建筑面积(m²)	户型(中式)	户型(美式)	主卧	二卧	三卧	四卧	五卧	客卧1	客卧2	客卧3	大厅	起居室	家庭室	生活室	餐厅	书房	图书室	办公室	游戏室	阳光室	影音室	房间面积(m²)	居住系数(%)	早餐(m²)	厨房(m²)	卫生间间数(间)	洁具数量(件)	洗衣清洁(m²)	车库(辆)	主厅净高	主卧净高	次卧净高
248-300	1	248	3房3厅	3房2.5卫	24.5	14.3				13.8			30.7		35.4		14.3					12		114	46%	12	16	2.5	5	12.6	2		4.2	
	2	256	4房2厅	4房2卫	21.9	15.6				18							15							118	46%	12.3	20.1	2.5+0.5	5	9	2		4.1	
	3	264	4房2厅	4房3.5卫	20.5	17.4		14					27.3				17.6							112	43%	16.5	13.5	3.5	5	6.5	2		4.3	
	4	286	3房4厅	3房3.5卫	41.8	15.2	15.1							30.2			20.5							156	55%	15	23	3.5	5	4.8	3		4.6	
	5	288	4房3厅	4房3.5卫	25.8	18.6				13.5				15	17.2		15							160	55%	14.7	19.3	3.5	5	8.3	2		4.1	
	6	300	4房3厅	4房4卫	24.5	14.5				12.5				37.5	34.7		15.5					20.4		134	45%	17	18.8	4	6	5	3		4.9	
304-349	7	304	5房3厅	5房3.5卫	21.4	19.2	15.9							32.7	32.3		14.4							168	55%	17.8	17.8	3.5	5	8.3	3		4.6	
	8	309	3房5厅	4房2.5卫	26.8	18.1	13			17.6				33			16.8	14.6	16.8		18.9		17	148	48%	18.3	18.3	2.5	5	7	3		5	3
	9	309	4房4厅	4房3.5卫	24.5	18.1	16.5								29.3		18.3	14.8						141	46%	13.3	18.7	4	5	8.3	2		4.9	3
	10	314	3房4厅	3房3卫	26.5	16.8	17						31.2	24.3			18.7		16.8					153	49%	9	20.4	3.5	5	4.5	3		4.6	
	11	316	4房4厅	4房3.5卫	32.8	16.5	14		13				47.3	19.3	42		17.4	13			19.8			163	52%	13.5	13.5	3.5	5	5.9	2		3.9	
	12	318	4房3厅	4房3卫	30.8	16.5	15								35.7						14	18		165	55%	18	24	4	5	5.9	3		4.9	
	13	322	3房3厅	3房3.5卫	31	16.4	20							26.7	30		24	22						154	48%	10.2	17.8	4.5	5	7.3	3	双层高	4.4	
	14	332	4房3厅	4房4.5卫	25	24	14									36					19.8			165	50%	12.9	18	3.5	6	8.8	3		4.4	
	15	341	4房4厅	4房3.5卫	30.4	19.6	13.6							23.5	26.2		18.9	19.5			14			156	45%	13.4	17.5	3.5	6	6	3		4.4	
	16	349	3房4厅	3房3.5卫	22	17.6	14.4			17.6	16.1		50				20.7		16				23.2	175	50%		30	4.5	5	8	3		4.6	3
353-395	17	353	4房4厅	4房4.5卫	30	17.6	16						33.9	23.5			20.2		19.6		30.8			183	50%		24	4.5	5	3.6	4	双层高	4.4	3
	18	369	3房3厅	3房3卫	43.2	22.5	18						28.8			18.8	19.3		12.2				31.9	172	46%	12.6	25.8	5.5	5	6.2	4	双层高	4.8	
	19	375	5房3厅	5房5.5卫	43.2	15.6	15.5	14.1					37.7	20	28.5		18.8	14			30.8		16.3	172	46%	19	19.5	3.5+0.5	5	9.5	3	双层高	5.5	
	20	377	5房3厅	5房4.5卫	33	30.2	18.1	15.5		16				30	29.1		20.4	16.8			32.6	23.4		218	55%	22	29.1	5.5+0.5	6	6.5	4	双层高	4.2	
	21	392	5房4厅	5房4.5卫	40.3	23.3	15.5	14.8		21.1				22.8	24.5		17.9	17						203	52%	14.9	28.8	3.5+0.5	5	8	3	双层高	4.5	
	22	393	4房4厅	4房4.5卫	38	19.5	16.8							35			20	19.1	21.2		22.7		22.5	182	46%	12	29.7	3.5+0.5	5	4	3		4.3	
	23	395	3房4厅	3房3.5卫	33.3	25.8	17.7			23.5		17.1	25.8	20.6			21.8	21.8		20.1				175	50%		30	4.5	7	14.9	3	4.8	5.1	
403-445	24	403	4房4厅	4房4.5卫	40.8	20.2	17.7	14.8					30.1	20	32.6		18.1	14	20.1		32.6			185	45%	19	19.5	3.5+0.5	6	3	3	双层高	4.6	3
	25	410	4房4厅	4房4.5卫	30.2	22.5	18.5	18.8		29.9					23		20.2	26.5			44.6			183	52%		32.1	5	6	10	4		5.1	
	26	416	4房4厅	4房3.5卫	27.9	21.1	18.5	16.2					39.5	30	46.9		20.4	16.8			41.6			197	46%	15.4	32.1	4.5	6	11	4	4.9	4.9	
	27	420	4房4厅	4房4.5卫	33	22.4	20.1								23		17.9		17.6					226	54%	35	35	5.5+0.5	7	5.4	3		5.4	
	28	425	4房5厅	4房4.5卫	40.5	19.6	16.2						39.5	21	26.8		20	16.8			41.6			212	50%	15.1	15.1	3.5+0.5	6	5.4	3		4.8	
	29	427	3房4厅	3房3.5卫	35.7	25.8	16.3	15		19.1	16.4		39.5	33.3	38		21.6	21.4			22.7			201	47%	10.9	25	4.5	6	4.8	4	4.7	4.6	
	30	428	4房5厅	4房4.5卫	27.5	35.7	17			18.4	18.4		40.1		44		21.6	26.5			44.6			202	47%	12.9	23.5	4.5	6	6.8	4		5.1	
	31	432	3房5厅	4房4.5卫	29.2	29.2								33.3			18.1	14		12				225	49%	12	31.1	3.5	7	7.1	4		4.9	
	32	433	4房4厅	4房4.5卫	40.5	20.7	18.5						40.1	18.4			22.2	19.7			19		18	213	46%	20	26.7	4.5	6	6	3	4	5.1	
	33	435	5房4厅	5房4.5卫	34.3	23	23							27.5		27.4	13.7	14						202	52%		34.6	5	5	11	4		4.6	
	34	444	5房4厅	4房4.5卫	35.7	24.6	18.3							24.6	37.7	45	21.4	19.7	44.7		33.8			244	55%	22.8	34.6	4.5	6	11.7	3		4	
	35	445	5房5厅	4房4.5卫	32.7	29.9	23.4		15.4				40.1	27.5		60	25.1	22.3			28			225	49%		22.7	3.5+0.5	6	5.5	3		5.1	
462-489	36	462	4房5厅	4房4.5卫	32.4	22.2	20.3	17		40		21.6	53.2	17.7	29.6		22	22	22.2		40	18		256	55%	10	14	4.5+0.5	6	12	4	4.2	4.2	
	37	466	4房5厅	4房4.5卫	40.5	20.7	18.5	15.7			23.2			40.4	26.2		13.7	19.7			40.3	45.5		270	55%	12	22.3	5	6	4	4		4.2	
	38	489	5房5厅	5房4.5卫	43.6	25.9		18.7		14			40.1	50			21.4	31.3			35.1	42.1		225	45%	15.6	25.9	6.5	6	8	3		4.4	
503-600	39	503	4房5厅	5房4.5卫	32.7	17.3	15.8		18.6				29.9	17.2	43.6	27.4	22	15.8			24		19.3	225	45%	25.6	25	5.5	6	11.7	3		4.5	
	40	513	5房6厅	5房6卫	32.2	24.5	23	19.6					60	21.2	27.3	30.6	24.5	20.9	44.7		40.3		21	278	54%	18	27.4	5	6	8	3		4.3	
	41	519	5房4厅	5房4.5卫	18.5	23	19.3	14.8		21.2				24.6	37.7		15.3	22.3			33.8		21.7	260	50%	18.7	18	4.5	5	7	4		4.6	
	42	521	4房5厅	4房4.5卫	22.5	29.9		23.4	15.4	21.2				28.6	29.6	60	25.1	27	22.3		28			240	46%	12.4	27.4	4.5	6	13	3		4.5	
	43	535	4房5厅	5房5.5卫	32.4	31	25.9		22.5	40				17.7	41.2		27	20	22.3					258	48%		33	5	6	13	3	双层高	4.6	
	44	541	5房5厅	5房4.5卫	34.3	15			21.3					38.5			14.4				40			254	47%	10	29.6	5.5	6	11	3		4.5	
	45	526	5房6厅	4房4.5卫	27.5	30.2	26.2	22.7		22.1			60		41.2		26	16			35.1			238	45%	17.4	19	3.5	5	13.3	3	6.8	5.4	
	46	550	4房5厅	4房4卫	43.6	26.2	18.7						29.9	32.4	59.4		21.4			20	32.4			273	47%		30.4	5.5+0.5	8	4.8	3	5.9	4.9	
	47	582	4房5厅	4房4.5卫	32.4	18.7	21.4			21.4				21.4	41.6		21.4	18.5	13.3		40.4			275	47%	15	28.2	5.5	8	8	3		4.7	
	48	600	5房5厅	5房5.5卫	32.1	24.1	18.7	18.5		21.4			33.4	21.4	41.6		24.3	18.9							46%				4	8	3		4.7	

注：
1. 美国独立式住宅的建筑面积不包括车库面积；
2. 主卧灰色填充的数据指指卧室另有休息空间，有的是阳光室，有的是在一角，有的是大门隔断开的半间；
3. 客卧灰色填充的，有时与书房兼用，有时与办公室兼用，但都有专用卫生间；
4. 居住系数指房间面积/建筑面积；
5. 没有早餐空间的数据指大厨房里有早餐空间；
6. 0.5卫一般指客人用的卫生间，是指没有洗浴设备的卫生间；
7. 清洁房一般以洗衣设备为主，有些偏大的包含有衣物柜。

住宅户型分析（一）——户型的合理尺度

当前社会上出现了不少策划公司，提出不少"卖点"，总的还是以"大厅小居室"为主，面积不能大，怕人买不起，造成资金周转不灵。

有人说我主张大户型，对，我主张相对大一些，但也不是绝对的大。光从设计的角度讲，我认为当前的问题不是大、小之争，而是如何合理分配户型内的各种内容面积的比例，不谈大和小，同样的总面积如何使之好用是建筑师做的事。

关键要树立一个基本点，就是用相对论的观点来分析。

市场上不少人讲户型定位，什么"白领"，什么"小知"，但忘了一个根本的房屋使用年限，房屋不但自己现在用，也会为将来用，甚至别人用，因为用地的年限是70年，如果现在买房时30岁，那么70年后是100岁，买房时孩子2岁，70年后孩子也已经72岁了。为此，户型只有面积大和小之分，不存在使用对象的区别。所以，什么儿童房、小书房、小电脑间，什么楼梯间上的不大不小的所谓"家庭室"，从字眼上看就很明显地看出，是青年策划师的主意，是青年建筑师的语言，是青年销售员的说法，即定位定得太狭窄，定的是他自己，定的是他当前的要求。我有不少学生，早期买的"大厅小居室"，当时从一间房搬进去时用得很好，几年后也发现一些小房间很不好用。所以从广泛的年龄幅度看问题，会觉得当时定位的不妥。

下面先拿出一些历史资料来温习一下：

（1）上海1910年以前的弄堂房子（图1）：客厅23m²，卧室26、23、15、13m²，厨房13m²；

（2）上海1920年以前的弄堂房子（图2）：客厅21m²，卧室37、26、21、13、12m²，厨房16m²；

（3）上海1930年以前的新式弄堂房子（图3）：客厅32、29m²，餐厅13m²，卧室32、26、13m²，厨房9m²（另有小库房2m²）；

（4）北京1955年苏联专家设计的2型住宅（图4）：无客厅，卧室17、13m²，厨房7.5m²；

（5）北京1990年小康以前的"小厅大居室"典型住宅（图5）：小厅8.3、5.2m²，卧室15、11、10、8m²，厨房4m²；

（6）我曾经建议将小康以前的户型加以改造成小康（图6），该文发表在《建筑学报》上（编者注：详见本书"让更多人达到小康——关于改造一批未达小康住房的建议"）。之后，北京已改造了一批，改造的厨房、卫生间比我建议的要大，内部改造后的情况是：客厅15、14m²，卧室15、11、10、9m²。

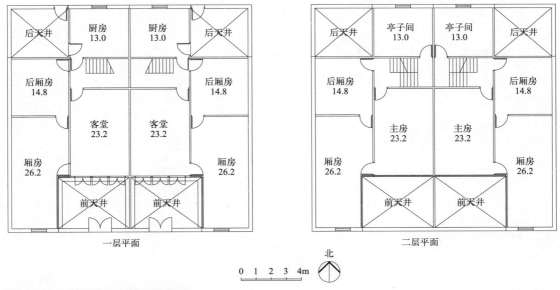

图1 1910年以前上海的弄堂房子

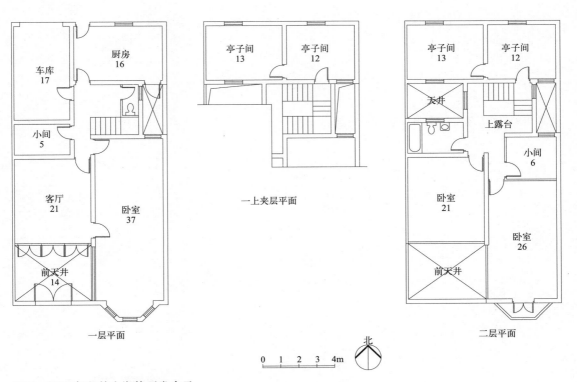

图2 1920年以前上海的弄堂房子

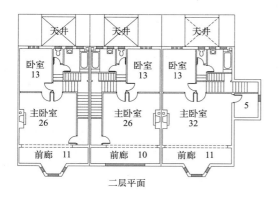

图 3　1930 年以前上海的新式弄堂房子

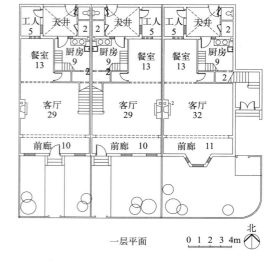

一层平面

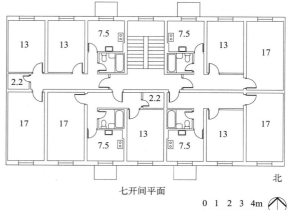

图 4　1955 年苏联专家设计的北京 2 型住宅

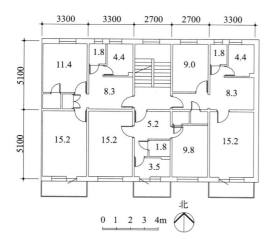

图 5　1990 年小康以前北京"小厅大居室"典型住宅

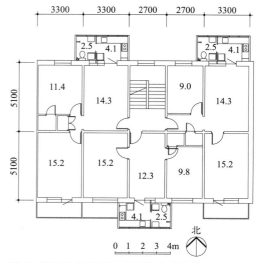

图 6　"小厅大居室"改造的小康住宅

上述六种类型的分析来看：

过去上海置房的标准，客厅 32、29、23、21m²，没有再小的了。餐厅 13m²，卧室 37、26、23、15、13、12m²，没有再小的了。厨房 16、13、11m²。

苏联当时的经济在欧洲最多算是中等，为我们当时那么穷的新中国设计的社会主义初级阶段的户型，卧室 17、13m²，厨房 7.5m²。而今小康以后的户型，不该比这种户型的房间再小了吧。

最近，有一个地产商，拿了一个户型，据说是根据一个咨询公司经过当前市场调查的结果提出的"卖点"数据而设计的多层户型，每户面积算下来是 110.4m²（图 7）。

根据我上述提供的资料，我对原图一些不合理的地方进行了分析，认为：

（1）入口不是太理想，但作为小面积的户型应该是可以的。

（2）起居部分略小于 4m 的宽度是很舒服的。

（3）所谓两厅的餐厅部分，形式是"两厅"的感觉，但由于转角处的净宽只有 2.1m 及 2.6m，只能放下一张小桌子，若来人多一点时，走路都有点困难。

（4）主卧较小，挂衣长度只有 1.4m 长是不够的。

（5）另两间房的面积只有 9m² 多一点，净宽度只有 2.81m，放一张双人床以后，几乎不能放任何家具。

（6）主卫布置略差。

（7）后阳台放洗衣机，占用了 3m²，还有一道通阳台的门，共用了 10m² 多，但可安排的桌面长度只有 5m，有点可惜。

我根据自己的设计理念修改的单元，面积不变，也是 110.4m²（图 8）：

（1）调整了第二卫生间的位置，使入口有一个小缓冲，只用 1.5m² 解决挂外衣、换鞋的地方。

（2）由于总面积少，在房间要求多的情况下，适当地将起居宽度减窄一点，应该是可以的。现在将净宽 4m 减到 3.66m，应该可以忍受。

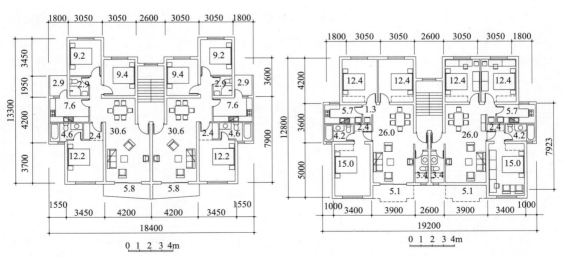

图 7　原户型　　　　　　　　　　　　　　图 8　修改后户型

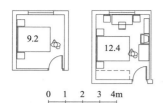

图 9　3m² 之差的区别

（3）将起居略收窄一点，使勉强的两厅变成一厅，既不影响起居的空间，又使起居及餐桌位置有弹性的余地，如果客人来得多，餐桌也可加入活动，如果用餐的人再增多，桌子可以加长，或改成圆桌。减少人口后到各房之间的流动交通面积。

（4）将主卧放大 3m²，将不太理想的进卫生间的门的位置改变一点，造成增加一倍多的挂衣长度，并使可放家具的靠墙长度增加了 2m，这样主卧室就好用多了。

修改上述前三点的基本理念是：凡起居及餐厅的面积，都不够单独设置时，宁可合为一大间，使用好，空间也完整、敞亮。修改第四点的基本理念是：凡主卧室，应该不小于三星级的旅馆标准，因为临时旅行带了行李的，也需要 1.4m 的衣柜，在家里衣服肯定多，加一倍衣柜应该是合适的。此外，晚上要脱衣总该有地方放吧，在床上看电视，不算奢侈吧（如果病了呢），要写字总要有桌子吧。所以应该考虑生活的必需。

（5）不管几房，任何房间都应能放得下一张双人床，都有衣柜的位置，房间的净宽度不要小于 3m，理由是，一张床的长度是 2m，对面家具 0.5~0.6m，剩下至少有 0.4m 的空间，能利用床尾的间空过一个人，靠窗也能放下写字台等家具，这样的房间为最小的房间尺寸（图 9）。双人房能用的话，书房、儿童房等任何使用性质的房间肯定都能用。

我修改这条的理念是：两房、三房的房，也不能太小。社会上这种小房，一般被称为儿童房、书房，所以认为小一点没关系。这种想法太简单了！如果往深里想一想，房产要使用 70 年就会明白。再假设，经济发展并没有想象中那么好，孩子在家里结婚，这样的小房能住吗？这种大小相当于 20 世纪上海城市用房的最小尺寸，也相当于苏联专家为我们设计的最小房间，我们还要坚持吗？

（6）卫生间的布置，小一点是可以的，但得放得下 1500mm 的浴盆，加之墙上的块料装修，1550mm 是最小的宽度。

（7）后厨房的阳台要不要？如果面积大的户型没问题，如果面积紧张，导致主要房间面积不够时，可以不要，这种阳台，在实物分配的时代，大家不知物价，多一点比少一点好，但现在是货币分配年代，用 3m² 的钱买一个阳台，放不值钱的东西，不太值得。现在去掉阳台，由于没有阳台门，桌面反而长了，厨房更好用。

总之，当前一些销售"卖点"往往是局部合理的，如：

最好有玄关（小门厅）；

最好有两厅——好用不好用，是两厅就好；

最好有步入式的衣柜——不管卧室的房间多大；

最好有生活阳台、服务阳台；

最好有书房……

但加在一起总的面积就是不够！所以，造成上述设计结果的原因是：主要房间的需要让位于"卖点"，没有从整体考虑问题。为此，我要为设计者说一句公道话，往往这种设计都是业主出的"卖点"主意，当然自己也分析不够，使次要矛盾让位于主要矛盾，才产生了以上的后果。我们如果坚持了主要矛盾，那么就产生了修改的结果。经过修改了以后，业主特别满意，后来又每户加了 1m²，使次卧达到了 13m²，经修改后建起来，销售的情况良好。

在设计方面要注意的是：我们不能简单地满足业主提出的数字，而要设计出完整的有效面积，例如像旅馆客房小过道的面积，不应该算作完整的有效面积。以人为本，就是以实效为本，虚的数字只能自欺欺人……

其他为房地产商修改的户型，建起来后，销售的情况都不错。所以我主张的不是一味地加大户型面积，是如何合理分配及如何设计好户型。最小面积的设计做到了，加大面积就不困难了。

文／寿震华
原载于《建筑知识》2005 年 2 期
2011 年更新

住宅户型分析（二）——国情决定设计

当前社会上出现了另一种现象，不少房地产公司请生活水平比我们高的境外（一般是指西方美、欧）设计公司来做设计，尤其在住宅方面要求"原汁原味"，应该说生活水平高的境外，他们也没有经过革命，这种要求好像没错，但设计出来的效果却与初衷不同。

为此，这几年我不断进行分析，我认为主要的原因有：

（1）西方的平均户型大，我们的业主还带了队伍去考察，但回来却提出了面积比他们小的任务书，等他们的方案拿来一看，发现与我们设计的没什么两样，甚至不如我们的，但设计费比我们高得多，只能大呼冤枉。

（2）西方的工作方法不同，有些至今还是用铅笔草图作为第一次的方案，以中到中作为面积匡算，我们以为数字是对的，但上了电脑回头一算，却超了不少面积，要他们改图，他们却用 ISO9000 的方式说你们已经签字同意，要改可以，得照合同办事——加钱。弄得业主哭笑不得，只能认输，请走他们了事。

（3）西方建筑师做方案习惯开始不考虑结构，方案同意了，将结构考虑进去后，还得重来一遍，尤其北京是八度地震区，抗震墙加上去，平面就不对了。

（4）合同的语言相同，但解释不同，造成哭笑不得的情况很多。往往合同中要求外方将设计做到初步设计阶段，然后要中方的设计单位根据所定的初步设计来进行施工图设计，为了保持"原汁原味"，只允许中方单位在结构做不下来的情况下，允许有所改动。等到施工图一到，将各专业图一对，发现楼板下有不少管子，要做大量的吊顶，让下一步装修很难做，即使想尽办法，还是顶上乱七八糟，哭笑不得。

找老外，他们说做到了初步，是"DD"，是方案的发展修改；找中方，中方说，初步设计是各专业已经考虑过的，所以我们照做。就这样业主有说不出的苦。当然要中方再做初步设计的话，也是要拿钱，因为还要修改方案，应该再加一部分方案的费用，弄得业主也有苦说不出。为此，也炒掉了不少老外，老外也大呼冤枉，其根源是文化不同。

（5）层高不同，西方的住宅层高都不低，3.6m 层高是不稀奇的，只有平民的住宅才低。可我们的业主习惯用建设部发的标准，认为低层高是天经地义的事。我记得 30 年以前，我设计总理级的宾馆，做 4m 层高，也曾经被我院技术部门认为是浪费。层高低了，应另想办法，不能照层高高的样板来做下去，否则只能造成错误。

（6）气候不同，采暖及降温的方式不同，计量的方式也不同，往往方案不错，将设备考虑进去后，会将方案改得面目全非。最近我问美国的同行，他们的设备管线怎么走，他们说，他们很多是木结构及轻质空心墙，可以走在墙里，所以他们不太考虑管线的走法，而我们很多是混凝土墙，不包管子就很难看。所以将他们不考虑设备专业的方案修改的话，不是改坏了，就是改成中国式的方案。住宅这种建筑，本来只有几间房，位置变了，当然各方面的关系也会变。

下面我拿一个连体户型实例来分析一下，这也是老外设计的，我发现了很多问题（图1）：

（1）该图是三层的连体住宅，上面还有一个屋顶阁楼，三层的面积是396m²，阁楼是76m²，是一栋不小的住宅。可是图纸上主要的房间是三间一样大小的卧室，一间在二层，是开放式起居室，一间在一层的会客室，并带一个开放式的餐厅。主要房间的面积只有152m²，占总面积

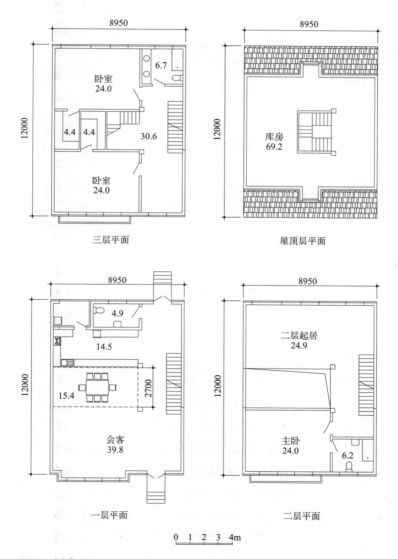

图1　原户型

图 2　修改后户型

的 38%，如果加上阁楼的 76m² 的库房面积，那么主房的比例就更小了，只占总面积的 32%。

（2）那么大面积的住宅只有两个半卫生间，标准不匹配。

（3）卫生间的布置太随便，一点不讲究，甚至浴缸的下水口的位置也反了，不像是有经验的建筑师设计的。

（4）三层的两间卧室倒有挂衣间，但二层的主卧室没发现挂衣间，如果用北面的起居的话，连门都没有，且要通过楼梯间，使用肯定不方便。

（5）一层的餐桌位置是一个两层高的空间，上面不是天窗，抬头可看见过道及起居间，很难受。北京三元桥那里也曾有过这样设计的住宅楼，当时业主认为是卖点，结果卖不掉，只能封平了。

（6）二层的卫生间下面是会客室，不知管子如何下去。

（7）三层的卫生间下面是二层的起居室，也有管子的问题。

（8）上上下下的楼梯占了很多空间，上四层更占很多空间。

（9）厨房的烟囱通上去，一定是在上面房间中不理想的位置。

由于中外两方都不愿意改图，我就为他们改了一下（图2）：

（1）将主房的面积除一层外，都予以封闭，变成五房一大厅。封闭的空间灵活性就大多了，可作起居、卧室、书房、客房、会客，也可作健身、音响娱乐室，当然也可以作库房。设计可以封闭的话，当然很容易改成开放。在国外，也可以出租，今后我们也会这样做，不是很灵活吗？

（2）餐厅的上空取消，宁可在三层结合立面做一个阳台，更有用。

（3）主卧放大，主次略为分清。

（4）主卧卫生间布置温馨一点，安排了双脸盆及脸盆台。当今化妆品铺天盖地，哪家都有很多，总要有地方去放才对。将恭桶靠近一道墙，以便装手纸盒。

（5）增加了主卧的挂衣间，会好用一点。

（6）所有卧室一律加上卫生间。因为北京这样的连体住宅不管建在那里，这么大的面积，都要值几百万元，即使买房者现在人口不多，为客人用，或出租，都会好用。

（7）楼梯设计得经济一些，使四层的屋顶间也成为好空间，干什么都好。

（8）厕所位置上下对位，还考虑了管道，建出来会整齐一些。可能有人会问主卧卫生间为什么浴缸的方向没有靠墙，而另砌小墙，这主要是针对一层小门厅可以在吊顶里走管道，以免在起居室里露出来。但脸盆为什么可以搭接一部分在起居厅里呢？原来脸盆的下水可以在地面上横走一段再下去，安排在下面吊顶里。

（9）一层还可以增加一个小储藏间，也可作为保姆用房。

（10）厨房位置调整，使烟囱可以从墙角上去，对上面的房间影响减少。还加了前后的小门厅，合乎风水，有利衣帽换鞋等功能。

（11）最重要的是，将风机盘管安排在合适的位置。如放在一层前后两个小门厅，使起居空间完整，不需要吊顶，既节约了投资，又使不大的高度充分展示，一举两得。在卧室里也利用开敞的挂衣间，使卧室空间完整。

（12）最终，主要面积增加到190m^2，居住系数从32%提高到41%，接近高级住房的标准，功能齐全。

经过修改，业主很满意，解决了一个自己造成而难解的心病，至少将来建成后，会减少买主与开发商之间的纠纷。

这次修改倒是应该提醒业主思考：是不是一定要找老外来做设计。另外，也该提醒另一件事，这类建筑，应该在方案阶段，要求设计方标明主要的管线走向，强调厨房及卫生间的设计，不管中外，都应如此，必要时，该在合同上注明，以免发生哭笑不得的结果。

文／寿震华

原载于《建筑知识》2005年3期

2011年更新

住宅户型分析（三）——谨防策划"陷阱"

最近社会上还出现了另一种现象，不少房地产公司请销售公司来做策划、销售，下面的一个项目就是请销售公司做的策划，并已经由设计单位做了几轮方案。既然请的是销售公司，想必他们也做过一些销售工作。据说该销售公司曾做过十几个项目，他们也说为此项目还搞了调查研究，为开发商出了一些开发的主意。由于他们的主业是销售，所以出的主意都以最快销售为主，洋洋数十篇的报告，既有卖点，又有户型面积及户型比建议，既考虑了项目周围的经济情况，又考虑了四周楼盘以往销售的历史，看起来像是把情况都掌握了，应该说这个报告十全十美了。报告得出的结论是：以小户型为主，以控制所谓一套户型的总价为原则，使开发商相信他们，按这样的题目做出来的设计，一定符合他们的想法，也应该符合开发商的利益。

但是奇怪的是，设计院按他们的主意做了几轮方案，居然都达不到他们的要求，开发商也不满意，难道设计院的水平有问题吗？当开发商将图纸给我看过之后，我一下就明白了。原因是什么呢？看一看其中一个典型户型就知道他们出的是什么题目。

这是一个套内面积 106.29m^2 的三房两厅户型（图1），由于该小区批准的容积率比较高，要达到 2.72，限高是 60m，从单元组合图看（图2），是"一组楼、电梯三户"的平面。图中表明，设计单位选"一组楼、电梯三户"是对的，因为是小户型，公摊的面积太多，并从总平面里看到有不少户型已不得已做了东西向，这就说明设计单位选择是对的。但到底是什么题目呢？

从典型的户型图（图1）上看出：

（1）首先，要求的是两厅，由于户型面积有限制，设计单位只做了一个 8.08m^2 的小餐厅，从家具画法上看，厨房要通过餐桌一侧才能进去，餐桌不能大，大了放不下。

（2）餐厅一定要的是明厅，所以设计单位千方百计地尽力做了，在北面勉强挤出了一条只有 65cm 的小缝，当然策划们看了不满意，开发商也不满意。

（3）任务书要求有一个所谓的玄关，就是在门口可以换鞋、放雨衣的地方，所以设计就留了一条没有家具的空间。

（4）从图上看到，三间卧室放在一起，是市场上所谓的动静分开，动是指会客及起居，静是指卧室区。所以设计师努力用过道将三间卧室串在一起，导致过道用掉很多面积。

（5）图上也看得出，要求两卫，而且主卧是要单用的。

（6）客厅要求至少 4m 的宽度，所以主卧室在门口处只剩下 1.45m 宽，做挂衣用的话，缺一点宽度，使这块面积浪费了。

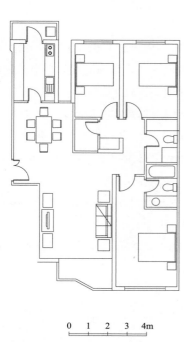

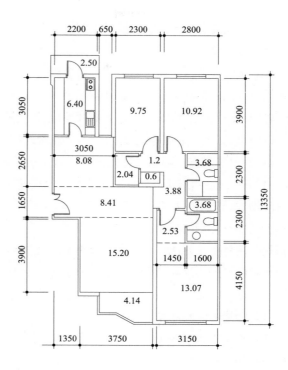

图1 原户型

0 1 2 3 4m

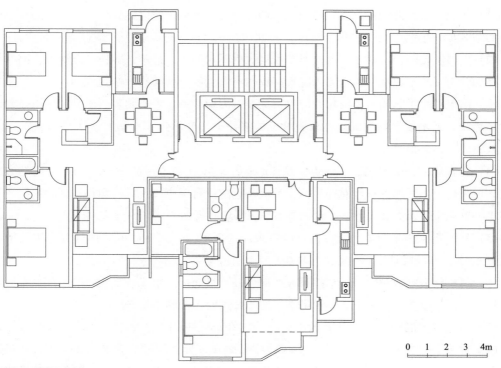

图2 原组合图

0 1 2 3 4m

（7）南面要有生活阳台，设计了阳光室，当然随时可以改成阳台，这倒没什么问题。

（8）厨房认为双排比单排好，所以那个明餐厅只能做成小缝采光。

（9）策划还要求有服务阳台，在服务阳台上要求放洗衣机。因为总面积太紧张，导致设计师在没有办法的情况下，只好设计得稍窄一点，用了1.1m的进深，好赖满足了策划出的题目。

（10）此外，还要求有储藏面积，所以设计师就千方百计地勉强设了。

（11）总面积要求可能比方案还少，所以设计师算出的套内面积是106.27m²。

（12）但策划有一项最重要的内容没有提，就是卧室的面积及面宽，导致两间小卧室只有10m²上下，面宽只有2.8m及2.3m净宽。主卧室虽然在图上标了15.6m²，但有2.53m²实际是无法使用的，能用的只有13.07m²，是一间面积很小的卧室。

上述要求在别的项目上也同样听说过，不过那个户型面积要大得多，所以设计出来没有那么别扭。这种要求好比在一辆奥拓车里要装奔驰的所有零件一样。

让我们先抛弃这些限制，将上述户型分析一下，看看有哪些要求可以容忍，不一定非要这样做？

（1）如果不做两厅又怎样？

（2）如果不做明餐厅行不行？

（3）如果那么小的户型，不分动静区又怎样？

（4）洗衣机如果不放在服务阳台上可不可以？

为此，我在上述同样的面积及面宽的条件下，改了一下图（图3、图4）：

（1）将北面的小缝去掉，将它的面宽分给可怜的北卧室，使之达到我以前提出的最小净面宽3m的要求，经过组合，一间达到3m，一间达到3.25m，是不是理想了一些？

（2）去掉了北阳台，将北阳台上的洗衣机拿到厨房门口，是不是同样可以洗衣，同样可以隔离油烟？由于北京地区气候干燥，洗衣机放在室内也不会锈蚀的。

（3）由于没有了北阳台，厨房的门也不需要，阳台的外窗也不用装，既省了建筑面积，也节约了投资，还增长了厨房的操作台长度，使操作台长度达到了6.7m，大大地改善了厨房的使用效率，一举数得。

（4）将客厅的开间略为缩小一点，从4m改为3.9m，宽度只差10cm，但卫生间的方向就可以转过来，卫生间的面积没有变，但主卧内小过道就可以省下来，将面积放到卧室里，使南面的主卧室从13.07m²增加到17.1m²，是不是宽畅敞亮得多。

（5）同时还省出了深度，北面两间卧室也能达到13.7m²及13.1m²，达到我提出的不小于13m²的标准，好放家具了，也不需要将床样子画小了。

（6）将小储藏室放到门口，户门可改成向外开，反而可以组成一个小小的门厅，上面可以放杂物，下面可以放鞋，顶上还能做吊柜。使不好用的面积利用起来。

（7）将北卧室的一樘门的位置改在厨房边，在小面积的户型里不作严格的动静分开，使卧室的墙外有一个比较长的墙面，正好可以安排餐桌，大大超过原方案的8.08m²，得到的是14.5m²的空间，在平时可放比较大的餐桌，在家庭团聚时更可以加长加大，增强使用功能。

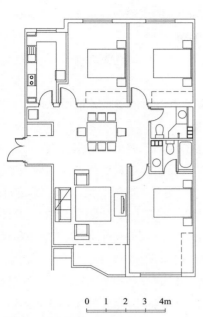

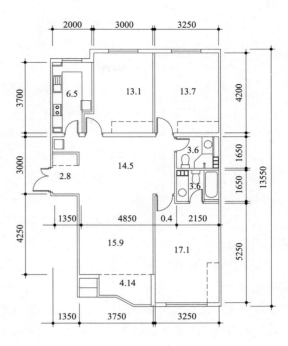

图3 修改户型

0 1 2 3 4m

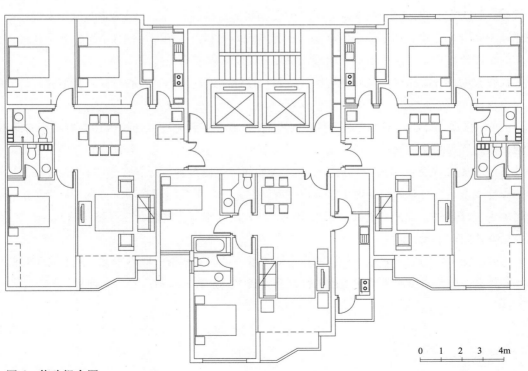

图4 修改组合图

0 1 2 3 4m

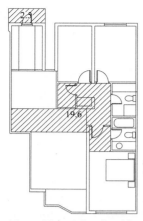

图 5　原户型中可调面积

（8）同时由于两厅改为一个大厅，看起来很敞亮，深度也不过 7.2m，会客时更灵活多变，人多时可以坐在餐桌的位置，要感到亲切得多。

（9）在修改的同时，还将北面卧室的南墙改成承重墙，以免在厅里见到梁。

（10）将南卧室纵墙改为非承重墙，7m 的跨度做一块板，在结构上是没有问题的。

（11）至于没有改的南面的阳光室，因为随时随地可以结合买主的喜好而自己改动，所以维持不变。

上面的一系列改进，使卧室总共增加了 10m²，起居、餐厅增加了近 7m²，那么面积从哪里来的呢？其面积就是从那些勉强的卖点取消之后得来的。为此，我将原图别扭的过道等不好的面积，用斜线标出来，将北阳台也标出来（图 5），共有 20m² 左右的面积可以用作调剂，有了修改的本钱，才能改好图。

上述修改，并没有伤筋动骨，总宽度完全没变，总深度虽然加大了 20cm，但由于加在南面，而在组合图上看，南面的中间一户大大地突出，丝毫不影响对北面的日照间距。

从修改后的前后两种平面中可以看出，设计是在两种不同的假设条件下完成的。一种是只提各种比较理想的卖点，却忽略了根本的总面积限制，忽略了住房中卧室是最重要的元素这一事实，所谓"捡了芝麻丢了西瓜"，就是这种思路造成的结果。但由于提出上述要求的策划者自己不会设计，所以根本不知道造成这种被动结果的原因。

还有一种常见的情况是：不分高层、小高层、多层的面积大小，只是听说多少面积的户型比较好，就决定了户型面积的要求。但三种交通面积相差很多，以一梯两户的单元来说，每户要相差 10~20m² 之多，所以同样的面积，在套内的面积却大不相同，这种情况也必须在接到任务书的时候核对一下，以免被动，最好让策划方提出套内的面积要求。

我在长期设计工作中发现一种规律，就是凡设计遇到进行不下去的时候，要追究原始的假设对不对。

例如，很多设计任务书提的是各种房间净面积，而根本没有想到建筑物还要有结构的面积，过道、楼电梯等的交通面积，卫生间等的辅助面积，还有很多机房、后勤，乃至还有很大面积的地下汽车库。试想缺那么多面积，让设计人如何做得出这种设计。在 30 年前我就接到过这样的设计要求，当时有人已经做了两年也没有做出来。后来我接了之后，首先与使用单位领导一起调整了任务书，他们"忍痛"大大削减了过分的要求（当时是计划经济项目），结果只用了两星期就完成了设计。

从方法论中悟出的道理是：应该抓住主要矛盾，适当地放弃一些看来并不是非要不可的要求，即放弃一些非主要矛盾，才能使工作顺利完成，这是我的心得，与大家共享。

文 / 寿震华

原载于《建筑知识》2005 年 4 期

2011 年更新

住宅户型分析（四）——顶层跃层

住宅户型方面，还有一种情况也是设计中常见的，那就是将顶层改为跃层的户型，尤其是加在南面的前半部，都是房地产商要求的。由于容积率做不够，而加在前半部又不会影响对后排的日照，加的面积大致是下层的一半，这种户型面积很受欢迎，虽然面积是大了一点，但大得又不多，在开发的项目里又可以增加一些户型类别。北面不用的屋顶又是一个大平台，对面积要求较高的客户来讲，是很有吸引力的，对开发商来讲，也可以提高单位面积的卖价，应该是一举两得的事。

但设计出来的户型往往使客户不满意，开发商卖不出去。我已经接受了不少开发商要求设法修改的跃层户型图纸。有的结构已经完成，但宁可改动一点结构，所谓吃一点小亏，但还是想占大一点的便宜，毕竟将很大一部分面积砸在自己手里，资金不能很快回收，是个大问题。将项目做好，也是大家共同的愿望。

开发商找设计院，要求改图，但得到的回应是，由于结构的问题，无法修改。真的是结构问题吗？应该不是，但问题出在哪里呢？让我们来分析一个最近的案例，看看是哪种思路造成的。

这是一个 151.61m² 的一梯两户高层公寓的三房两厅户型,建在长江附近的一个中型城市里。标准层的户型设计得很好。主卧室 17.2m²，有专用卫生间，6m² 的步入式衣柜，次卧室 14.1m² 及 13.2m²，有一个公用的第二卫生间，且将脸盆台放在外面，与洗衣机放在一起。由于总图中户与户之间是弧形搭接，还能做出两个明卫，起居和餐厅串在一起，中间是入口，共 38.8m²，因为南面有景观河流，北面又是很大的景观花园，厨房也有 6.7m²，是一个设计得很好的户型平面（图 1）。

但看到上面的跃层图，问题就来了（图 2），上、下两层加起来建筑面积有 234.7m²，套内面积也有 209.7m²，变成一个五房三厅的户型。问题是：

(1) 在起居及餐厅中间加了一个上楼的楼梯，使本来很敞亮的厅，在中间堵了一块儿。

(2) 由于上面加了不少的面积，房间多了，起居及餐厅反而小了，房与厅的比例不合适。

(3) 厨房也没有加大。

(4) 再看看楼上，加了两间卧室，其中一间与下层一样，有一个单用的卫生间。

(5) 但另一间卧室没有解决卫生间，造成上下三间房合用一个卫生间，只好将这间房写成了书房。

(6) 楼上两间卧室中间的空间不大也不小，不得已，写成了家庭室。有关家庭室的解释，在

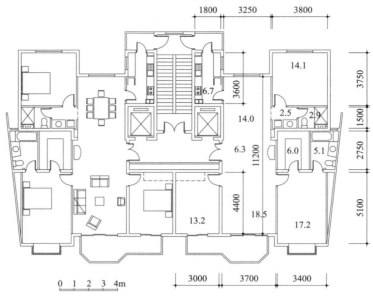

图1　原标准层户型

前面的文章里已经提及，这里就不再重复了。当然有面积总是可以用的，但要看用得合理不合理。

（7）总体看来，看不出哪个是真正的主卧室。当然也可解释，叫做双主卧，或由客户灵活使用，愿意在上面或下面都行，是一种自我辩解的说辞而已。

（8）整个户型是一堆小房间，好像是多子多孙，生活并不富裕，勉强挤在一起的户型。还不如改革开放以前军部级的户型，那时，高一个级别就多一间房，但即使在那个时候，客厅还是随级别的上升而加大的。

原本开发商想要一些高级户型，或认为是"豪华套"的户型，未能实现。

为此，就以我的理念将这个跃层户型改了一改，开发商一下就认可了（图3）：

（1）做跃层户型，总要有楼梯，由于上层的后一半不能用，所以一定在入口处找，所以原设计找的位置没有错。

（2）既然楼梯占了原两厅的空间，而户型的总面积要增加，客厅需要加大一些，所以出路必然在南面去掉小卧室的结构墙，使之成为一间 $30.4m^2$ 的双开间的大厅，才能满足户型的要求。

（3）后面厨房要加大，竖向不可能，只能横向扩大，占原来的餐厅位，否则是不够的。

（4）餐厅也得顺势加大，不够深就挑出去，以完整该餐厅，当然餐厅的门可加也可不加，这里要加的原因，是要解决上层的外墙结构的需要。

（5）剩下的空间正好是一个工人房及客人的卫生间。

（6）楼上原主卧室的位置改变为次卧室。

（7）起居的上空，正好是主卧的位置，结合两间卧室入门，做一间步入式衣柜也是顺理成章的事。

（8）下面门厅的上空，可做一间比较高级的主卫生间，以显出主卫生间的档次。

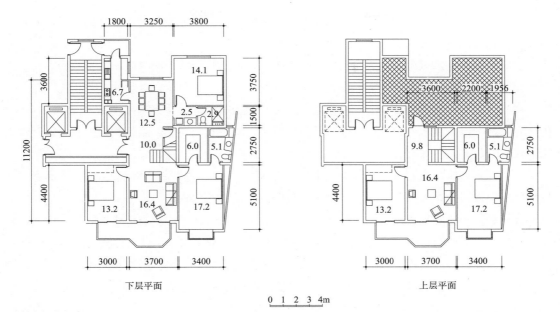

图2 原跃层户型

图3 修改跃层户型

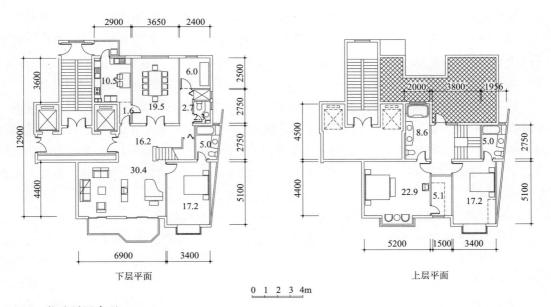

（9）由此完成了一个高级的、241.6m² 的、大三房、大两厅、有三卫、有楼梯下小储物间及工人间的大户型，比原设计只大 6.9m²，完全显出其高档次的特征。

在设计顶层户型的时候，要解决一些认识上的小户型思想及结构上的障碍：

（1）大户型，绝不是小户型上加几间卧室的问题，如加一间还能忍受，是小三房或小四房的区别，但加多了，其性质就变了，一些厨房、卫生间等配套的内容就会不够。

（2）增加了卧室，就不应该减小两厅的面积及空间。因为户型大了，家具也会多，家具也会大，主人可能多，客人也会多，减小厅的面积就不合适了。

（3）不要害怕加卫生间，因为卫生间的增加，会提高户型的档次，应该是受欢迎的。主人卫生间与客人卫生间分开是讲究的表现，不是浪费。

（4）主卧室一定要够面积，至少要超过三星级客房的面积，最好达到四星级客房的大小，能做到有两个以上放床的位置更好。有条件的时候，衣柜长度要超过旅馆的衣柜长度，能做到步入式更好。

（5）大户型的特点是一切都大。既不是"大厅小居室"，也不是"小厅大居室"，而是"中厅中居室"或"大厅大居室"，是每一种内容都要相对大的概念。

（6）另一个特点是，顶层户型在当前中国人多地少的情况下，相当于将独立的小住宅建到高层的顶上。只要有可能，一切独立小住宅的内容都可以放进去，这就是顶跃层的另一特点。

（7）但多数设计人不理解结构，认为结构墙不能动，其实不然，因为我们建筑设计行业的结构是建筑的结构，不是结构的结构。北京设计院的结构老总有一句名言："要想干结构的结构，那你去干桥梁，要干建筑的结构就得想办法满足建筑师的需要。"因为上面两层的荷载对小高层及高层来说是很少的，所以在高层建筑的顶上只有一两层结构变化是没有问题的，只要下面的结构规矩、结实。即使有的墙压在楼板上也是可行的，因为下面楼板可以加厚，也可以用钢筋加强。如果上面需要的话，可以挑出去，建筑造型还有可能更丰富一点。结构的柱子可以受压，也可以受拉，可以在最上层加梁，在梁下吊柱子，由柱子反吊梁或反吊楼板也可以。这些都符合力学原理，关键是设计人敢不敢去想，如果不敢想，必然造成不好用的户型。

过去我做过的新疆乌鲁木齐假日酒店项目，是剪力墙体系，在接近最上面的时候，要做一个高级套间，将一道墙从中间换位，上下支在楼板上，我们的结构专家以蜂窝的原理来假设，也做成了，至今也有 10 多年了。即使是人的骨架，因手术而去一根肋骨，不是也没有问题吗？所以只要下面是完整的结构，在最上面的一、二层稍稍动一点，肯定没有问题，关键是敢不敢想。

由此可见，跃层大户型的两大突破点：一是各种房间都相对大于一般小康的标准；二是要突破结构一点不能改动的思想。只要这两点想通了，凭标准层的设计水平，是能做好设计的。

文／寿震华
原载于《建筑知识》2005 年 5 期
2011 年更新

住宅户型分析（五）——"中西厨"的由来

两年前分析了一些户型，好像没什么种类了。但最近在咨询一个规划方案时，又发现了一种新户型，据说是策划公司为了使户型变化多，让客户可挑选而出的新主意。他们要求设计单位设计一种新型的"中西厨方案"，设计单位在这种任务的要求下做出的一种新设计（图1），时间是在"90m^2"的政策出台以前，是一个"两房两厅一卫、中西厨分开"的方案，面积是98.6m^2/户，据说几经修改，已做成施工图，准备开工了。

这个户型的特点肯定是中西厨。我仔细将它用准确的比例画了一遍，标上尺寸及面积后发现：其中的中厨只有2.7m^2，比新中国成立后的历届标准图都小，这么小的厨房还要有两个门，一个通向西厨，一个通向北阳台。可能由于中厨太小，不得不将进厨房的门改作外开，从图上看，已经影响到外面的餐桌，在中厨里除了必要的烟囱及管道外，也只能勉强放下洗菜池及炉灶，在炉灶两边也只有一点桌面，连切菜、包饺子的最小桌面都没有，看来只能到西厨的餐桌上去干活了。这样能叫中西厨分开吗？再查了查图纸，发现由于放炉灶的一面无法装燃气表，不得已，只能装到水池一个端头的墙上（图2）。而且在那么小的房间里操作是很困难的。

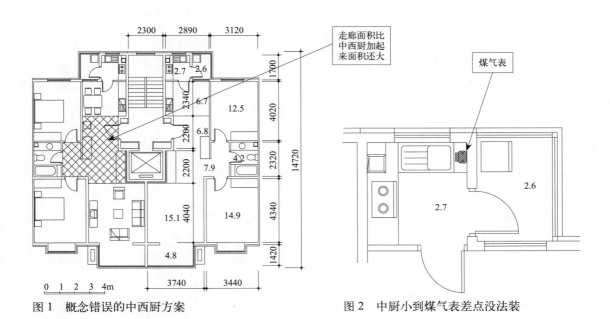

图1　概念错误的中西厨方案　　　　　　　图2　中厨小到煤气表差点没法装

（1）一个 2.7m² 的中厨，在炒菜的时候一共只有不到 7 个立方米的空间，恐怕连氧气都不够，如果炒辣椒的话，炒菜的人能不能待在这么一个小厨房里还是问题。那么，在不得已的情况下只有开门了，无论开向西厨还是开向阳台，那么就违背了提倡中西厨分开的原意了。

（2）再看看那个西厨房，西厨只有水池，没有西炉灶，只有一个吊柜，难道西餐全是吃凉的不吃热的吗？而这个西厨又偏偏还兼了餐厅，一共只有 6.7m² 的空间，除去餐厅空间只剩一半，只有 3m² 多一点，也够挤的了。这个餐厅还有一个水池，水池不用的话，装了就多余，如果用的话，地上难免有水滴或残渣，这个餐厅还有什么意思？

（3）中厨外有一个 2.6m² 的阳台，是按墙外皮计算的，实际净面积还要小，只有 2.1m²，也只能放下一个洗衣机。

（4）在西厨外是一个玄关及过廊和卫生间外的小过道，却占了 13.1m²（图 1 阴影部分）。放了一个大冰箱及两个衣柜，究竟餐位重要呢，还是过廊重要呢？

这种为变而变的户型，听起来新鲜，但新鲜不等于好用，我们不是提倡以人为本吗？这种户型的本在哪里呢？可以这么说，除了不好用，还是不好用！我们还是来研究一下"中西厨"的来源吧！知道了来源，我们可能哈哈一笑，再也不去尝新鲜了。

中西厨的来源是在若干年以前，某开发商本想开发写字楼，那个地点建写字楼确实比较理想，但当年国家的贷款政策突然变化，写字楼的贷款遇到的困难，只有居住建筑可以贷款。此开发商在无奈之下，想出了一个办法，出了一个家庭办公的概念。作为居住建筑，总是有厨房及卫生间的，而办公建筑不需要厨房，最多需要一个小小的茶水间，其卫生间放在单元里或单元外都能用。有了这个概念以后，在图纸上就是一个大厅小居室，有厨房、卫生间的居住户型，为了使不像样的厨房感觉像厨房，就来了一个中西厨（图 1），中厨是真，反正可以煮茶水，可以热饭。西厨呢？画了一些橱柜，图上是有的，实际是没有的，再加上两房、三房的隔断都可以不建的，留一小间经理室就是了，这就是当年的有中西厨的"家庭办公"。这样规划部门就可以批为居住建筑，银行部门就可以发放贷款，当时的贷款危机就渡过去了。

当年的危机还变成了商机，当年想租房的用户，也应这种"家庭办公"的概念，可借到贷款，租房的资金变成买房的资金，有房能办公，事后变财产，买卖双方都合算，所以房价很快就涨了起来，回想起来，当时抢购的情景历历在目。

记得当时还发生了一件紧急事件，就是开工以后突然发现电梯数量不够，因为按居住建筑，电梯只有写字楼的一半，但真用的时候，肯定是办公，后来急急忙忙地将电梯数量加了一倍，好在没有影响卖出去的户型，虚惊一场。

但万万想不到的是，这种不得已出的主意居然被认为是先进经验被用到居住建筑里，变成了卖点，实在是让人哭笑不得。

同样，如果取消了西厨及北阳台，开间、进深、面积都不变，所有房间条件都能得到改善（图 3），即使是 90m² 的方案，也比中西厨要好用（图 4）。

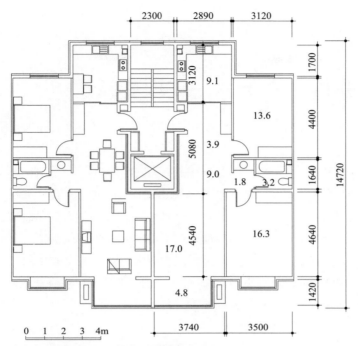

图 3　取消西厨及北阳台后的方案

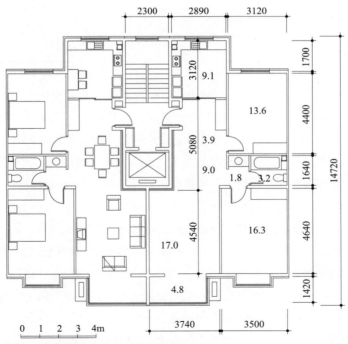

图 4　取消西厨及北阳台后 90m² 方案

文 / 寿震华

住宅户型分析（六）——夹层变跃层

最近一两年又遇到了一种户型，它是一种低夹层的跃层户型，层高在 4.8~5.1m，开发商希望除客厅的空间做到层高外，其他空间里希望能由买主自己加上夹层，夹层层高在 2.4~2.55m 左右。这种由买主将来自己加的夹层部分在卖楼时是没有的，明摆着开发商是不想将增加的面积算进容积率，只想卖单层面积，不做装修，让买主自己加夹层的结构。但为了让买主明白将来加楼板后的模样，开发商总要做出样板间，以表示将来有可能做到的最后效果。但设计单位多次设计和修改的方案总不能让开发商满意（图 1~ 图 5 的原设计部分），他们来找我想想办法。

我先将原图进行了分析，其户型指标如下（表 1）：

原户型指标				表 1
户型	H1	H2	H3	H4
建筑面积（m²）	67.3	79.3	84.5	83.9
套内面积（m²）	53.5	63.1	67.3	66.8
可增面积（m²）	43.7	45.1	61.6	71.2
最终面积（m²）	111.0	124.4	146.1	155.1

从分析数字来看，买主买的是 67.3~83.9m²，是 90m² 以下经济型的小户型住房，经改造后得到的是比较大的 111.0~155.1m² 的中档户型的住房，还能得到一个敞亮的较高客厅。开发商的投资比一般公寓只增加 2m 长左右的结构墙，没有增加多少，但比同样容积率的面积回报率会增加很多，而买主在买到经济面积户型却能改造成比较理想的户型，从开发商经市场交流得到的信息来看，买卖双方都有积极性，看来这种思路是一种创意。但要完成这种创意，在设计上可不是一件简单的事。从得到的原图上看，问题比较多。

深入了解后却发现要解决这类户型最麻烦的就是管道问题。因为跃层的户型，下层有厨房及卫生间，而上层是卧室，还可能有卫生间，这就需要考虑厨房的烟道向上如何穿过卧室。上层是卧室，其卫生间就多，而下面却有可能是餐厅的位置。反过来，因跃层的上面也是跃层，所以上下的关系也反过来，下面的厨房及卫生间变成上面，而上面的卧室变成了下面。那么厨房及卫生间的下水在卧室里怎么办？烟道和风道要上去，上水和透气管要上去，下水道又要下去。再加上面的卧室要占公共过道的上空，以及层高又很低，管子下来不小心的话就要碰头，问题就更复杂了。在厅里要加室内的楼梯，还要解决夹层结构的支点。那么多的矛盾要解决，差一点都不成。这就是这种户型的设计难点。

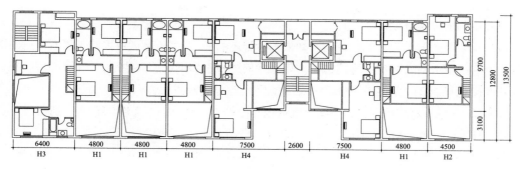

原图跃层上

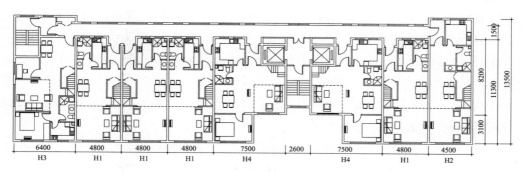

原图跃层下

0 1 2 3 4m

a 原方案组合图

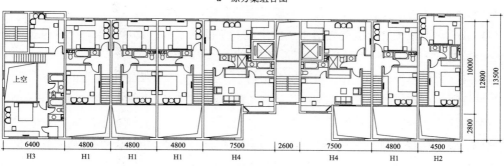

修改跃层上

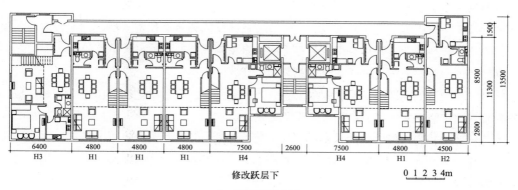

修改跃层下

0 1 2 3 4m

b 修改方案组合图

图 1 组合图修改前后

下面我们来分析原设计：

（1）从最多的 H1 户型（图 2）看，如果不看管道的话，户型还是过得去的。但看管道的话，其厨房只有一部分对着卧室的进门部分，无论如何也找不到烟道上去的地方，设计者发现解决不了这个问题（图 2），索性在图上不画烟道，但问题总要暴露的。

（2）H1 户型下面的风道穿到上面卫生间很怪的地方，使上面卫生间的布置很别扭。

（3）H1 户型的内楼梯特别窄，只有 0.75m，恐怕无法搬运家具。

（4）H1 户型楼梯间下面还勉强安排了不大不小的杂柜，这个杂柜没有多少有效空间，却使餐厅的空间变紧张了。

（5）H1 户型的下层没有卧室，却在卫生间里设计了淋浴，在小面积的户型里有点多余。

（6）H1 户型的厨房只有 5m^2，毕竟将来是二房一厅，户型虽小，也应有 6m^2 以上才好。

（7）H1 户型的内楼梯虽窄，但楼上的过道浪费面积太多，以致次卧的面积只有偏小的 11.3m^2。

（8）H1 户型的小门厅退外走廊 0.6m 也太多，其双道门之间虽有 1.5m 宽，但门的方向不一致，导致将来安排挂衣、鞋柜等不好布置。

（9）H2 户型（图 3）与 H1 相似，问题也差不多，只是主卧室比次卧室还小，不很理想。

（10）H3 户型（图 4）是一个尽端户型，由于有疏散楼梯放在一起，以致里面的布置难做了。面积虽略大，有 84.5m^2，只比 H1 户型大 17.2m^2，却做了五房二厅的方案，一下子多了三间房，所以整个儿卧室小得不像样，而不得不写成书房等名称，自欺欺人。

（11）H3 户型最大的毛病是起居上空的空间与下面的家具布置对不上，电视机也不好放，空间十分凌乱。

（12）H3 户型虽设计了五房，但厨房却相当小，只有 4.7m^2，比最低标准的 5m^2 还小。

（13）H3 户型餐厅的位置也很别扭，放到了最北面的门口，离厨房太远，餐桌也太小。

（14）H3 户型楼上的楼梯间的空间也过大，设计人在不得已的情况下，写上了家庭室的名称，试问，家庭团聚为什么一定要在不大不小的 1.65m 过道里，而况现在的楼梯宽度又不够，如若将楼梯加宽，只剩了 1.5m，恐怕连一点家具都放不下，如何使用？关于家庭室的真正解释，已在以前的文章里多次提及，这里就不展开了。

（15）H3 户型还忘了设计双道门，且旁边疏散楼梯的前室面积也不够，户型肯定要大改。

（16）H3 户型楼上三间房合用一个卫生间，也很不理想。

（17）H3 户型的上下管道不通等问题与 H1、H2 户型类似。

（18）H4 户型的问题与 H3 差不多，是一个三房方案，只是楼上两间卧室的布局不好，很难布置家具，大家一看图纸就明白了，无需多解释。

上述种种问题的出现，总的来说是工作粗糙造成的：

（1）起居室的高空间，由于在画图时，没有将上空的虚线表现在下面的图上，所以自己就没有发现问题。

（2）缺乏生活经验，在楼下没有卧室的情况下，安排有淋浴的卫生间，多占了不一定需要的淋浴面积，在小户型里，必然使别的面积紧张。

（3）在小面积的方案里，有的房间很大，有的房间又小得不像样，缺少设计定位。

（4）在自己解决不了的楼梯间，胡乱地写上"家庭室字样"，如果画上家具，就会知道这种家庭室是否能用。

（5）上下管道对不上的问题，更是说明了设计人有没有责任感，其实当前大家都用上了电脑，将烟道、风道、管道按位置画上并不困难。只要画上了，问题就会暴露，暴露了问题，自己就会去解决。

为此，我在原设计的轮廓线里，作了如下的修改（图1~图5的修改部分）：

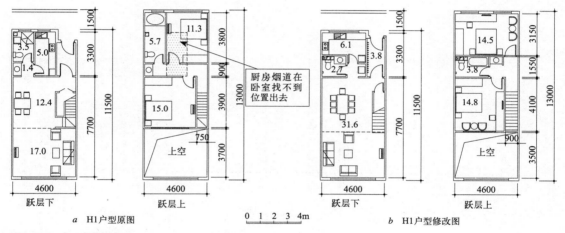

a H1户型原图　　　　　　　　0 1 2 3 4m　　　　　　*b* H1户型修改图

图2　H1户型修改前后

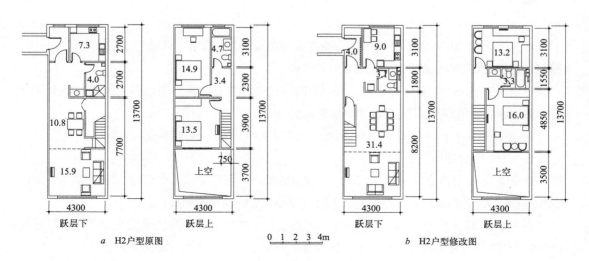

a H2户型原图　　　　　　　　0 1 2 3 4m　　　　　　*b* H2户型修改图

图3　H2户型修改前后

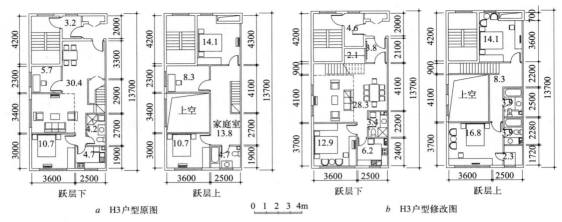

a H3户型原图　　　0 1 2 3 4m　　*b* H3户型修改图

图4　H3 户型修改前后

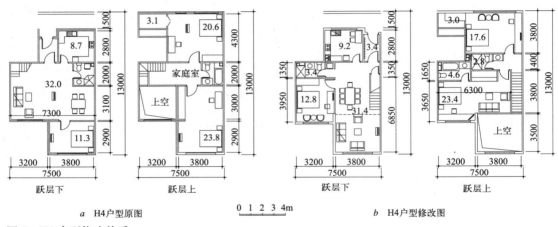

a H4户型原图　　　0 1 2 3 4m　　*b* H4户型修改图

图5　H4 户型修改前后

（1）在组合图里（图1*a*），将一些户型改成面对面，那么两家退通道的深度就可以浅一点，将剩余的面积用在户型里，比用在通道里要实惠。

（2）各户型小门厅（图2、图3、图5）的门对齐，宽度用窄一点，那么一侧的墙上可以安排挂衣及鞋柜，将省出的宽度放到厨房里去。

（3）将所有的户内小楼梯（图2~图5）加宽到 0.9m，利于搬运家具。

（4）户型 H1、H2：

▧ 下面的卫生间向里靠（图2、图3），使风道躲开上面的卧室。下面没有卧室的卫生间取消淋浴设备，省下的面积放在不够的厨房里，满足厨房的使用面积要求。

▧ 这样卧室就对上了厨房（图2、图3），那么厨房的管子如何处理呢？首先厨房的烟道设法安排在紧挨着的卫生间里，这样上下就没有矛盾了。其次是厨房水池上下水管的处理，由于水池不是直接安在地上，而是安在 0.8m 以上的，所以水管可以在厨房地面以上横向走到卫生间里，避免管子穿到卧室里。家里厨房的地漏可以不做。我家就将地漏给堵上了，还避免了返味儿。对于燃气管子的问题，可以在外过道的顶上横着走，避免穿到卧室里。

■楼梯加宽了，在楼梯底下可以做小储藏室，取消突出楼梯的小墙，使餐厅的宽度增加，可以放大一点的餐桌了。

■调整楼上的两间卧室，使南面的主卧大于北面的次卧，使卧室不理想的比例调整得好一些。

（5）H3 的户型（图 4）：

■由于总面积不大，五小房的概念不对，所以首先调整户型的任务书，这些面积做三房差不多，楼下就改成一房了，这样腾出的面积，首先就将起居厅的高空间调整好，使之能排下一组完整的沙发家具。面积有了，厨房就可以放大，餐厅的位置也就合理地向前移，才能放下完整的餐桌。

■卫生间和厨房对准楼上的卫生间及衣柜，烟道、风道上下走通，虽上面一个卫生间搭接在餐位上空，但设计巧妙地将恭桶下水安排在下面的卫生间里，化解了这个矛盾。只在餐厅处贴着墙做浴盆的下水，或将浴盆抬高一点，将管子放在卫生间里来解决此问题。

■关于燃气管道穿过上面的衣柜，可以做无缝套管，防止漏气。

■H3 户型门口增加双道门，放大疏散楼梯的前室，以达到规范要求。

（6）H4 的户型（图 5）：

■起居空间问题相当严重，感觉十分不好，问题出在起居空间放错了位置，使楼上变成了特长的空间，使卧室比例失调，其实只要将起居空间仍然放在与其他户型一样的位置，其楼上的深度减小，卧室就好安排了。实际上与其他户型一样，只是旁边加一间卧室而已。

■楼上的南主卧室变成了横向，比竖向的感觉好得多。既然楼上的面积比较多，趁机多做一个卫生间，使主卧有自己的专用卫生间，提高了户型的档次。

总之，这一类户型最重要的是处理管道，作为建筑师只要不懒，先把家具画上，将烟道、风道画上，再将上下水的走向想一想，方案基本就成功了。我希望大家改变这种居住户型不画家具、不考虑管道的坏习惯。

文 / 寿震华

住宅户型分析（七）——叠拼户型

随着新政策出台，不允许建别墅以来，各开发商想出一些新的主意，有连排、有双拼，还有叠拼等，目的是做用地略低于别墅用地的独立住宅，只是两家合用一道墙，或合用一道楼板，但容积率可以高一点，房地产商不想减少利润。这是我最近常看到叠拼户型图纸的原因。至于这些户型是否符合政策规定，这是业主与政府单位的关系，只要能通过规划，就是合法的。我们是做技术服务的，用技术角度分析研究，总是可以的。

这次收到的业主要求分析与修改的叠拼户型，其一、二层是一个跃层的户型，三、四层是通过北向露天楼梯直达三层的另一个跃层户型（图1）。一、二层的户型南面是一个可以停车的独立院子；三、四层的户型北面也是一个可以停车的独立院子。业主希望南、北各走各的院子，感觉是有点独门独户的意思。

下面的户型面积是236m²，是一个四房两厅的户型。上面的户型面积是231m²外加室外楼梯14m²，也是一个四房两厅的户型。除下面是南入口，上面是北入口以外，设计出来的户型分配的房间大小基本相同。

分析原设计的叠拼：

（1）下面南入口通过客厅进出，缺少可以换鞋、挂外衣的地方。

（2）上下内部楼梯占用面积为13m²，大了一些。

（3）厨房只有8.3m²，对一个236m²的户型来说，显得小了一点。

（4）一层有一个6m²的洗衣间，又显得大了一点。

（5）原设计二层在北面的结构墙对不上，三、四层又是互相交叉对不上，虽有可能请结构想办法，可是看起来总不是最理想的方案。

（6）二层及四层还有一间只有不到7m²的暗房间，没写房间名，但根据一般情况判断，很可能是小书房，是设计人在小户型里喜欢的设计。

（7）上面的户型通过一个露天的楼梯上下，通过露天平台进出。这种户型在20年前的深圳见过，当时的反映是雨天要从一层走到三层确实不理想。而我们的设计在北京，遇到刮风、下雨或下雪肯定也不理想。

我看到这个户型的第一反应是：那个露天楼梯是最大的问题，其他方面在总面积不变的情况下，可尽可能地改善（图2）：

（1）这种户型的等级应该是略低于连排的别墅，但应高于"洋房"（带电梯的低层公寓）。

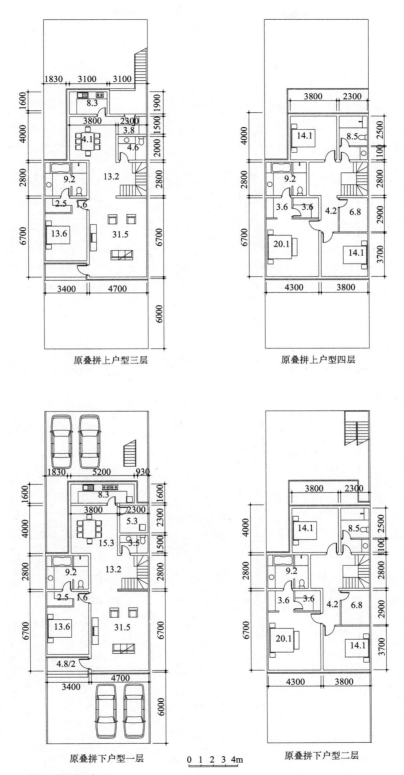

原叠拼上户型三层

原叠拼上户型四层

原叠拼下户型一层

原叠拼下户型二层

0 1 2 3 4m

图1 原叠拼户型

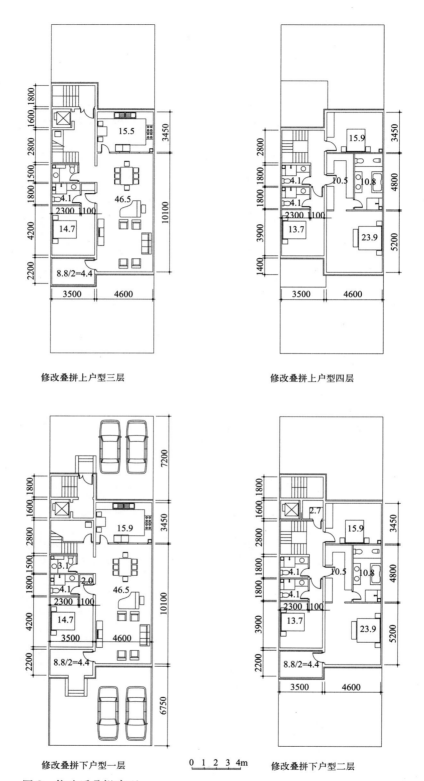

修改叠拼上户型三层   修改叠拼上户型四层

修改叠拼下户型一层   0 1 2 3 4m   修改叠拼下户型二层

图2　修改后叠拼户型

如果要露天进出，其标准就低了。所以首先应设法找一个放封闭楼梯的地方，还要找到一个能安装直达三层专用电梯的地方，只有这个问题解决了，才能将其标准提高。

（2）原设计楼梯面积是 18m²，修改后的面积占一层部分 15m²，因为二层不停也不开门，所以可算作一层，解决了独门、独户、独院子、不露天进出的问题。

（3）由于占了楼电梯的面积，就要想法在与原设计内容不变的情况下，尽量省面积。做完的方案是：上户型 239m² 加一层的 15m²，成 254m² 的户型，比原设计 231m² 加 18m² 的 249m²，仅多了 5m²，但条件好多了。

（4）下面的户型面积，修改后的是 230m²，比原来的 236m² 少了 6m²。

（5）上下两户加起来的总面积与原设计几乎相同，还减少了 1m²。

改完后的方案的情况如何？且看下面的分析：

（1）首先是入口的改善，下层的入口做了一个 2.4m 深的平台，将来封上玻璃门后是一个很好的玄关，比原来直接进客厅要好一些。上层入口由于变成了封闭的楼电梯间，解决了风、雨、雪的影响，当然要好多了，直接用电梯上三层，比较像一个高档独门独院的户型。

（2）修改后的户型改变了内楼梯的位置，节省了面积，将面积调整到其他主要面积上用。使客厅与餐厅合成一个 46.5m² 的大厅，看起来气派得多，使用上也灵活，还能放得下一个大钢琴。

（3）修改后的厨房可以加大到 15.9m²，比原来的 8.3m² 的小厨房要大得多。如用保姆的话，有地方可以坐。

（4）修改后的主卧室可以有 23.9m² 的完整空间加上 10.5m² 的挂衣间及 10.8m² 很漂亮的卫生间，成为较豪华的主卧空间。主卧比原来的 20.1m² 大，挂衣间比原来的 7.2m² 大，卫生间也比原来的 9.2m² 大。

（5）至于几间次卧室，修改后分别为 15.9、13.7、13.7m²，也比原来的 14.1、14.1、13.6m² 略大一点。

（6）上面户型，在南面客厅外加了一个大阳台，也改善了上面户型的条件。

总体改完后，比一般洋房的条件要好，有自己的院子，感觉到独门独院的安静及安全；比连排仅差一点，但由于用地省，容积率高，成本低，售价要低多了，经济又实惠。修改后，业主很满意，令设计单位按此做施工图。

文／寿震华

住宅户型分析（八）——高楼公寓

住房私有的改革在北京也有 10 多年了，随着经济的发展，作为刚性需求的住房发展很快，高收入、中等收入的人群都有很大增长，他们各自对住房要求的等级也不同。在大城市，高收入及在华的外籍人士对目前我们中等及中等以下的房地产产品，显然是不感兴趣的，早些时候他们热衷于别墅产品，随着政策的改变，别墅用地不批了，新的别墅没有了。此外，随着城市交通的发展，堵车越来越严重，住在近郊及远郊区的高收入人群感到越来越不方便。因此，一种新的产品正在形成，这就是高档公寓。因为在人口众多的国内的任何城市，如果都建低密度的住宅，城市可能要大到花太多时间在上下班的路上、无法生活的地步，为此，在城市中心建高端公寓是必然的结果。毕竟住城市中心节省时间，医疗条件好，文化生活多，人们富裕之后，必然要追求这些。我见过不少早先住别墅的，已纷纷搬回市中心，只不过是买不到别墅那样面积的公寓，一旦有了较大户型的地产出现，销售是没有问题的，重要的是：设计要满足这个等级人的要求。

去年年底开始，我已接到三个高档公寓项目要我鉴定及修改。其面积从 300m^2 起，最多已达到 800m^2 的水平，其面积大小与别墅及别墅的楼王相匹配，其要求远远超过我们一般市面上号称"豪宅"的 140、160m^2 的普通产品。幸好我在 20 世纪 60 年代设计过这类建筑，就是当年的外交公寓、华侨公寓类的建筑，每户的面积大小不同，但多在 300m^2 以上，也有高达 1000m^2 左右的。

我从业主那里取来的图纸虽各不相同，但我感到他们设计的思路与近 20 年来的中小户型思路相同，所以我挑出一个户型来分析研究（图 1）。这是一栋 150m 高的超高层建筑，下半部是旅馆，上半部是公寓，有两组客梯分别到达公寓层，这个户型在 35~36 层，是一个套内面积近 800m^2 的大户，如果加上过道、客梯、服务梯、消防梯、分层的设备用房、首层入口大堂等，销售面积要达到 900m^2 以上。方案设计者是美国一家知名的设计公司，但看方案感觉是中国现在小青年设计的，问了业主才明白，果然是中国分部做的。我们来分析一下这个户型：

（1）首先入口进来，缺乏一个像样的门厅（玄关），一看就像中小户型随意走进客厅的感觉。除对着客厅有一个客用卫生间外，没有挂衣帽、放鞋柜、整容镜的地方。

（2）起居客厅特别大，当然与整体建筑造型有关，在一个 87m^2 包括门厅的空间里，感觉有 110m^2，原图上标出的家具只占了一点空间，好像把一个大食堂的一角用作起居及会客。这个大客厅只有一层，3m 多高，会是很难受的矮空间。从图面看，好像画错了，设计人想的是

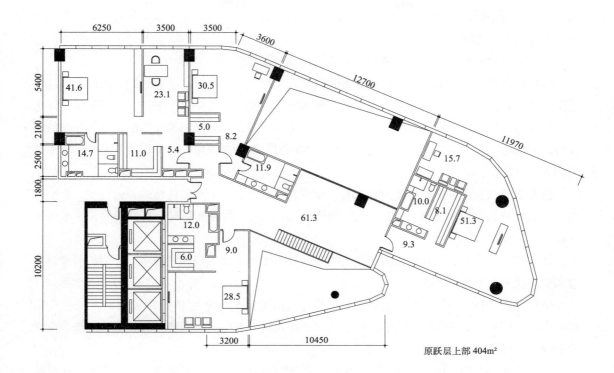

原跃层上部 404m²

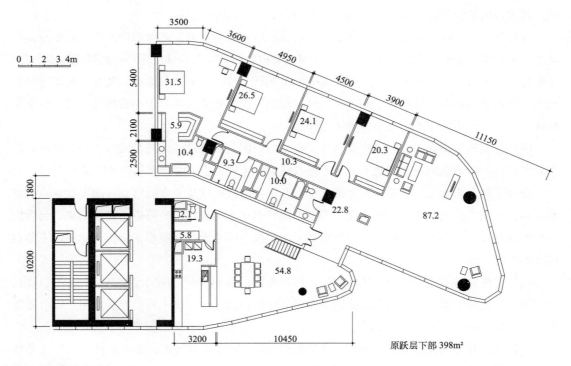

0 1 2 3 4m

原跃层下部 398m²

图 1 原跃层户型

双层高，但画图时将双层高的部分画到下层卧室的上面去了。我们不管他画得对不对，我们只来分析他的设计思路。

（3）餐厅的面积也很大，有54m²，还是一个双层高的空间，也是大而无当。

（4）那么高档的公寓，配一个半开敞的厨房，厨房外也有一个莫名其妙的西厨台面。这种思路就是小户型的放大。设计人没有想过，那么大的户型，就打扫卫生来讲，主人是做不过来的。厨房肯定用保姆或厨师，所以不可能在餐厅里做西餐。而厨房不关门的话，主人在接待客人时，油烟味会窜出来。此外，没有炉灶如何做西餐？这些都说明，这是不了解大户型使用要求的人设计的。

我在20世纪60年代设计外交公寓时，做过客户调查，一个小国使馆的普通秘书，一个人住一套公寓房，雇用厨师做西餐，一个月用油就需30kg，西餐也是有大量油烟的，并不亚于中餐。

（5）门口有一间小小的保姆间，是我们当前社会150m²左右所谓"豪宅"户型的要求，不会满足这样大户型的要求的。

（6）该户型的主卧室放在客厅的上面，可能是笔误，但从主卧的布置来看，在一个近100m²的空间里，安排得很不完整，其卫生间和挂衣间最多像一间五星级的客房。不像一个大户型的主人房。

（7）其他卧室共设计了7间，加上主卧成了8间卧室，从设计思路来看，好像卧室越多越高级。是从市面上三卧室比两卧室好，四卧室比三卧室好，五卧室比四卧室好……这种思路来的。其实应该是大三卧室比小三卧室好，大四卧室比小四卧室高级……

（8）其中有一间卧室还带了半间书房，这也是小户型的要求，更像设计人自己的要求，在晚上及半夜里加班做方案的要求。一个800~900m²户型的主人会这样要求吗？这种主人在书房，是研究生意上的策划，研究商业合同，研究大笔银行贷款，研究公司策略，甚至于是律师研究遗嘱、准备官司材料、教训儿子的地方。可以想象，在卧室旁的半间大小的房间行吗？照例说这样大的户型，不该有半间大小的房间设计。

（9）卫生间与挂衣间是这类户型的特别要求，但图上看来像一间五星级卫生间的标准。总之，买得起这样户型的业主，是不会买不起衣服的，这样大小的主卧附属房是不够的。

分析了已有户型后，就要作改善建议了，在不变的轮廓线及不变的结构柱网里设计是有点难度的，何况下面还是旅馆，又有比本户型小的户型在下层，有一些管道一定要上来，而我们的户型也有管道要下去。我根据这些原则做了一个改进的方案，业主看了比较满意。以下是我修改的图纸（图2）。

（1）首先安排了一个形状合适的门厅，体型方正，有14.7m²，在门厅里有一对客卫，能应对交谊厅的大量来客。一侧还有能挂较多衣服的衣柜，或主人、客人自己存放使用，或有服务生接待存放，所以一定要在门厅的一侧。

（2）过去我在《论豪宅》（编者注：本书已收录）的论文里写过，豪宅的特点，一定是要有一间约60m²以上的大厅，作交谊用。所以利用一端不规则的空间最合适。这么大的交谊厅，

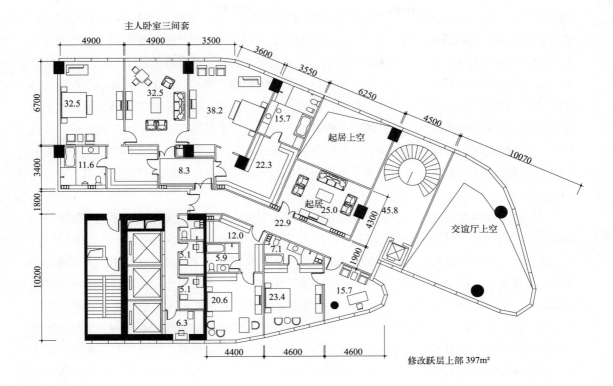

主人卧室三间套

修改跃层上部 397m²

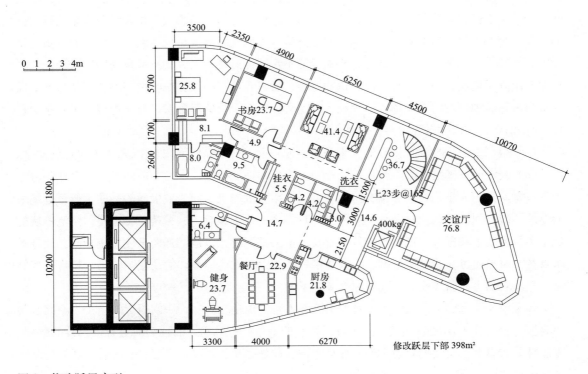

修改跃层下部 398m²

图 2　修改跃层户型

可以办舞会、办生日欢庆活动，有的用作堂会（即请演员到家里演出，原是新中国成立前有，现在上海又有这样的活动了），可以自办小型音乐会，可以作家庭影视活动间。在美国还可作临终弥撒及停尸的地方，当然也可设灵堂。总之，它是豪宅的一个多功能的大厅，有了这个概念，就能很理想地安排在户型里了。左侧原设计有一个不规则的大空间，两个柱子也很不规则地排在房间里，把这种较自由的空间做两层高，房间比例就合适了。外面还可以安排休息廊，供社交活动的间隙交流及作为供饮料、酒吧台的地方，由于这个空间面积很大，如果设计成开敞式的话，在平时会感到比较凌乱，所以要有门关上为好。

（3）豪宅的客人多，一般户型里一个客用卫生间不够用，所以在门厅附近设置男、女卫生间各一个。

（4）由于是特大户型，在交谊厅外的宽走廊里，安排一个漂亮的大楼梯，才能适合这种户型的身份。再安排一个油压电梯联络跃层上下，在现代技术能达到的情况下，是一个实用的措施。

我见过一个年轻的海归人士，他虽不是建筑师，却自己设计了一栋独立住宅，两层楼，高高低低很复杂，就在快落成时，他本人遇到车祸，半身瘫痪，找我想办法。我想到的办法就是完全填平，加了电梯，这样才方便使用。一套跃层的大户型，联系上下的电梯是必要的。

（5）厨房封闭起来，所谓中、西厨，无非是既有中餐炉灶，又有西餐炉灶而已。现在中餐西做的有，西餐中做的也有，放在一个厨房里完全可以。厨房的位置，既要有利于餐厅，又要有利于供应友谊厅的大量客人，所以一定要在这两个之间。厨房内是服务人员、厨师、保姆活动及暂时休息的地方，所以不能小了。这里不是主人自己做饭的厨房，主人只是偶尔上灶而已。

（6）关于保姆间的问题，原设计在户内不一定好。过去上海的大户型高级公寓是这样安排的：在一个院子里，公寓背后设一栋小的服务楼，上面住服务人员，下面停车。服务人员包括司机、保姆等，有事可以电话联系。主人可能不希望他们在户内过夜。可是我们原设计是一个独立的超高层建筑，没有这种另建一栋的可能，所以我就在下面旅馆电梯间的上空及公寓电梯间机房旁等能利用的地方安排了一大批可以配套分给客户用的服务房，每层都有，每户平均是1.5间，由客户们根据需要租售。

（7）客厅的设计没有特殊要求，上下两层各设一个，可作起居，可作客厅，随主人自己的安排。

（8）豪宅的关键是主卧，我在这个户型里设计的是三间套，左右各一间卧室，可作为双主卧用，每间面积大于五星级旅馆客房，各有一个很宽敞的卫生间，卫生间的标准不低于五星级旅馆的总统套间。因为住此种户型的人出行时，飞机是头等舱，旅馆是总统套间，住宅不可能低于出行要求。我曾接待过美国的贝聿铭及日本的丹下健三，他们都要求住总统套间，而且要求自费，可见这类人的生活标准。主人卧室，不该以一间为标准，这是豪宅的另一特点，两间套、三间套均可，我还设计过五间套的豪宅主卧。

如果大家注意的话，电影、电视剧里此类人士多数是三间套，一间睡觉的屋子，中间是小会客厅，也有作书房用的，另一间是自己休息的地方，有靠榻，旧社会甚至有抽鸦片的睡榻。更高级的，男女主人还要分设套房，如皇室宫廷就是如此。所以，只要我们突破一般的居家概念，就很容易设想这种豪宅的卧室套了。

（9）主卧的附属房包括卫生间及挂衣间。我在《理想的居所》（编者注：本书已收录）论文里提到过，其面积大小等于或大于卧室，所以在已有的柱网及建筑骨架下，尽量做大卫生间，尽量增加挂衣间，才能满足这类住户的需求。记得在"文化大革命"的报章上，曾经报道过当年菲律宾总统夫人有三千双鞋。可以想象，当有了那么大的豪宅之后，主人在着装上的花费是他们的主要消费，挂衣间几乎有无穷大的要求。卫生间无非是各种器具应有尽有就是了，但应该布置得有格局，才能利于高级装修。

（10）其他卧室也有设计两套间的，也有单间的，也有不带卫生间的，供主人选用。可作次卧、客房、书房、健身等。因为是公寓，不是量身定做的单体住宅，所以只要大的尺度对了，每个不同人口的家庭在购房后，会自行安排的。

修改后，业主认为这才像是他们想象中的豪宅设计。

文／寿震华

住宅户型分析（九）——阳台上的"文章"

这两年，随着限制房价政策的出台，房地产商又想出了一种新对策，源于南方，是一种叫"送面积"的主意，有的设计成深阳台，有的将玄关放大，称为"入口花园"，有的甚至叫做"空中花园"，用南北通透的大空间来叫卖。本是听说，但最近我在南方见到几个这样做的楼盘，才明白其中的奥妙，好像不这样做就会失去市场。那么，为什么在阳台上做文章呢？因为近年来阳台的算法，总是出现不同解释，如明阳台算一半面积，有窗的阳台算全面积，最后凡阳台不管是明是暗，一律照一半面积来算，这样，一些策划家就给房地产老板出了"偷面积"的主意。

上述深阳台的目的是将落地窗在验收后向外推，可以改为浅阳台，也可以在阳台的外侧装上窗之后变成没阳台，即可改成一间完整的房间用。

图上写"入户花园"的做法在大户型的情况下，既少算了面积，又可以显得房型珍贵。当然也可封上窗户变成房间。至于"空中花园"就更"厉害"了，实际设计的是一大间通透的大房间，两头一封就成为大客厅及大餐厅，面积可"偷"太多了。

阳台面积折算一半后，阳台面积越多，即超过容积率的比例越多。我为此问过销售者最终可得的面积，但没有问出结果。因为他们不能说，否则与政府审批的面积对不上就不好交代了。这种阳台面积越多，其销售的单价越高，所以有房价虚高的情况。

这种"偷面积"的做法，在南方流行了一年多以后，已逐步北上。我最近见到了一个北方项目的方案图，据说业主已经同意，但为了慎重起见，设计师要我看看有没有问题。方案有多种户型，但都是在一个思路下做的，大致都有约15%的阳台面积，我就拿其中一个方案来分析（图1）。

（1）方案户型是一个一梯两户的户型，面积约154m² 左右，所谓能"偷"的阳台面积约21m²，除方案希望有的南阳台外，一个入口花园占13.6m²。因项目在北方，如果将阳台封起来的话，好像多了一半6.8m² 的面积，占了户型面积的7% 左右，业主很高兴地觉得可多得报批允许容积率的7%，即能得到比预期多7% 的利润。

（2）但细看这个方案时，那个多得的7% 面积并不好用，除能成为入口玄关外，没有太多用处，最多能改成一间面宽2.2m 的小房间。房地产商是得利了，据说买房者也认为是销售面积外附送的面积，少交了7% 的税金，也认为合适，这就成了现在的新形势。

（3）这个154m² 的方案是一个三房两厅的图纸，大厅加小餐厅共达45.7m²，三间房分别是

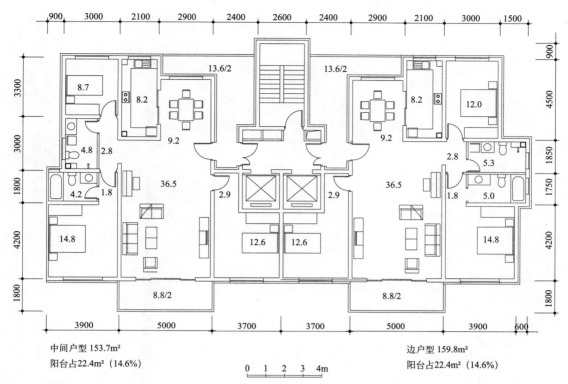

中间户型 153.7m²
阳台占22.4m² (14.6%)

边户型 159.8m²
阳台占22.4m² (14.6%)

0　1　2　3　4m

图1　原户型

14.8、12.6、8.7m²，如果加上可"偷"的面积改为房间的话，是一间7.9m²的小房间。厨房还可以，是8.2m²。两个卫生间，一个是主卫，一个是将来三房共用的次卫。

我分析这个方案后，觉得最大的问题是：一堆小房间及两个阳台，使用上极不合理。问题在于设计人只是字面上理解了房地产商的"偷"面积方法，但却忽略了使用者的最后使用。其实买房者并没有占到便宜，虽说是得到了赠送的面积，如若脑子清醒的话，实际是自己花钱买的面积。因为标的面积单价已包含了赠送面积的价格，只是房产证上可能少标了这部分面积罢了。如果将来房子不想要了，要当二手房出手的话，其单价与别家一样就亏了，如用实际面积算单价的话，会因比别人贵而不易出手。

所以我认为：应该认真地做设计，即使面积是"偷"的，也应该在验收后能改成一个实用的好户型。这样，买房者愿意，卖房者也会因此而销售良好。分析出利弊后，从最后能改成好户型的思路出发，我修改出一个户型方案（图2），这是报批用的，但能改成将来正式使用的平面（图3）：

（1）修改后的平面面积完全相同，面宽及进深也完全一样。可以有一个完整的玄关，能有衣柜及鞋柜的位置，不占客厅空间。比原方案因修改后，那间小房间要装门，而使玄关没法放衣柜、鞋柜要好多了。

（2）修改后的主卧可以放大到17.0m²，比原来14.8m²要大。

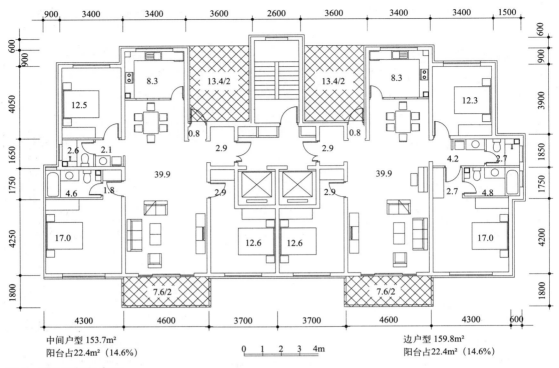

中间户型 153.7m²
阳台占22.4m²（14.6%）

0 1 2 3 4m

边户型 159.8m²
阳台占22.4m²（14.6%）

图 2　修改后报批户型

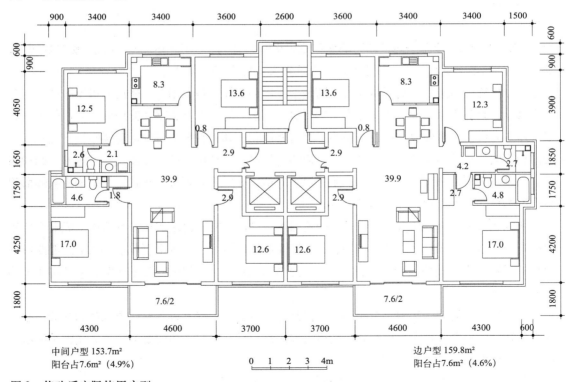

中间户型 153.7m²
阳台占7.6m²（4.9%）

0 1 2 3 4m

边户型 159.8m²
阳台占7.6m²（4.6%）

图 3　修改后实际使用户型

（3）那间小房间由 8.7m² 加大到 12.5m²。大总比小要好。

（4）"偷"的阳台可以改造成一间完整的 13.6m² 的房间。

（5）南面一间房略将门移一下，可以多出一个衣柜的位置，也不影响客厅的家具布置。

（6）房间多了，卫生间也要相应地修改一下，将淋浴及恭桶放在里屋，外面放洗脸台及洗衣机，这样就成为一个完整的四房两厅的户型。

（7）其他的户型也照此原则设计。

据说开发商看了特别满意，毕竟在北方，阳台不封是没法用的，而将"偷"来的面积改成了很好使用的面积，人们是不会反对的。

总之，设计思路是关键，我们搞设计的目的，不该是简单地完成给定的平方米数，而是应该认真设计，使人们用好不容易挣来的血汗钱买好用一点的住房是我们建筑师的责任。设计好了，开发商高兴了，住户高兴了，为社会留下了实用住房，可以取得一举数得的社会效益。

文 / 寿震华

快速设计高容积的好小区

居住小区是住房改革以来，设计界任务最多的一种设计内容。虽然我们遇到的建筑类型很多，有的难度很大，有的比较简单，但小区设计几乎是所有设计单位、所有等级都能做，但要做好也不是那么容易。尤其是经过那么多年的实践经验，各地规划部门给出的容积率都已达到极限，这难倒了不少设计单位，他们希望我帮助他们指出解决难题的方向，很多房地产商也希望我帮助他们将做不下去的方案找出解决的办法。为此，我积累了不少题目及解决的方法，供大家参考。

1. 先定户型是一种错误的方法

我发现很多房地产商在研究他们的项目时，首先要销售代理单位帮助他们提出地块的定位，于是销售单位提出厚厚的一本策划建议书，用了很多照片，提出各种户型面积、户型比例，当然最重要的是分析经济利润等种种诱人的数据，使业主特别愉快地将这些建议作为任务书交给设计单位，甚至作为设计招标的文件。设计单位收到任务书以后，夜以继日地努力按任务书的要求完成户型设计，并一再与业主商议修改，最后终于满足了业主要求。

其实，所谓策划是一种标准模式：无非是一些理想的要求。即不管户型大小，一律要求进门有玄关，客厅要求尽可能宽，主卧室要向南，前面有生活阳台，后面有服务阳台，要有客厅与餐厅，而餐厅还要明厅，卫生间也要明卫。就这些要求满足的话，户型的厚度大约只有10m左右。但当户型完成后，再按预定的户型比例放在地块里时，发现根本达不到容积率的要求。

在这种情况下，设计人想尽一切办法用日照软件来调整各栋建筑的高度与位置，但有时还满足不了原先答应的容积率指标，最终业主与设计方均精疲力竭地得到了一个"不理想"的小区规划。

但怎样认识到这种先定户型的方法是错误的呢？

这几年我们深受困惑的"销售建筑面积90m²"的方针就是一个典型的事例，以销售建筑面积为标准来叙述户型本身是不科学的。

例如平房建筑的90m²就是套内面积；但多层建筑的90m²就不是套内面积，要扣除公共楼梯间的面积，大约8~10m²，差不多得到的套内面积要比平房建筑少10%左右；小高层90m²的楼电梯面积，按一梯两户大约每户要分配18m²左右，即小高层户型得到的套内面积要比平房建筑少20%左右。

在当今普遍高容积率情况之下，高层相当普遍，而高层的楼电梯面积，按一梯两户计算，大约每户要分配27m²左右，即高层户型得到的套内面积要比平房建筑少30%。

由此可以看出，"销售建筑面积90m²"的提法本身是错的。

为什么我要举这个例子呢？因为策划者多数不是建筑师，他们拿着其他楼盘的售楼书或指标，以及没有总体单元的户型作为依据来要求建筑师做，由于出的题目是错的，所得的结果当然不是他们所设想的。

2. 先算后做是正确的方法

我在以前的论文（编者按：见本书"轻松设计"一文）里谈到过，老一辈名建筑师张镈在复杂设计前总是先算账，但他先进科学的办法很少有人理解，总觉得不是建筑艺术。但当我把他的先算后做的办法运用到小区规划上时，觉得这种方法既科学又艺术，科学本身就是一种艺术。

我们来做一个分析：

我们先选一个用地是25.62ha的小区（图1a），即256200m²，容积率是2.0，即要建512400m²的住宅及其配套公建，现公建是10000m²，住宅是502400m²。我们先按合理的日照间距进行兵营式排列，住宅是42栋，每栋厚度是10m，长度是60m，建筑物基底的总长度是60×42=2520m，限高是60m，即20层，则所有建筑的合计总长度是2520×20=50400m，用容积率面积502400/总长度50400=建筑平均厚度9.97m。正好是按日照排出来的兵营式小区平面。

若想在规划里设计中心绿地，已无可能。

3. 中心绿地

容积率是达到了，但一个排排队兵营式的小区肯定不算精彩，要使小区设计得精彩，就要在兵营式死板布局的基础上，抽掉几个单元或几栋楼，使小区内留出中心绿地的空间，有了中心绿地，这个小区就会好一些。但在容积率达到极限的情况下，只有再增加建筑的厚度才能解决。

按上述的例子计算，如去掉两栋楼，即42-2=40栋。总长为60×40=2400m，也就是20层合计总长度为2400×20=48000m，建筑平均厚度为502400/48000=10.47m。只有建筑厚度超过10.47m时，即每栋建筑增加0.5m的厚度，才有可能做出有中心绿地的小区（图1b）。

如果还想使小区更活泼、更高低错落的话，只有再去掉几栋楼。我们再试试去掉四栋楼，即40-4=36栋。总长为60×36=2160m，等于2160×20=43200m，建筑平均厚度502400/43200=11.63m，即每栋建筑增加1.66m。我们再简单设计一下（图1c），看是不是活泼多了。

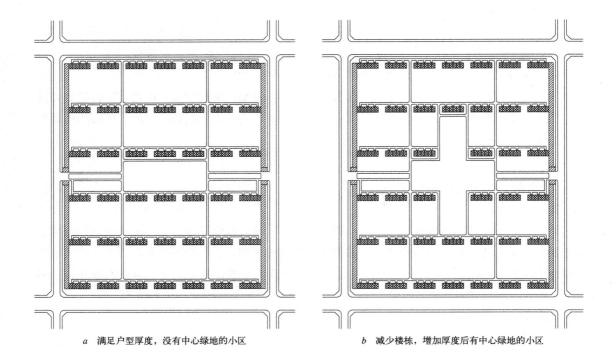

a　满足户型厚度，没有中心绿地的小区　　　　　　b　减少楼栋，增加厚度后有中心绿地的小区

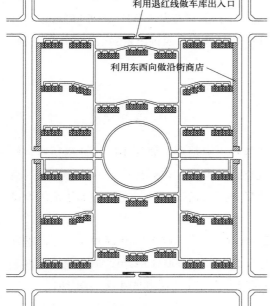

利用退红线做车库出入口

利用东西向做沿街商店

c　再增加厚度，有中心绿地、布局活泼的小区

图 1　增加户型厚度使小区空间产生变化

我也曾设计过一个容积率 2.5、限高 100m 的小区，业主找了很多单位设计，都达不到允许的容积率，后来我告诉他们用计算的办法，算出要想都是南北向的户型，应该是 16.9m 厚。他们一开始不接受，想找境外的设计单位来试试。我说如果不想要那么厚的话，不是用塔式就是增加东西向。他们不信，结果等了三个月，再送来的就是一些塔式及有一部分东西向户型的方案。没办法，只好照我的意思做，就是户型较大些，建成之后，卖得很火。

　　为此可见，先计算一下我们该设计的户型厚度是多少，是行之有效的办法。只要我们设计的户型平均厚度达到或略厚一点的话，才有可能设计出比较理想的至少含有中心绿地的小区。

　　中心绿地的重要性是不言而喻的，早在 20 多年前，我们设计的北京大兴富强西里小区里就因设计了中心绿地而最早获得小区规划的国家奖（图 2）。当时能够想到在小区里安排中心绿地是很大的优点。尽管已过了那么多年，现在全国还有很多小区没有这种中心绿地，只有刚刚满足日照间距进深的楼间绿化（冬天这里没有阳光）。

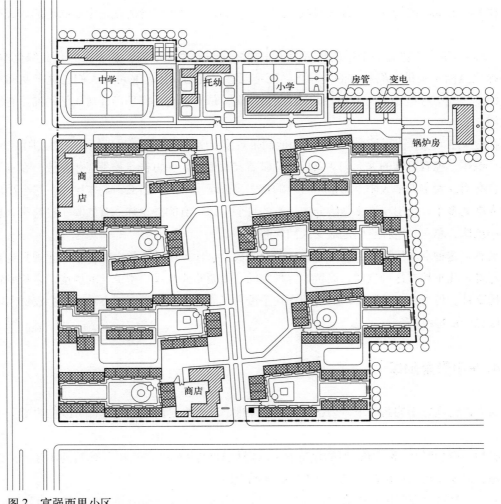

图 2　富强西里小区

当然，当时得奖还有其他特点，如：

（1）设计了通透的围墙，达到了小区安静及安全，也就是现在讲的封闭小区。

（2）在当年全是红色清水砖墙小区的背景下，我们找到了浅色的灰砂砖，改变了色彩，另外，将不同标准图略加修改，统一了一些符号，区别于其他小区，成为非千篇一律的有特色的小区。

（3）将商店设在两个小区的入口处，方便居民。

（4）设计成组团方式，单元门对单元门，使邻里关系和谐。

（5）组团的口部安排了一个半地下自行车库，车库管理员用房兼为牛奶供应点及报刊供应点，又是组团的安保点。

（6）两个组团之间留出空地，作为街道生产的预留地，也作为预留的私车停车场。

（7）将大量井盖设计在地面铺装里，使绿地完整。

（8）中心绿地还分成三个，各为老年、青年、儿童使用。

在当时低标准的情况下，经过建成后的居民回访，大家最满意的就是中心绿地的居民交流空间。

"中心绿地"是指在一个小区里进深大于房屋间距的绿化空间，是小区的公共绿化空间，这种绿化空间不是供人们欣赏的纯绿化，而是既有一定的绿化，又可供人们在这个空间里交流、活动，还有一些小品。它距住户门口约100m，是一个有小广场能让居民活动的含有绿化的空间。

在这个空间里，使用最多的是老人，他们带着没上学的孙子辈在里面活动，晒太阳、下棋、打拳、锻炼，也有退休的老太们买菜后在此聊着家长里短，保姆带着孩子互相交流。在夏天傍晚，也有男、女主人乘太阳下山前带自己的孩子出来玩上一刻。当然，周末出现在这个小广场里的人就更多了，会出现许多学龄儿童，有的打羽毛球，有的滑冰鞋，有的骑小自行车，也有的踢小皮球。总之，这种空间是最受人们欢迎的。

当然，这种空间根据小区的大小，有一个或数个。我评审过无数次投标（小区规划竞赛），凡中标者，几乎都有这种空间，而留出这种空间，需要略为加厚户型单元的厚度，容积率较低的情况除外。但当今土地紧张，低容积率几乎没有可能，所以我们要想办法，学会设计高容积率小区里的住房建筑。

4. 在阴影里加厚

如果在已定方案的基础上，为了腾出中心绿地，改善自己的规划设计，可以在户型上适当加厚。

假如户型加厚0.5m，10m厚的建筑就可以增加1/20的面积，即40栋建筑的小区，可以少建2栋。只要少建2栋房，就能腾出中心绿地的空间。

那么，当日照间距达到极限的时候怎么办呢？你可以在最上面少加一层就是了（图3）。

在已定方案的情况下，以 100m² 户型来说，加 0.5m 厚就变成 105m²。我们可以设想，买得起 100m² 房的人，多 5m² 不会买不起吧！何况设计面积多的肯定比设计面积略少的户型要好用。最近，我有一个业主，本是施工企业，但由于原业主资金链出现问题，而被他买断了一个烂尾小区。这个已审定的小区已建了一半，在建另一半

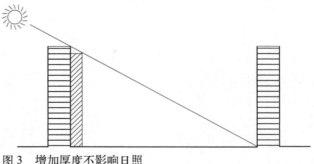

图 3　增加厚度不影响日照

时，凑巧遇到城市规划有变动，在小区外，城市规划增加了一条有水面的绿化带，市长希望这个烂尾的小区有点高低变化，允许提高容积率，允许没建部分增加限高。可是，设计单位将原设计按限高来算的话，要少建 10000m²，业主要我想办法，我就用了加厚建筑的办法解决了这个问题，因不计地价，以 2000 元 /m² 来计算的话，相差 2000 万元利润，是一个很大的数字。

5. 在达到容积率的基础上，增加建筑厚度才有可能制造艺术

上面所讲的是在平淡的兵营式的基础上，使小区内取得中心绿化空间的方法，虽然有了中心绿地，也很好用，但要使这个小区高低错落，有更多空间变化的话，只有再增加一点建筑厚度，才能改变容积率极限一马平川的高度，使之达到高低错落的艺术效果（图 1c）。

6. 边单元变化可使户型增加少量面积，还能使造型活泼

我们与业主研究户型，绝大多数先研究的是中间单元，因为中间单元可以拼接，但一个简单的山墙头是很难看的。山墙头是可以开窗的，可以改变造型，在不影响日照的情况下，还可增加少量的面积。每层即使增加一点，一栋建筑的两个山墙乘以层数也是不少的面积。如果草图时已经加厚，还可以减回去一点，因这种边单元还能增加户型的变化，也可改善户型的采光，一举数得（图 4）。

7. 增加少量的东西向单元也可增加容积

当容积率要求比较高的时候，在安排建筑物紧到不可能再紧的时候，可以尝试在东西的尽端单元，根据日照的可能性，略为增加一点面积，如南角增加一点突出的休闲空间，也可以在北向延长一点（图 4），我们不放弃任何一点可能增加面积的机会，才能使我们的小区设计得更好。

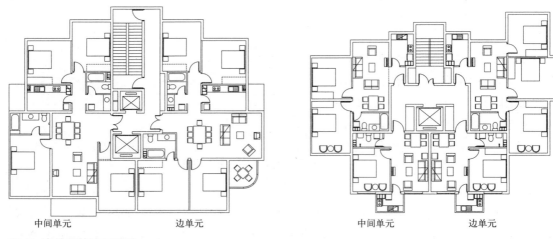

中间单元   边单元   中间单元   边单元

图 4 边单元的不同设计

8. 设计厚单元是基本功

设计厚单元，一般人会觉得奇怪。我在偶然的情况下遇到过这样一件事。前几年，一个开发商拿着一个已经定了的小区规划找我，那是一个塔式建筑的小区。当时市面上刚刚兴起南北通透的板式建筑，他问我有没有办法改成板式户型。大家都知道，塔式建筑的厚度远远超过板式建筑的厚度，如果改成薄薄的板式建筑，势必达不到原定的容积率指标！当被问到为什么当时设计塔式建筑时，他们的原因是销售提出一大堆的各种面积比例的户型，而小户型的比例不小，所以一般设计单位都会拿出塔式平面，因为塔式平面有不少东西向户型，能够满足现行日照指标的要求。

经思考，我和业主讨论了户型的大小和比例。我提出能不能不照销售提出的户型比例来设计，而全部用大于 200m² 的户型。我的理由是：当绝大多数的销售都提出同样户型比例时，这种比例可能是当地全社会的一种实际情况，但我们讨论的小区在整个城市里，仅仅是千分之一或万分之一，甚至是万分之零点几的比例，如果我们的小区单独定位，全部用少量几种 200m² 左右的户型，放在社会里，也不会影响全社会的比例。当时，业主勉强同意了我的观点，我就为他们设计了一种接近塔式厚度的板式平面，平均厚度达到 21.7m（图 5）。后来，他们根据我提供的平面，略加修改就去实施了。

在楼开盘前，经业主的请求，我为销售人员解释了户型的特点，我说的与一般销售员的观点不一样。我交代要把重点放在主卧室的配置，有足够的挂衣空间，有较好的主卫生间方面，另外要介绍有不小的厨房，要向购房者的夫人重点介绍。并要求他们不要把介绍重点放在厅里，因为这种面积的户型，厅不会太小，不是主要问题。事隔多年，那些销售员告诉我，这个办法很灵，称只要夫人满意了，百分之九十就成交了。开盘后很快签订了绝大多数合同，后来听说，大部分是一次性付款，很少用贷款，业主开盘就回收了资金。后来还有很多人电话问我，有没

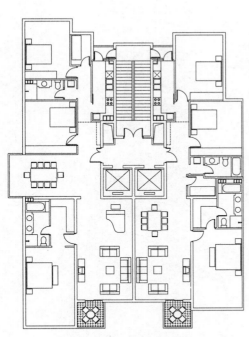

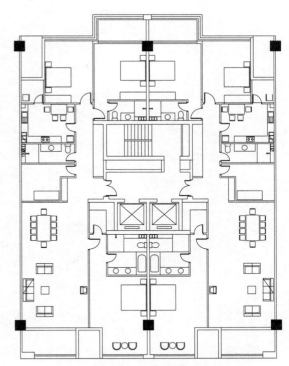

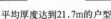
平均厚度达到21.7m的户型   平均厚度达到23.8m的户型

图 5　大进深（厚度）户型设计

有办法能买到那个小区的房子，不是没有钱，而是有钱买不到房子。所以所谓必须限额设计，生怕人们买不起的观点，不是针对主要客户的。

还有一个特例。有一个业主找我，想在市中心一块很小的地里，建尽量多的面积，我又为他们设计了一个厚度达到23.8m的户型（图5），业主看了特别满意。

当然，这也许是两个特例，但这种例子能说明加厚建筑对高容积率的小区是解决的途径之一。

由此想到，设计厚一点的建筑也是我们建筑师的一项基本功。

9. 为活泼小区的空间，划分不规则的地块是一种办法

我遇到过一个小区，是某大企业下四个下级企业合建的小区，而这四个下级企业不是平均出资的，他们的面积要求也不一样，希望各自独立管理。为达到他们各自的要求，用简单的垂直与水平来划分的话又办不到。做了多次尝试后发现用一些斜向划分，能满足他们各自提出的指标要求（图6）。

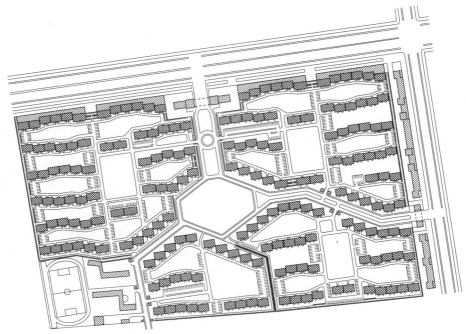

图6　通过划分不规则地块使小区空间产生变化

在总结过去的实践后发现，这是一种能活泼小区设计的办法。在各自的地块里，虽然大小不同，但由于用了斜向的道路划分，各地块的建筑布置活泼多了，既可以形成组团绿化，又可以因各地块大小不同，形成各自不同风格的小区绿化。在各自有自己的小区中心绿地外，又安排了一个街心绿化，使整个居住区更加向心，更有活力。这个方案被业主一下就肯定了。

10. 增加东西向的底商，为买"东西"创造条件

我们经常在东、西临界设计低层的配套公建，因为这种低层公建特别能满足广大小商户需要（图1c）。

我们过去的配套公建指标是7%，这个7%还包括中、小学，但现在，很多开发商认为要达到11%才能满足社会需要。我们看看现有的城市，任何一个沿街住房的首层，经过改造，都成了店面房。改革开放多年，沿街已经自动改造完毕，现在只是不断地装修门面而已。

为什么不够呢？因为新中国成立初期的城市规划是在苏联专家指导下，根据远景共产主义的标准来规划的，街区的长度在300m左右。而新中国成立前，是根据欧洲资本主义的标准来规划的，街区的长度在100m左右。两相比较，前者的规划中建筑沿街长度不够，所以沿街的商店就不够了(街区长度越长，建筑沿街面越短)。现在的规划设计，有的沿用从苏联学来的标准，有的已经改变，为适应汽车的尺度用200m左右来做规划，所以沿街面的长度有所增加，沿街店面也比以前好解决多了，但还是紧张的，所以东西向设计低层公建或底层商业，既解决了配

套公建需要，又可增加容积率。

东西向的商店，在北方，由于气候的关系，以及北方四合院与胡同的关系，是顺理成章的。胡同是东西向的，胡同的进出必然是南北的街道，过去北京的商业街道都是东西安排的，鼓楼大街、前门大街、东单北大街、西单北大街、王府井大街，乃至东西城的南、北小街，无不是东西向的商铺热闹。再从北方的气候特点来说明，冬季下雪结冰，在路南是不容易化的，但路东、路西因能晒到太阳，走路不受冰雪影响，商店开在东、西两边自然就生意兴隆，难怪久而久之，既买东又买西，变成"买东西"了。

11. 人车分流

顺便讲一讲小区人车分流的问题。在小区设计里，人车分流已逐步形成共识。但不少设计将进出的坡道垂直于道路，可是一个坡道的长度至少要有23m，无论垂直于建筑物或平行于建筑物，总是影响小区的完整性。

最近15年左右，全国流行规划退红线的规定，有的退5m，有的退10m不等。虽然退红线在规划上是不讲理的，因为红线是规划指定的建筑线，当初北京退红线的目的是为了增加绿化，美丽城市，后来因为退了红线以后，消防车在道路上够不着建筑，又要求里面加上消防通道，原来意图的绿化问题没能很好地解决，反而损失了很多可建设用地，使我们高容积率的小区更难做了。

反正退红线已定为法规了，我们可以利用退红线，设计成地下车库的坡道出入口（图1c），解决了人车分流，又使小区内的环境完整，更好做环境规划。凡如此设计人车分流的小区，因解决了一个大问题，在招标时容易中标。

12. 少量地面停车的要求，可以擦边安排

虽然前文人车分流的设计非常好，但有些业主还是希望地面能安排尽可能多的车位，以节省投资。我在一个项目中采取了擦边安排车位的做法，同时也做到了人车分流（图7），业主特别满意。这个项目的一侧是另一个项目，即不是四面都是道路的小区，我们就利用与相邻小区的围墙，将建筑物安排得离墙距离略大一点，假定围墙的尺寸是250mm，车位尺寸考虑为4800mm+500mm=5300mm。车道可以是5500mm，这样250+5300+5500=11050mm，考虑两家围墙各占一半的话，建筑物离围墙的红线11m，就可以靠围墙边设计一排车位。同时在建筑物之间也可适当地安排一些，成为面对面的双排车位。最后，在地面安排了近40%的车位，业主十分满意。与此同时，在地面车位的进出口，我们安排了另外60%车位的地下车库的坡道。从图中可以看出，由于地下车库绝大多数车位与地面车位是重合的，地面没有绿化，所以地下车库可以做得比较浅，节省了不少土建投资，还腾出大量的实地绿化空间，使小区绿化有可能做得更好。

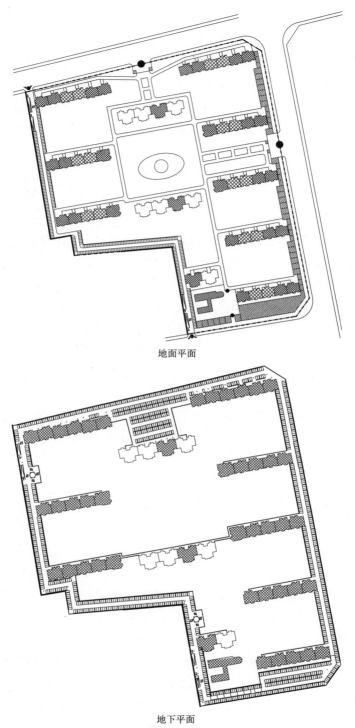

地面平面

地下平面

图 7　小区地面停车设计

文 / 寿震华

公共建筑

如何使车库设计经济一些（一）

车库占房地产投资的比重是多少？这是一个杂志给我出的题目，是引起我研究的动机。北京市规定，写字楼以 65 车位 /10000m² 的要求来计，约 150m² 需要 1 个车位，相当于公寓楼 1 户 1 个车位。而当今写字楼的容积率很高，地面基本上无法停车，车辆只能停在地下。居住建筑又强调人车分流，地面上当然不宜停车，所以车辆的停放也向地下发展。整理最近五六年所看的图纸，很多设计中，每个车位的面积均在 40m² 以上，而有一次看到一个美国相当有名的设计公司设计的图纸，其每个车位面积竟高达 72m²。若以设计中普遍采用的标准——每个车位以 40m² 计算，则 65 辆 ×40m²=2600m²，即地下车库建筑面积相当于地上建筑面积的 26%。地下室的结构造价比地上贵，是人所共知的。法定的车位不能少，少了政府不批，所以只有使每车位节省面积，才能节省投资。若每个车位省下 2m²，至少可节约总造价的 1% 以上。这几年，经我修改后的地下车库方案，采用经济柱网，每辆车的面积大致可做到 33m² 左右，即每车位面积比普通认可的 40m² 省 7m²。这样至少可节约投资 3.5% 以上，经济价值非常大。上面所说的美国设计的工程，在不动柱网的情况下，经修改后，竟节省了 31000m²。所以，地下车库设计，很值得研究。

1. 应该以车位尺寸为研究基础

现在多数设计单位的车位尺寸是 2400mm×5300mm，因规范规定车到墙间的间距是 500mm，横向的车与车之间不小于 600mm，所以这一尺寸，在车尾靠墙的情况下，放进规范规定的小型车 1800mm×4800mm，肯定没有问题。但是当车位背对背时，由于车尾与车尾之间规定不小于 500mm，那么用两个 2400mm×5300mm，就损失了 500mm 的空间（图 1），我所看到的图纸，大多是这么设计的，一个车位至少损失 0.5m×2.4m=1.2m²。

在过去的防火规范中，横向车与车之间是 500mm，现在又加了 100mm，当今的车辆比 20 世纪五六十年代要小很多，照过去的规范应该没有问题（图 1）。当然，我们要遵守当前的规定，但是要知道还有商榷的余地，如遇到个别面积紧张的情况，做几个偏小的车位，应该没有问题。

这两年，我从刊物上抄下来的资料（表 1）表明，1800mm 宽的车并不是很多的，宽度达到 1800mm 的都是高档车，而高档车在总车辆中的比例不是太大。中档车的宽度都在 1700mm

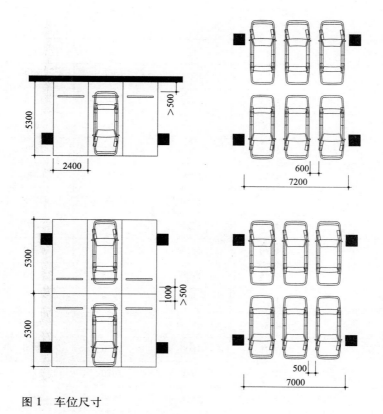

图1　车位尺寸

左右，车长在4500mm以下。只有少数高档车的宽度是1800mm左右，车长达到4800mm。虽然在不考虑经济性的条件下，设计大一点，对设计人来讲保险系数高，但如果柱网不规矩，略小的尺寸是否可以放中档车呢？或者反过来想，设计是否也可以以中档车为主，再安排一些高档车车位？因此，只要想节约，还是有可能的。20年前，我用的是1800mm+500mm=2300mm的宽度安排车位，人们使用到现在，没有提出不好用的意见。

常见汽车数据表 　　　　　　　　　　　　　　　　　　表1

单位：mm	长	宽	高	轴距	半径
奇瑞QQ	3550	1508	1491	2348	
天津威乐			1510	2370	4700
雪铁龙富康05	4071	1702	1425	2540	5550
雪佛莱新赛欧	4152	1608	1440	2443	
福特嘉年华	4153	1634	1435	2486	
铃木利亚纳	4230	1690	1550	2480	5300
丰田新威驰	4285	1695	1450	2500	5500

单位：mm	长	宽	高	轴距	半径
吉普 2500	4300	1794	1700	2576	
大众新宝来	4383	1742	1446	2513	5250
雷克萨斯	4400	1725	1405	2670	
大众捷达	4428	1660	1415	2471	5250
富豪 S40	4468	1770	1452	2640	
日产阳光	4490	1710	1440	2535	5000
别克凯越三厢	4515	1725	1445	2600	
宝马新 3 系列	4520	1817	1421	2760	
现代伊蓝特	4525	1720	1425	2610	5500
奔驰 C 系列	4526	1728	1427	2715	
奥迪 A4	4587	1772	1427	2642	
中华骏捷	4648	1800	1450	2790	
三菱菱帅	4705	1780	1650	2776	
现代特拉卡	4710	1860	1790	2750	5750
红旗明仕	4792	1814	1422	2687	
北汽陆霸	4795	1835	1510	2675	5800
凯迪拉克 CTS	4828	1795	1441	2880	
日产新天籁	4890	1765	1475	2775	
奥迪新 A6	5012	1855	1459	2945	

2. 不应该以柱中距为设计研究基础

我们设计方案，在考虑结构柱网的时候，很多人以柱中距为设计依据，开口就是 8400mm 柱网。其实，车位主要用的是净宽度，根据净宽度的要求加上柱子的宽度，反算成柱网尺寸。如考虑车库需要，可采用尺寸为 7800mm×7800mm~8400mm×8400mm 之间的柱网。过去，我还用过 7500mm×7500mm，是由于在裙房下，柱子截面不大，为 500mm×500mm 的缘故。当然，超高层建筑因为柱子截面尺寸大，也有用 9000mm×9000mm 柱网的。现在让我们来看一看柱网之间的面积关系：

$8.4m \times 8.4m = 70.56m^2$

$8.3m \times 8.3m = 68.89m^2$

$8.2m \times 8.2m = 67.24m^2$

$8.1m \times 8.1m = 65.61m^2$

$8.0m \times 8.0m = 64.00m^2$

$7.9m \times 7.9m = 62.41m^2$

$7.8m \times 7.8m = 60.84m^2$

由上述数据来看，柱距每减小 100mm，柱网面积大致要减小 1.6m²，以 1 个柱网放 6 个车位来分析，3 个车位要半个柱网的面积，因此，每差 100mm，对每辆车来说至少要差 0.26m² 的面积（图 2），可见柱网的重要性。我们在西单中国银行总部的设计中，写字楼的柱网是 6900mm × 6900mm，但中心大堂下面车库的柱网是 7800mm × 7800mm，将车位面积用到了最省。

因建筑物的高度不同，柱子大小也肯定不同。因此，用柱网（柱中距）为基础，在认识上往往是模糊的，只有用停车所需的净宽度加上柱子宽度组成柱网才是合理的。如：

柱网净间距 = 车柱间距 300mm × 2+ 车宽 1800mm × 3+ 车与车间距 500mm × 2=7000mm

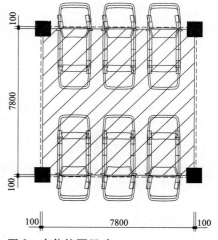

图 2　车位柱网尺寸

以上根据是消防规范的规定，指横向 3 个车位所需的净宽度，若按汽车库规范规定，车间距为 600mm，则柱间净距离要 7200mm。假设 100m 高的建筑，柱子设计成 1000mm × 1000mm，如果简单地用 8400mm × 8400mm，每个车位将增加 1m² 以上的面积，即影响投资 1.5%。而大批建筑并没有达到 100m 的高度，结构柱子还会小一点，尤其是裙房。所以柱网的设计，还是应该认真推敲的。

有人说：中国人开车"手潮"，所以间距要大一些。我看这跟"手潮"无关，而跟不花自己的钱有关。事实上，按政府的规定，中国人要驾车，必须先上驾校，而国外没此规定；中国很多道路还是汽车、自行车合路，特别在北京，胡同又多，开车的难度又很大，在这种交通条件下，车应该开得好，不该不好，所以"手潮"的解释是不对的。

3. 关于车道的宽度

最近一些审图单位要求车道 5500mm 宽，这是双行道的规范宽度，北京规委有一个文件要求 6000mm 及 9500mm，不知为什么要求那么宽。我根据规范和自己开车的经验，并对相关数据（包括实测数据）进行分析后，认为车道不需要这么宽。先从出车的要求来看，我分析了六种车距宽度（图 3），行车轨迹保持与其他车位 500mm 的安全间距，最多也不过 4525mm，如有的地方停车车距加大，尺寸还可小一点。所以使用规范要看它指的是什么条件。如果花别人的钱，用别人的地，当然越宽越好。但作为设计师，我们有责任做好设计，却没有理由浪费银子和土地。我希望大家要知其然，也要知其所以然。我过去在民族饭店门口看见过3500mm宽的车道，车都开出来了。由于车速不快，所以5500mm宽的双车道已经是够宽的了，没有必要再加宽。在老小区里，4m宽的道路也能错车，何况我们还可以在车库里设计单行线。总之，车道也应具体情况具体分析。

另外，车位超出柱子，也能减小车道宽度（图3）。

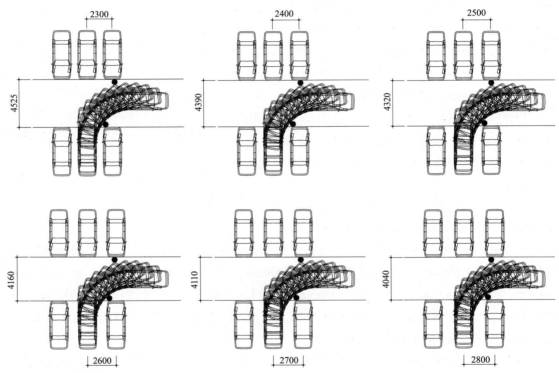

图3　六种车距的车道宽度比较

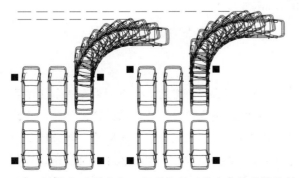

图4　车位超出柱子与不超出柱子两种出车情况的比较

4. 关于结构柱

结构柱的宽度直接影响车位布置，在必要的时候可以用扁柱，可恰好放下车位原本放不下的车位。当然高层建筑也有可能在下面部分用劲性钢筋混凝土柱，即型钢混凝土柱，它的宽度是普通钢筋混凝土柱的60%，大致上100m高的建筑，柱子是1300mm×1300mm，即1.7m²，用型钢的话可以做到1.7m×0.6=1.0m²。对总面积在20%以上的地下车库来讲，用一部分劲性钢筋混凝土柱，虽然结构部分的投入增加了，但增加部分的投资远远低于车位增加带来的经济效益。尤其是大城市的中心地带，一个车位在20万人民币以上，值得研究考虑。当然，对上层建筑使用面积的增加也是合理的，对投资回报来说更是合算。

5. 直线和转圈坡道的选择

我看到很多车库设计都选择了转圈坡道，而转圈坡道是最费面积的，一个坡道以8000mm×8000mm柱网计算，需要9个柱网格子，要占用600m²的面积。一个车库至少要一对坡道，即每层要1200m²，做地下一层车库就要2400m²，如果做地下二层车库，就要3600m²，做地下三层就是4800m²，有时非车库层的地下一、二层的层高较高，转圈直径小了坡长就不够，而转圈中间的一个柱网面积又不好利用，即使降低车库层的层高也省不下面积。所以，在分析了很多工程后，我主张首先选用直线坡道，以双车道来看，最多用三个柱网格，加上两头进出需要，也不过五格，可省4/9的面积，如果是单坡道，还可以省更多（图5）。

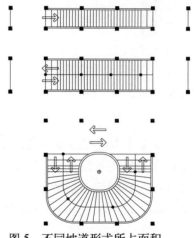

图5　不同坡道形式所占面积

当然多层的大型车库，用转圈坡道是有道理的，例如北京的金源商城有十多层，用转圈坡道就可以让你直接到达目标层。

另外，在面积小的底层，没有足够长度设计直行坡道而不得不使用转圈坡道时，也可在上层用转圈坡道，转到下面改用直线坡道，也能省一点面积。总之，设计时要灵活掌握，要作方案比较，哪种方式省就用哪种方式。根据我个人上百个车库的设计实践，将转圈坡道改为直线坡道，90%以上是肯定节省面积的。

6. 坡道的宽度

当前规范要求单车坡道宽4000mm，双车不宜小于7000mm，但过去的规范要求是单车3500mm宽，为什么加宽了呢？是现在的车大了吗？不是。原因是采用最小拐弯半径时，拐弯处的宽度不够，但设计合理的话，3500mm的宽度也可以实现（图6）。

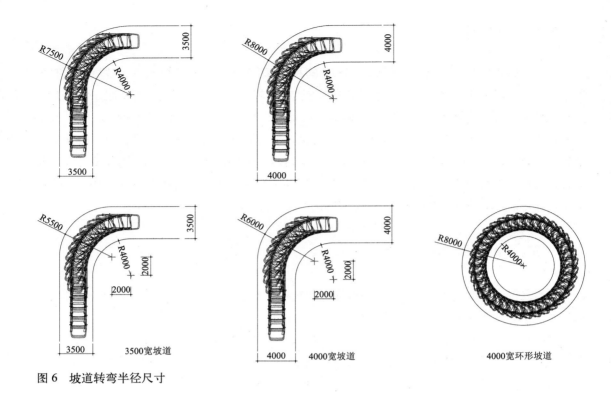

图 6　坡道转弯半径尺寸

（图中标注：R7500、R4000、3500、3500；R8000、R4000、4000、4000；R5500、R4000、3500、2000、2000、3500、3500宽坡道；R6000、R4000、4000、2000、2000、4000、4000宽坡道；R8000、R4000、4000宽环形坡道）

　　我主张节约的前提是满足使用的要求。在坡道及平道拐弯的地方要注意放宽尺寸，从图上的车行轨迹可以看出，汽车拐弯时，要多占用900mm路面，所以拐弯处设计不能用同心圆，一定要用同心圆的话，则此处路宽要大于4000mm，尤其是转圈坡道的半径应该大于4000mm（图6），否则车就有可能被刮伤，我们所做的大量调查也说明了这一点。

7. 弯道里侧最小半径多少合适

　　对于小型车，规范希望是R6000mm，但这里的最小半径是内径还是外径？很多设计人告诉我是内径，但资料证明是外径，汽车的说明书上也清楚地说是车的自转外包直径，即没有超过D12000mm直径的。我们坐车的时候，在路上调头，三条车线的宽度能勉强转过来，当然有时车头会探出路边石一点。我们都知道道路的一条车线是3500mm，三条车线是10500mm，比D12000mm直径小，与图3表上尺寸接近，从理论和实践都能证明，不用怀疑。如果用外径R6000mm，扣除假设的车宽1800mm，再扣除车边至少留出的500mm宽，那么内侧的最小半径是R3700mm。所以我们经常用R4000mm整数作为坡道的内径是不会有问题的。有一次与美国的交通专家交流时，他认为条件不具备时，内径R2700mm也是可以的。为此，我也作了一个图（图7），证明R2700mm是可行的，当然是在尺寸十分紧张的小车库，实在没有办法的情况下，才考虑R2700mm。如果采用R2700mm半径，开车时不会紧贴里圈的墙，至少要留 500 的宽度，否则无法开车。车宽是 1800mm，超过 1800mm 的车很少，以 1900mm 宽设想是合理的，但车在转圈时，实际轨迹宽度要加 900mm。这样，2700+500+1900+900=6000mm，正好是规定的最小外半径。分析证明这些数字很有意思。当我们了解了最小尺寸，遇到特殊情况就好办了。

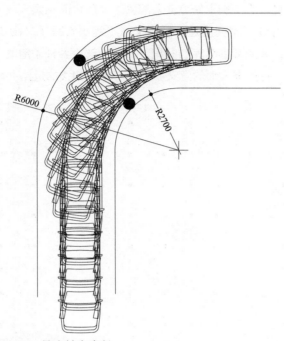

图 7　最小转弯半径

8. 坡道的数量

消防规范规定，少于 100 个车位可以做 1 个双坡道，100 辆以上是 2 个，500 辆以上是 3 个。但这是消防的要求，还有一个使用的要求，规范没有提到。

有一次，我在首都机场收费站遇到堵车，发现每通过 1 辆车需要 20 秒钟，1 分钟过 3 辆，1 小时过 180 辆，随着车辆的增加，车库也越来越大，目前所见最大的车库可容纳 4000 辆，按两对出入口计算，4000 辆车的出入需要 1 小时左右，这样的车库还能用吗？

一位香港的交通专家说，如采用刷卡收费的方式，每 12 秒过 1 辆，香港很多地方已经在刷卡了，1 小时最多可过 300 辆。以此为依据，如果 1 小时内不能从车库中出来或进去，我们还有耐心继续等下去吗？所以，坡道数量的底线是每 300 辆左右设置一对坡道。

这是全部车辆进出的机械算法，但实际上不会 100% 的车辆都在高峰时进出，如果考虑高峰时只有 80% 的车辆通过的话，也可以考虑每 360 辆设置一对坡道。

9. 坡道排不开怎么办

这也是高容积率用地常出现的实际情况。在地面安排那么多的坡道显然是困难的，后来我想到首都机场的公路是 3 条车线，而收费站是 8 个口，大致上是 1∶3，由此认为收费站的出入口可以少做，到地下时将收费或刷卡处放宽来解决这个瓶口的难题，这从理论上是可行的。我曾就此想法与一位美国交通专家交流过，后来又在工程上实践了（图 8）。这样做，既可以解决紧张的首层地面面积，又能节省车库的面积，不失为解决各种矛盾的一个办法。实际上，如果进出口的口部多的话，也没有太大的意义，因为与出口相接的道路并没有那么多线。

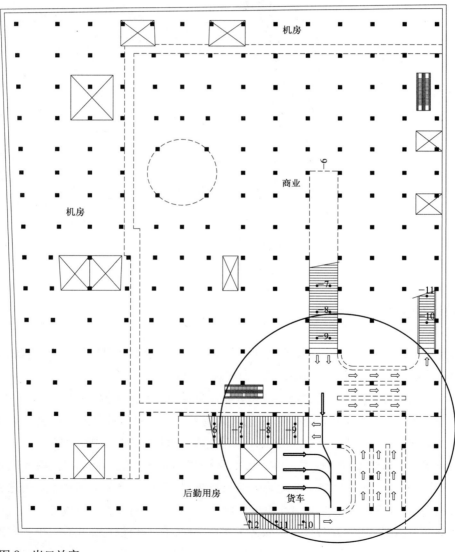

图 8　出口放宽

10. 过手续站后的坡道

过了手续站后，车速就加大了，且越往地下走车越少，坡道也可以相应减少，以办手续的两倍速度推算，900 辆车一对坡道就应该够了。当然，如果手续后还有 1000 辆以上的车的话，坡道应该多加。这就是我为什么不赞成转圈坡道，一般采用单车坡道的原因。1 条单坡道占地不到 200m²，与 600m² 相比，至少要节省 2/3 以上的面积，这些面积是没有必要浪费的。

11. 垂直交通

地下车库最大的防火分区可达到 4000m²，1 个防火分区要 2 个疏散楼梯，一般高层建筑核心筒里的楼梯已经足够了，但高层建筑下一般还有商业裙房，而商业裙房的楼梯特别多，由于电脑制图方便，我发现几乎所有的设计都将楼梯下到车库去，无形中占了很多面积，造成浪费。实际上，地下车库内任何一个工作点到楼梯的允许距离为 60m，所以裙房的楼梯全部下到车库是没有必要的。

电梯也是如此：高层建筑的消防电梯主要是高层部分需要，与地下室无关；客梯方面由于人数减少，数量也应减少。凡是非抗震墙的楼电梯，尽量别下到车库里，以使车库通畅，节省面积，多出车位。

12. 裙房的结构也对车库有影响

高层的结构柱一般比较规矩，但裙房就不一定了，有时是弧形，有时偏离标准柱网，因此不能简单根据上面的需要落到地下车库。如果车位够用，问题不大；若车位不够，则可以将上面的柱子在地下一层转化，用梁托，使车库的柱网规矩，从而增加车位。因为转化柱子的投入要少于增加车位的收入。在北京，一个车位要 20 万人民币，用梁来托一根柱子则不需要这么多。

13. 有影响的楼梯也能转化

车位规矩排放时，停车数最多。但有时裙房的楼梯下来后会挡住通道，使车位减少，行车不畅，规范又要求楼梯最好是在同一位置，怎么办呢？我们可以在不出消烟前室的楼梯间里转化（图 9），将其转化到车库的车位群里，使行车通畅，车位也自然地增多了。

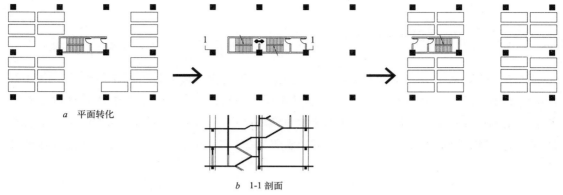

a　平面转化

b　1-1 剖面

图9　楼梯转换

14. 合理利用车库的防火分区

车库的防火分区最大可达到 4000m^2（一般都加喷淋），在初步设计时，如果建筑师让各专业根据自己的理想安排机房，车库就乱了。因为除车库外，其他防火分区都是 1000m^2（一般加喷淋），因此需要大量的楼梯，这些楼梯会占用很多地方，造成地下车库利用率低下。这就是为什么有的车库设计占地 40m^2/ 辆，有的竟多达 70m^2/ 辆的问题所在。解决的办法是将所有与车库无关的机房统统放在车库层上面，清一色的车库排车最多，面积也最省。

最使人想不开的可能是消防水池，因为一般人认为荷载大，应该放到基础上，所以 90% 以上的设计都是这么做的。从局部看来这是合理的，但如果放在车库层上面可以多出很多车位，那就应该想一想了。为此，用梁托和柱子加筋来对比投资与回收的关系，总账是合算的。

这么做还带来意想不到的效果。除节省建筑面积外，还对工期有很大好处，因为最底下的一层或两层没有复杂的机房后，几乎可以马上开工。结构计算也不复杂，地下室没有抗震的要求，上面层数一定下来，很快就可以算出底板的厚度。但如果机房放在底下问题就来了，因为设计单位必须将上面的内容弄清楚，并将所有机房全部设计好才敢出图，没有设计图也就无法提前施工了。

此外，在设计阶段，关于机电设备的订货还没有提到议事日程上来，结果，没有设计无法定货，不定货又无法设计，从而造成"先有鸡还是先有蛋"的恶性循环。所以，根据上述情况，如果在设计中将机房从车库统统搬走，在开工挖槽、打基础到车库施工期间，有足够时间完成设计和考虑设备订货。最终多了车位，省了投资，设计方面也有时间好好琢磨，一举多得。有些设备很大，机房加高一点不够，有时甚至要做两层高，若放在车库里，既浪费空间和资金，管线出入也不方便。因此，机房搬走，皆大欢喜。这与大多数传统的布局不同，收效也不同。以下是两个成功的实例：一个 10 万平方米的工程，采用上述方法，两位年轻建筑师只用了不到两个月就完成了施工图报批；同一组人，做另一个工程只用了一个月，可见这个思路是有效的。

15. 其他增加车位的办法

有的车库靠墙的最后一排，还可以增加前后车位（我称为子母车位），满足一家两个车位及公司有两辆以上的车的要求（图10），这样就把可用的空间全部利用了。少量宽度达不到或长度达不到的偏小车位，可供略小一点的车使用。

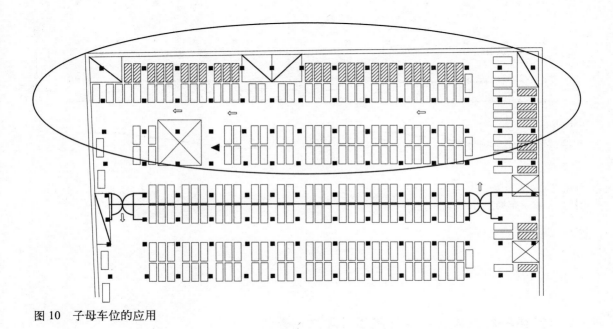

图10　子母车位的应用

16. 单行线

车库设计成单行线对行车有利，对增加车位也有利，如果都是双行线，车道通常需要一个柱网的宽度，但单行线只需要一个车宽加1000mm（两边各500mm）即2800mm就够了，如考虑到小货车、面包车，最多达3500mm宽，只要注意转弯时的设计就行，这样至少在一个开间里会多出2个车位。

在车库的平面图中，当你看到一对上下坡道剖面布置呈"剪刀式"，坡道的布置肯定是不合理的（图11），因为无法安排有序的车库内交通，解决的办法只能是双行线，不经济。

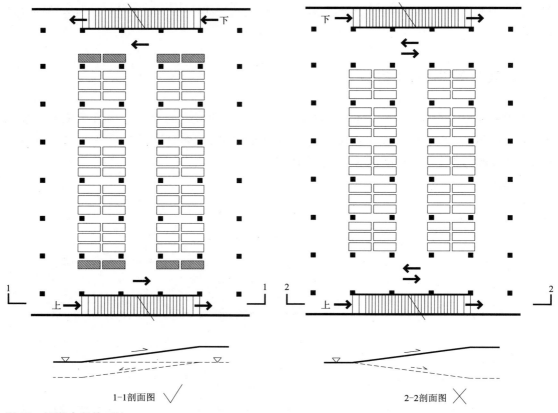

1-1剖面图 ∨

2-2剖面图 ✕

图 11　坡道布局的对比

17. 单行线是根本，在外圈设计主车道最好

大型车库的设计，主车道最好做单行线，这样不至于行车混乱，主车道最好走外圈，坡道也在外圈上（图 12）。

很多人在做完地上建筑后，才发现没有可能做成外圈的环形车道。其实这在北京很容易实现，因为北京的建设要退红线，一般最少 5m，正好是单行线的宽度，只是很多人认为退红线部分不能用，而不敢去用的缘故。此外，还有一种说法，认为这样处理使外线不好走，其实，在没有执行退红线政策以前，我们从来都是压着红线建房的。例如，我们设计的北京西单中国银行总部大厦就是压着红线建的，所有管线都做通了，顺着外圈留一个管线走廊，问题就都解决了。所谓红线内的外线，就是建筑物的"内线"。

有了这些办法，就不难做外圈单行线的主通道了。

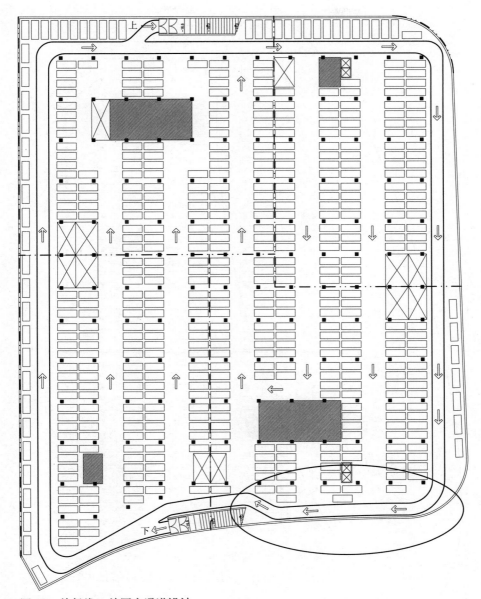

图 12　单行线＋外圈主通道设计

18. 有斜向结构时优先保证外圈主路

遇到地形不规则，有斜向边界的时候，如果结构布局先排列标准柱网，排到外圈斜墙时，外圈主车道就别别扭扭的。如果用另一个办法设计柱网，即使外墙内的最后一排柱子平行于外墙，就可以保证外圈主路的通畅（图13）。

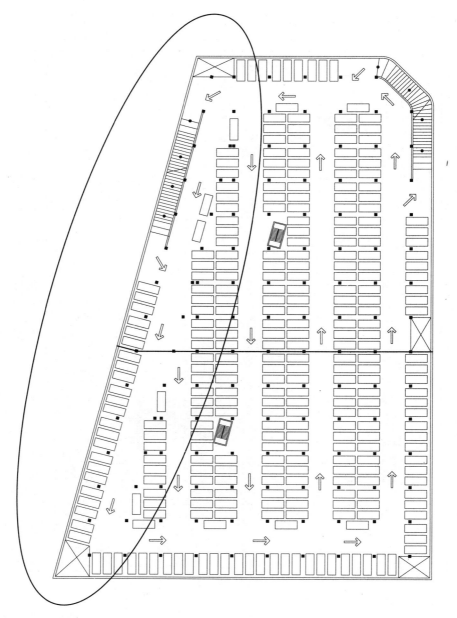

图 13　斜向柱网应用

19. 无梁楼盖的运用

如果车库没有了其他内容，就可以用无梁楼盖。一般采用 9m 以下柱网、3m 层高就能做下来。其实 3m 的层高可以获得 2.2m 的净高，很多人还担心 2.2m 紧张，其实，美国、我国香港都在车库口上标着"6 英尺 8 英寸"，即 2m 净高。因多数车高不超过 1.5m，所以即使个别管线下来一点，也一定不会碰到车顶。只要不碰头，就不会碰到车。

20. 机械车位不可取

机械车位是挺有诱惑力的，表面看会省面积，其实，有些车库设计了机械车位后，业主叫苦连天。因为机械车位并不像想象中的那么便利：

（1）层高要高：机械车位所需层高基本上是普通车库的一倍半，如果真的能多放一倍的车，那当然好，可实际上是常常多不出一倍，由于种种原因甚至连半倍都不够。

（2）防火分区的问题：对这样的车库，消防局不同意按4000m^2划分，而应为2600m^2。

（3）出车慢：至少要等机械转一圈。

（4）出了事故纠纷多：因为进出车只能在2400mm的铁架子范围内，很容易刮伤车表面，而非机械车位是车宽1800mm加两边的车间距600mm×2，共计3000mm左右的宽度，当然要好多了。

（5）不仅要增加机械设备的投入，还要增加电容量、增加变压器、增加变配电房，既要面积又要银子。

（6）要设专门的维修工：一天24小时都必须有维修工值班，所以维修工休息房是不可缺少的。

在谈到机械车库投资的时候，机械供应商的说法经常使业主误会。例如：商家说1个车位是3~5万，听起来很便宜，其实呢？原来停3个车位的地方上方加2个车位，成5个车位，意味着在机械设备上每投入15~25万，才可增加2个车位，即增加1个车位，最少要投入7.5万。

我还看过一种大循环的机械车库，调出1辆车要等2分钟，如果遇到急事或天气不好，会怎样呢？

另外，在日本能看到这样的机械车库，而在美国却看不见，为什么美国不发展呢？说明这类东西是没办法的办法。如果我们设计得精细一点、经济一点，就没有必要用机械车位。

用机械车位的设计，绝大多数在方案时并没有这样做，而是到初步设计时不得已才改用机械车位的。究其原因，就是在方案阶段考虑机房不够造成的，尤其是境外设计单位更是如此，当设计方案被批准，面积固定下来后，不得已只能改为机械车位，才可以解决面积不够的问题，但建筑物的体量增加了，总投资也增加了。在同等体积的情况下，用一层楼板的钱来对比满屋子的机械，不算都知道肯定能省钱。

21. 要不要排水沟

很多设计单位在设计车库时设计了一大堆排水沟，又标注了一批2%或1%的箭头，最近也有0.5%的，理由是规范要求。我审图时发现，有时候一个箭头能造成500mm的高差。在防火卷帘处，即使6m宽也得有120mm的高差，卷帘肯定下不来，遇火灾反而更危险。

打个比方，长江 5000 多公里长，高差 5000 多米，只有平均不到 1/1000 的坡度，为什么车库就非要做 2% 的坡度呢？水平水平，有水必平，有高差水必往低处流，只要做了集水井，有水还会下不去吗？即使做了坡度，火灾时水沟的水进到集水井，而所有集水井加起来也不到一个 500m³ 的消防水池的容量，水还是下不去。所以，如果能不做，就可以省下该省的钱。

22. 柱子与开车门的关系

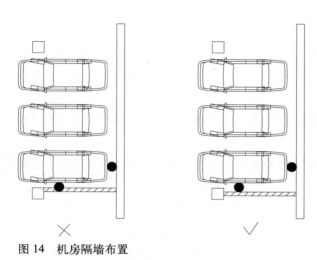

图 14　机房隔墙布置

在标准柱网里，车头车尾都超出柱子，这样出车方便，但往往靠墙的柱子设计时一不注意就可能导致开车不便。还有一些设计，在靠墙边设计车位时考虑不周，车位是摆下了，但车门打不开。这方面，规范明确规定为 0.5m，这只是最小尺寸要求。设计时稍加注意就能解决，如小机房的墙只要设在柱中就解决了（图 14）。

23. 防火分区与防烟分区

车库防火分区是 4000m²，防烟分区是 2000m²，遇到 6000m² 或 10000m² 以下时，往往会不由自主地分成 2~3 个防火分区及 4~6 个防烟分区，如果我们能够做到精打细算的话，是可以设计成 3~5 个防烟分区的。一方面可以省一套排烟设备，另一方面又可在排烟机房的位置多放 3 辆车，一举两得。

24. 自然排烟

我们设计地下车库习惯于机械排烟，很少考虑自然排烟，要知道一套机械排烟要占用 3 个车位。在北京首都机场那么大的地下车库里，看不到机械排烟装置，层高也比较低，在它的两头能看到没窗的窗井，窗井也不算宽。所以用窗井来代替机械排烟是有可能的，窗井的造价肯定比机械排烟便宜，而且还节省了机房的建筑面积。我在一个室外的地下车库做过尝试，每个车位不到 30m²，效果很好，非但省了面积，降了层高，减短了坡道，而且白天不用开灯，还多了车位，一举数得。排烟口的面积是车库地面面积的 2%，是很容易解决的。

25. 横放车、斜放车

遇到宽度不够的时候，横放车、斜放车位也是一个办法，只要保证距后墙0.5m，车与车的间距0.6m就够了，出车的前面宽度，根据角度，不会超过5.5m的，最窄时不过3.5m。所以不要放弃任何可能放车的地方（图15）。

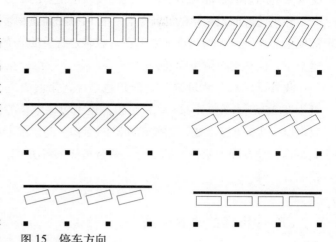

图 15　停车方向

26. 重叠坡道

在特殊规划条件时，重叠坡道也是可行的（图16），重叠坡道是城市只规定一条路作为出入口、用地小、业主又不希望占首层宝贵的面积而不得已为之的，但进入地下后想办法让一条车道入口方向尽早掉头，也能弥补坡道出现"剪刀式"的矛盾。

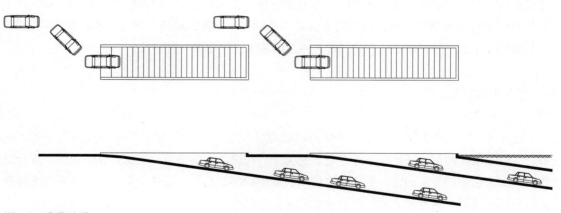

图 16　重叠坡道

27. 货车下到地下室有没有必要

由于房地产的地面价值太高了，所以底层设卸货区好像不合理，我遇到几个外方知名设计单位为了让货车下地下室，花了几千平方米才在地下安排了卸货区。为了大货车进入地下室，坡道必须加宽 1m，高度必须加到 4m，坡道还需做到 1：10 以下缓一点的坡道，转弯半径也得加大到 12m 以上，使地下的标准柱网被打乱，不得不用特殊结构来平衡大量的一般结构。结果货物的装卸费没省多少，为此却投入了更多的工作。

如果在地面设简单的卸货平台，再用电梯将货物运至地下，同样可以解决货运。由于货运都发生在晚上，占用一点地面面积，总账是合算的。有些货物也可用中小型货车在客车的坡道里上下，同样可以解决问题。

此外，一对货物坡道占地面积也不少，用坡道宽 5m、高 4m、坡度 1：10 来计算的话，至少要 45m 长，占用 225m² 的面积，还不包括结构的面积，两个坡道就是 450m²。即使改为双坡道，也得要 8m 宽，需要 360m² 的面积，与之配套的转弯半径的面积也不可小视，还要影响结构。如在地上用一个卸货台、两台货梯来解决问题，地下只留一点转运面积，几千平方米就能省下来。

28. 综合楼的垂直交通

从车库到综合楼，用各自的垂直交通，用起来是方便，但却与安全发生矛盾。解决的方法很多，有使用密码卡出入车库的，有在中间转换的，也有干脆将车库梯通到室外再进入大厅的，各有各的招儿，不管哪招儿都有利有弊。就说密码卡吧，车库是不用设保安了，但是前面有人用密码开了门，后面的人就有理由不用密码卡跟着进来，这就是密码卡的漏洞。从安全角度看，可能先从车库转向室外再进入各自门厅可能更好些，虽不够方便，但保证了安全，北京的燕莎建筑群就是这么设计的。京广中心则是将车库梯设在一栋旅馆楼及一栋写字楼之间的通道里，从车库上来，经过保安，进入各自门厅，也是解决安全问题的一种办法。

29. 小结

设计车库，想节约的话（我认为任何时候都没有理由浪费），就要用毛主席的哲学观点来解决各种矛盾，即诸多矛盾同时存在时，次要矛盾让位于主要矛盾，也就是算小账还是算大账的问题。对房地产开发而言，算账是一切问题最终解决的基础。设计也是如此，既要考虑投资人的利益，又要考虑使用者的利益，也要考虑社会利益。

文 / 寿震华
原载于《建筑知识》2006 年 6 期 / 2007 年 1 期
2011 年更新

如何使车库设计经济一些（二）

最近几年又有了车库设计的一些新体会：

1. 超大型车库的主通道处理

最近我遇到一些超大型车库，北京东直门交通枢纽 4000 辆，郑州金成时代广场 7200 辆。这么大的车库，设计难度可想而知，因此，当我看到原设计图时，感觉是一团乱麻，虽所有通道都能到达任何一个车位，但想从车位到达目标坡道时，就不知道怎么走了，就像北京建外 SOHO 一样，找不到出口坡道，即使找到了，上来以后也不知道在什么地方。

仔细分析，有两个原因：一个是车库与机房掺和在一起，造成很多车道走不通；另一个是在地上合理的大量楼梯及垂直管道，一到地下就是障碍。

业主让我想办法，我想到了当年在法国参观酒窖时得到的启发。那个地下酒窖的通道总长达到 18km，人们为了找到藏酒的位置，创造了一个办法：像鱼骨式的通道，有主路有支路，每条路都有路名，有称巴黎路、伦敦路、纽约路的，等等，导游还说应该设一条北京路。所以地下如果像地上一样有路名，肯定是一个办法。于是我在郑州的项目里提出用道路系统来分隔各车库街区，使地下的通路系统与地上重合，地上是什么路名地下也用什么路名，这样一个很大的地下车库就与地上街区同样分成 20 个街区，在地下也很清楚在什么位置，行车就不迷糊了。

例如：北面是北大路，内部向南分别是北一路、北二路、北三路；南面是南大路，内部向北分别是南一路、南二路、南三路；西面是西大路，内部向东是西一路；东面是东大路，内部向西是东一路。地下车库也同样设这些道路，路名与地上完全一样。

这样做，车位可能少一点，但这样的规划有利于分期建设，也有利于结构与地上道路的对位。这个建议得到业主的赞扬，现在已经开始实践了（图1）。

2. 利用小区间的空间及地下四周空间

有一个项目在南昌，业主想利用地上做一部分车位以节省投资，但又不想影响小区的质量。当地对高层退红线的要求很多，要求至少退红线 10m。我看了规划图之后，只建议取消靠相近

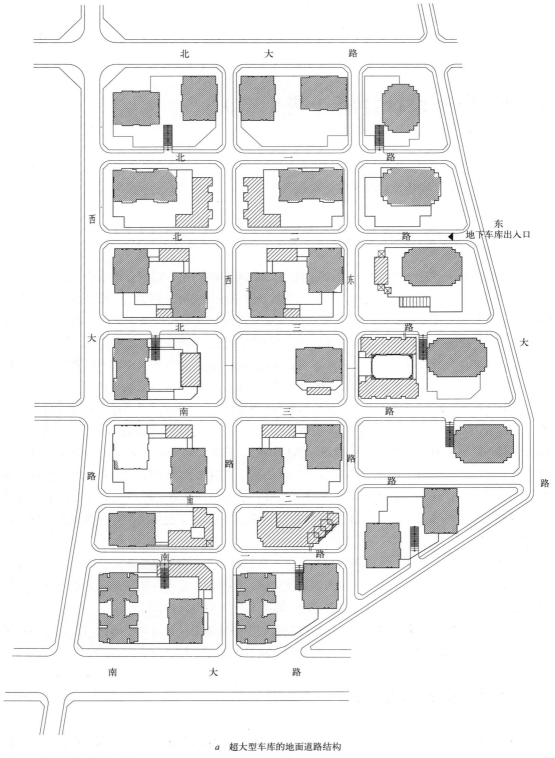

北　大　路

西

北

路

东

地下车库出入口

北　一　路

大

西北路

西　二　路

东　三　路

大

南　三　路

南

路

南　二　路

南

路

南　大　路

a　超大型车库的地面道路结构

图 1　超大型车库的网路结构

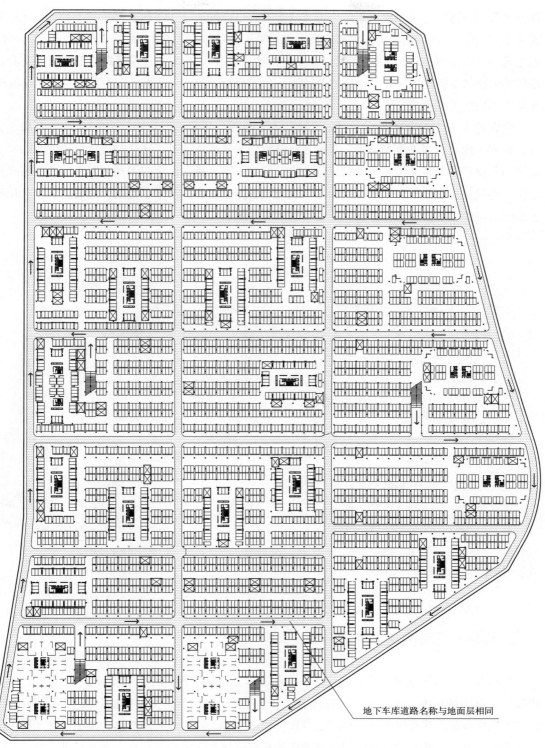

地下车库道路名称与地面层相同

b 超大型车库的地下主通道设计

图 1 超大型车库的网路结构（续）

邻街区的消防通道，利用建筑长边作消防登高面，也能解决消防问题，退红线 11m，只比规划要求多了 1m。这样，建筑物与相邻的街区之间留了围墙后，可挨着围墙停一排车，用了 5.3m，加之通道 5.5m，正好是 11m。在两排住宅之间也安排了一排车，形成双面停车。利用南北道路作为地面的车辆出入口，与小区的人流出入口不合用，使小区达到人车分流，提高了小区的质量，达到业主的要求。

地面解决了约 23% 的停车数量，节省了不少投资，不影响绿化率，另外的 77% 利用小区退红线的四周及底商下面来解决，只是在建筑物之间做联络通道，这样的设计，使地面的实土绿化面积特别多，容易做高质量的绿化环境。而地下车库排在小区的四周，因为地面没有绿化需要，还能使这部分车库不用开挖太深，也能节省不少投资。至于下到地下的坡道，就利用地上车位的位置，车库管理也方便，业主特别满意（图 2）。

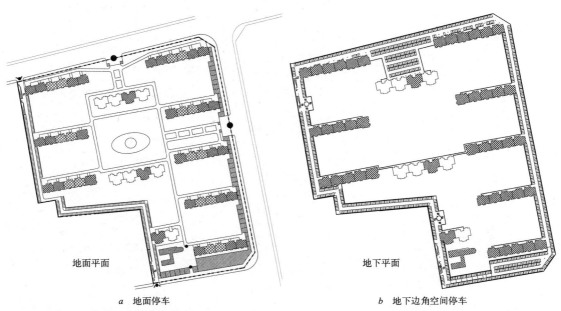

地面平面　　　　　　　　　　　　　　　　地下平面

a　地面停车　　　　　　　　　　　　　　*b*　地下边角空间停车

图 2　利用地面及地下边角空间停车

3. 鱼骨式通道的尽端利用

在最近的一个工程里，我又悟得了一个新的体会。该工程设计已经完成，但车位不太够，想做一部分机械车库，或多做一部分地下二层车库。如果向下再多挖一层，感觉有点划不来，他们让我想办法。我看了设计，感到已经设计得很紧凑，四周又有环形路，几乎不可能再多出一个车位。可是，我发现自己每天在车库里的行车路线是固定的：从这个坡道里进，到自己的车位，然后通过电梯到家；出行时，下电梯，到车位，上车后从另一个坡道出地面。多少年来，

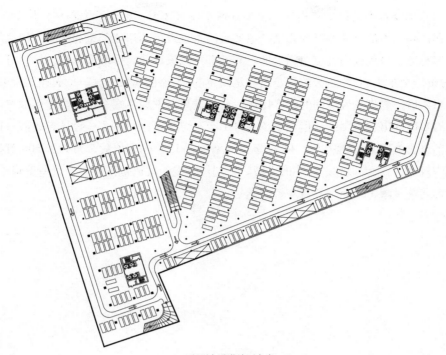

a 环形主通道地下车库

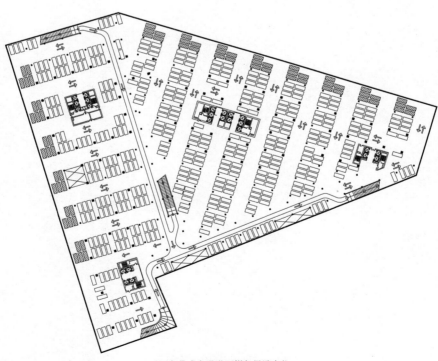

b 鱼骨式主通道可增加尽端车位

图 3 鱼骨式主通道 + 尽端车位设计

日复一日，几乎没有走过第二条路线，也不知道车库有多大，根本不关心别人是怎么行车的。为此我想到，如果不是公共停车库的话，每家买的车位或租的车位都是固定的，所以没有必要一定做环形车道。只要进出坡道之间接通，其他都可以设计成为尽端式车位。尽管可设计两对坡道，但对每一个车主而言，每天的行车路线是固定的，不会因为找不到车位而在车库里来回找。有了这个想法后，只将各坡道间的路线接通，其他就可以做成尽端车位。当然尽端车位设计会导致最后的车位进出有点困难，但只要少安排 1 个车位就可以解决了。设计完成后一计算，在原 411 个车位的基础上，竟然多了 68 个车位，增加近 17% 的车位数，节约了 500 万投资，增加了 1360 万收入，大大地超过业主的希望。柱网没有变，坡道也没有变，只是重画了一张图，就解决了大问题（图 3），还取得了一个新经验。

文 / 寿震华

高层写字楼的设计要点

　　高层写字楼的一些设计要点，在《轻松设计》这篇论文（编者注：本书已收录）中谈到过，事隔三年后，我觉得有些内容谈得不够深入，在最近担任一些新高层写字楼以及超高层写字楼设计顾问的过程中发现，无论境内还是境外设计单位，除在外形设计上花样翻新外，对建筑内部的问题了解还不够充分。大家认为比较简单的写字楼，在设计方案通过后，接下来的设计工作还是困难多多，不断修改，迟迟出不了图。业主着急，设计人也无奈。究其原因，是因为没有比较深入地研究那些看似不重要的内容所造成的。现将这些不被重视的内容补充在这里。

　　写字楼过去叫办公楼，高层写字楼已不是过去的一条过道两排房，加上楼梯、厕所就完成的设计。现代写字楼在各大城市里，已发展到了 100m 的高层建筑，甚至达到 150~250m、500~600m 的超高层建筑。高层写字楼中有关消防的内容，消防规范里规定得比较详细，如防烟楼梯、消防电梯、防烟前室、正压送风、避难层等，在设计方面好像并不困难。但另外一些内容，如客梯的数量、货梯的数量、卫生间、清洁间、咖啡备餐间、新风机房、强弱电用房、排烟、管道、过道排烟等（图1），这些过去不属于建筑专业的内容就不太清楚了，以致往往在方案定了之后，一改再改，业主着急，自己也着急，但设计者还认为都是其他专业的事，应当由业主另请顾问，让业主哭笑不得。其实，我们稍加研究，这些问题是有可能弄清楚的，至少也弄个八九不离

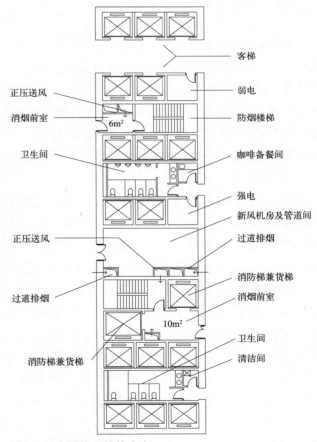

图1　写字楼核心筒的内容

客梯

弱电

防烟楼梯

咖啡备餐间

强电

新风机房及管道间

过道排烟

消防梯兼货梯

消烟前室

卫生间

清洁间

正压送风

消烟前室

卫生间

正压送风

过道排烟

消防梯兼货梯

6m²

10m²

十，这样才不会被动。此外，还有大堂、地下餐厅、地下车库、屋顶冷却塔等也是高层写字楼要考虑的一些问题。

1. 写字楼的核心筒

写字楼的使用面积大致是 70%，这是大家知道的。但要做到 70% 也不是那么容易，尤其是超高层，电梯占用面积比较多，所以，我们要把 30%（包括走道）的核心筒设计好，才能保证 70% 的使用面积。

核心筒里有什么？规范里很明确地说明了必要的疏散楼梯及消防电梯：两个防烟楼梯，其前室面积是 $6m^2$，每 $1500m^2$ 要一个消防电梯，前室也是 $6m^2$，当两种前室合并时，其合用前室面积是 $10m^2$。这些大家都知道。但最近几年，凡每层超过 $2000m^2$ 两个防火分区的，每个防火分区各要两个消防楼梯。至于其他内容，书上就找不到了，在审查图纸时也没有根据，尤其是客梯。

2. 写字楼的客梯数量

说到客梯，其数量是根据人数、高峰等候时间来决定的。但人数的根据又是什么？一时查不到根据，而电梯商可以提供你很多假设：有人均 $10m^2$、$11m^2$、$12m^2$ 使用面积的不同选择；高峰等候时间有 30~35s、40s、50s、60s 的不同选择；电梯载重从 1000~1600kg 之间又有很多种，再加上电梯速度的变化等，看起来电梯的确定非常复杂。所以，电梯商不得不依靠"电脑计算"来进行优选，给人一种深不可测的感觉，把设计人员吓着了，再也不敢去研究电梯，更不要说弄懂了。我遇到的绝大多数境内外很有名的建筑师都声称需另请电梯专家来咨询，看来大家真的都被电梯商给唬住了。

其实人数的确定非常简单。假设这一层的建筑面积是 $700m^2$，按 70% 的使用率算，使用面积为 $490m^2$，若按人均 $10m^2$ 使用面积计算，这一层有 49 人。我们设计室一层的建筑面积是 700 多平方米，有 40 多人，大体是 $15m^2$ 建筑面积 / 人，与上述计算差不多。北京市曾在报纸上公布过一个公务员的办公面积标准是 $16.5m^2$ 建筑面积。电梯商实际上是将建筑面积换算成了使用面积。写字楼的使用系数通常在 67%~73% 之间，于是就出现了电梯商的 $10m^2$、$11m^2$、$12m^2$ 多种选择。所以，对写字楼而言，70% 的使用率基本是个定数。因为我们设计的建筑物还没有建成，即使使用以后，一栋高层建筑至少也要用 50 年，这 50 年里会发生许多变化。这本来就是一种统计数字，不是通过精确计算得出的，所以，不要迷信电梯商。就这个问题，我专门问过境外的机电顾问公司：你的使用面积哪里来的？他说是根据方案图。当时我们的设计还在方案阶段，于是又问：我们方案不断修改，你是用什么办法及时跟进的？他答不上来。实际上，即使没有方案图，有总面积和层数，就可以根据 70% 的系数来确定。可见，关于电梯，最了解情况、最有资格发表意见的人应该是设计人员自己。

我退休前在建研院工作，办公楼为 15000m²，2 台 1000kg（1t）客梯，合 1t/7500m²，上下班特别紧张。办公楼有 21 层，越是紧张越是站站停，后来改成单双号停，好了一点，但还是不能满足需要。于是，想办法给使用了十多年的大楼加电梯，现已加了 1 台 1.35t 的电梯，勉强够用了。由此说明，电梯的合理数量应该是：1 台 1t 电梯的服务面积不大于 5000m²。

20 多年前，我从当时先进国家的书本、杂志、图纸中，统计出了很多建筑数据，关于电梯，粗略统计的平均数字是 1 台 /5000m²，由于不清楚书本、杂志上图纸的比例，不知每台的载重是多少。但客梯大多在 1~1.6t 之间，而高层写字楼的柱网也大多是 8~9m 之间，根据柱网可估算出总面积验算的话，是 1~1.6t/5000m² 之间。采用"5000m²"及"1t"这两个数字是为了便于记忆。实际可用 1~1.6t 来调节，即 1t/3125m²~1.6t/5000m²（5000/3125=1.6），这是非常宏观的数据，但已很清楚地说明，写字楼的电梯选择就在这几个简单的数据之中，毫无神秘可言。

由此得出这样的经验：一般写字楼 1 台 1t/5000m² 客梯，高级写字楼 1 台 1t/4000m² 客梯，超级写字楼 1 台 1t/3000m² 客梯。

经过 20 多年的工程实践证明，这个经验结果与电梯商用电脑计算出来的数字基本吻合。而电梯商的数据往往略为偏大，也是可以理解的，因为他们要推销商品么！降一点下来，他们认为也没有问题。因为电梯计算不只是重量这一个参数，还可以用速度来调节，而我们的设计中，载重是电梯最重要的数据，有了载重就可以有电梯井道的具体尺寸，就可以往下做设计了。

此外，我还推论出公寓的客梯在 1t/10000~6000m² 之间，也有普通、高级及豪华之分。

旅馆客梯的数量是 1~1.6t/100 间客房，也正是三星、四星及五星之间的区别。

商住楼虽是居住建筑，但作为小公司办公者居多，所以用写字楼的下限 1t/5000m² 为好。这方面，很多设计人员用了居住的概念，造成乘梯的大量等候，这是设计中常见的错误。

大量的实践证明这些数据是可行的，另一种思路可以旁证，如超级写字楼 1 台 1t/3000m² 客梯，按 15m²/ 人，相当于 200 人用 1t 客梯，1t 客梯可载 14 人，即高峰时 200 人要载 14 次，若乘以非满住系数，再去掉非高峰人数，打两个八折，高峰时运载 9 次就行了，再加上速度的调整、上下分区以及群控的调节，就会得出高峰等候的时间。当然，高级写字楼及一般写字楼，由于电梯的吨位和数量相对少，其等候时间会长一点。

最近，我得到了国贸三期 330m 的超高层、财富中心三期以及中国银行总部大楼这几个已建成的超高级写字楼的电梯资料，也基本是 1 台 1t/3000m² 左右。

3. 高层写字楼电梯的服务面积

由于下面经常有商业裙房，所以在计算写字楼电梯面积的时候，要将裙房的面积扣掉，首层不用电梯的面积也扣掉。如一栋 40000m² 写字楼，首层加裙房商业 10000m² 的话，我们算电梯时，就依 30000m² 来计算，一般写字楼用 6 台 1t 的客梯或 4 台 1.6t 的客梯是合适的。高级及超高级就按上述的推论计算。

4. 客梯厅的理想布置

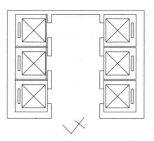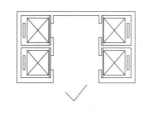

图 2　群控电梯不宜多于四台

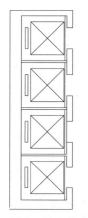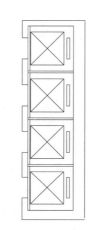

图 3　过宽的电梯厅

左下：电梯门洞用抗震墙看不到
第 3 个电梯门；
右下：电梯门洞用填充墙可以看
到第 3 个电梯门；
右上：电梯门洞用填充墙，上空
可以得到大空间

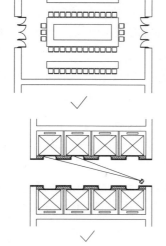

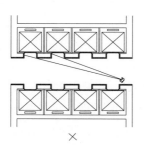

图 4　电梯门洞的墙

客梯的安排，最好是一对一对的，如果遇到检修，不至于没有电梯用。当然一对以上，如三台为一组也可以，但横向最好不要超过三台，超过后会看不见信号，而在电梯厅里挤来挤去也不是办法。如果面积偏大，也可以用 1t 以上的电梯来调节，如 1.15t、1.35t、1.6t 等。

电梯群控能充分发挥电梯的效能。我的经验是群控不要超过四台，而四台以两两面对为好，横向排四台很不理想。因为群控多了就会产生一个毛病，即有时这台电梯刚进完人，门刚关上，外面有人叫梯，它的门又会自动打开，相信很多人都遇到过这种情况。这就是群控台数太多造成的问题，所以群控的电梯数不宜过多（图 2）。

一个失败的、过宽的电梯厅实例就是北京饭店（虽不是写字楼，但可借鉴）（图3），电梯厅 8m 宽，由于八台群控，对面穿梭，再加上地毯产生的静电，常常在按钮时遇到静电，非常恐怖。

另外有一种常常出现的问题是，由于很多城市地处地震区，将核心筒的墙作为抗震墙是理所当然的。但建筑师们很容易将电梯门的短墙也设计成抗震墙，而抗震墙一般比较厚，当三台或四台成排的时候，客人往往看不见后面两台电梯门开了没有，等到发现有人进去而赶过去的时候，门已关上了，非常恼火。其实只要不将该墙设计成厚的抗震墙，而设计成后砌的填充墙即可。填充墙就薄得多，那样就看得见了（图 4）。

那么墙薄了，对抗震是否不利呢？其

实不然，因为该墙的洞口很多，对抗震起不了很大作用。如果这道墙减薄 0.2m，而将电梯背后的墙加厚 0.1m，其抗震的作用反而更好。再者，这道墙改成填充墙后，还有一个好处。由于低区电梯的上空少一堵抗震墙，上面就可以变成一个大房间，可作为会议室或数据库（图 4），增加有效使用面积，一举数得。一个小小的改变，就可以将被动变成主动，何乐而不为呢？

再说，在设计阶段，希望业主早早订货几乎没有可能，在抗震墙上留出电梯的信号箱洞口就更困难了。如果我们将电梯口做成 2500mm 以上的大门洞，将来任何时候安装都没有困难。

5. 客梯的上下分区

为了提高客梯的使用效率，可以对高层或超高层进行上下分区，分区以 50m 高为一个区为宜。因为 50m 大约是 10~12 站，以 1000~1500m² 来算，大约 12000~18000m²，正好是 2~3 台电梯一组，即使达到 20000m² 左右，也多不过四台，而结合避难层设置，又方便了电梯机房的安排，比较理想。

关于电梯速度，第一个 50m 可用最慢的常规速度，过去是 1.5m/s，现在有 1.75m/s，两种电梯的价格差不多，所以近来都用 1.75m/s 的产品。每隔 50m 升一级，每升一级可加 1m 速度，即 50~100m 段的梯速用 2.5m/s，100~150m 段用 3.5m/s，150~200m 段用 4.5m/s，200~250m 高用 5.5m/s……以此类推。

为什么我敢大胆地用这个宏观数字而不用计算呢？因为 50 年以前，美国的电梯最高速度是 6m/s，而当初的建筑高度没有超过 300m 的。20 年前我在深圳设计的 218m 高的建筑，就用自己的经验数字，电梯商是认可的。按每秒计算速度在平时很少有对比物，不容易分析，但用每分钟就清楚了，6m/s 相当于 360m/min，300m 高的建筑不到 1 分钟就到最高层，速度已很快了。

当然，现在科技更进步了，我在十年前看到三菱在日本横滨的一栋 300m 高的建筑上用了 12m/s 的电梯，直达最高层只用了 20s，所以在高级或超高级的大楼可以利用这种新技术，电梯速度都提高一级。即每隔 50m，速度提高 1.5m，电梯的运行效率肯定会提高。现在北京已建成的国贸三期 330m 的最高建筑用了 8m/s，相当于 480m/min，电梯速度相当快。

6. 客梯的门宽

高档一点的写字楼最好不用 1t 的电梯，因为 1t 电梯的门偏小，只有 1m 宽，1.15t 的电梯可以做到 1.1m 的门，这样进出就比较方便、舒服。也有 1.6t 电梯门能做到 1.3m 宽的，对特大型建筑，人数较多的建筑，应该考虑电梯门适当加宽，因为门宽可以提高效率。

7. 客梯厅的宽度及直达梯的等候

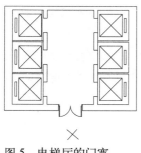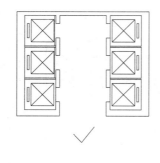

图 5　电梯厅的门宽

电梯厅也不宜太窄，当然也不宜太宽，一般在 2.5~4m 之间比较合适，太宽了要来回走，很不方便，如上面谈到的老北京饭店，厅的宽度有 8m，那边铃响了，要一溜儿小跑过去，否则就正赶上关门。值得注意的是，首层电梯厅口部的宽度要跟电梯厅的宽度一样，不该缩小。如厅宽是 3m 的话，口部也应是 3m（图 5）。因为通过首层的人数是标准层的 10~12 倍，甚至还要多。为什么要提醒这个问题呢？因为很多设计单位居住建筑做得较多，居住建筑中，电梯厅常常就是消防的合用前室，故电梯厅口部要做防火门，但这放在写字楼就不合适。这类问题经常出现，所以特别提醒大家。

对高度在 150m 以下的建筑，上述关于电梯及电梯厅的规律可以运用，但超过 150m，甚至到了 300m 及以上，那就要考虑核心筒的有效利用了。前面说了，超高层的电梯是分段设置和分段运行的，在 150m 以下部分运行的电梯到此就停止了，即这些电梯所占的面积从 150m 开始就可以加以利用了。具体操作时，可以在首层的大堂里安排直通上半段的高速直达电梯，一站到达 150m 的空中转换层，然后再将上半部分分段运行，这样每层面积核心筒在 150m 以上所占的面积就缩小了，可节约出很多面积。

通往最高层的观光层的电梯，应该是直通的。最近媒体报道，阿联酋迪拜最高楼的电梯速度是 10m/s，比日本横滨的最快电梯 12m/s 稍慢一点。这种电梯起速较慢，逐步加速，快到的时候逐步减速，以减少失重感。负担着大楼一半人数的直达空中转换大厅的客梯，要注意其高峰时首层大厅候梯的集中人流，4m 宽的电梯厅会显得十分紧张。因为它不是消防梯，此时可利用大堂的空间（图 6、图 7），以扩大人流的等候空间。此外，这种直达的转换梯到了空中大堂后，不需要再向上走，所以不放在核心筒里比较合理。

8. 货梯及消防梯兼货梯

由于写字楼客户的可变性比较大，所以装修的次数会多，周期也会很短，因此，有必要对写字楼的货梯数量进行研究。

一栋 20000~30000m² 的写字楼，有消防电梯兼货梯就够了。但面积较大，且高度很高的写字楼，货梯常常设计得不够多，这是需要注意的问题。若货梯数量较多，占核心筒的面积太大时，可以选用较大载重量的货梯来解决。例如 2~3t 的货梯，就可以代替几台 1t 的一般货梯。货梯与客梯的比例大约为 1 : 4 的关系，大约 20000m² 就需要配置 1 台 1t 左右的货梯。

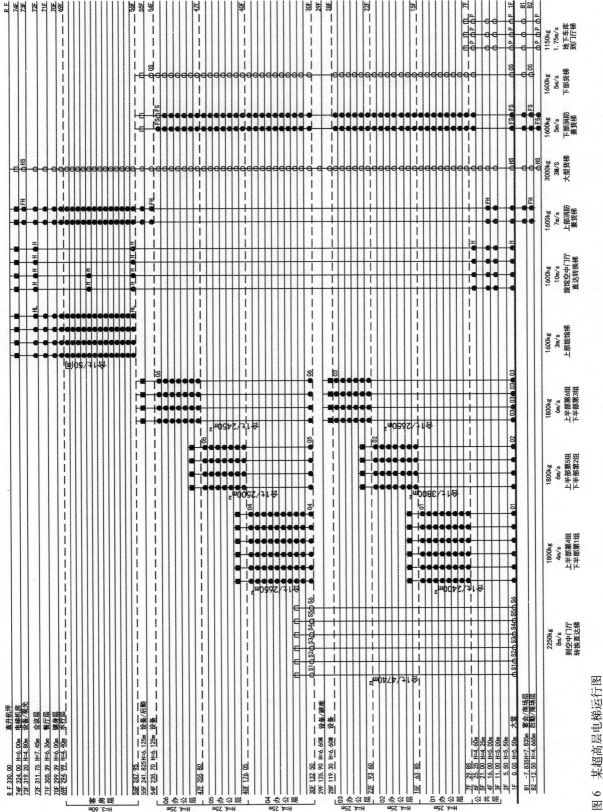

图 6　某超高层电梯运行图

消防梯可以兼作货梯，但消防梯是高层建筑才需要，故消防梯不需通到地下室，而货梯往往要下地下室与后勤相联系，所以不要误以为消防梯必须要下到地下室。事实上货梯也不一定非要下到最底层，应该根据具体需要来决定。由于高层防火规范里 6.3.3.11 条里注明要在消防电梯的井底设排水设施，很多设计单位误认为消防电梯要到地下室的最底层，甚至审图单位也是这种解释。其实，在条文说明里明确写着，消防电梯不到地下层，有条件的可将井底的水直接排向室外，如果必须下到地下室最底层的话，这条就没必要写了。消防梯是为解决高层建筑问题而设置的，不是为解决地下室问题的，在规范里没有低层建筑的地下室设消防梯的要求，就说明了这一点（图6、图7）。

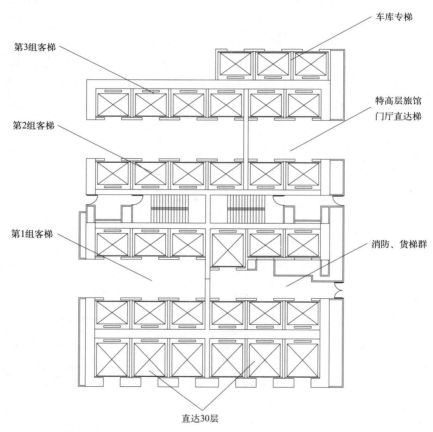

第3组客梯
第2组客梯
第1组客梯
车库专梯
特高层旅馆门厅直达梯
消防、货梯群
直达30层

图 7　利用门厅做"扩大电梯厅"

超高层建筑的消防梯，虽然按照消防规范要求最多设 1~2 台，但美国"9·11"后，是否应该也像客梯一样，根据总面积数量的增加，另加一些专为疏散客人用的消防电梯，在消防规范规定的数量以外，利用专用货梯，设防烟前室作为客人的消防疏散，增加客人的安全度。当然，这个问题需要研究探讨。

9. 多电梯的电梯厅

写字楼电梯厅的口部往往很拥挤，因为口部在高峰的时候要有楼上的 10 倍甚至 20 倍以上的人流，超高层有时高达 60~80 倍的人流，而电梯厅不可能做得很宽，因为上面没有需要，我们也常常看到很多电梯厅首层还做防火门，这样更将口部缩小，问题更大。

所以首先要将口部放大，此外一组电梯最好不超过 6 台，4 台及 4 台以下更好。但超高层的电梯数量多，只从一个方向来人很可能对大堂造成过大压力，所以应该有两个面的入口较好（图 8），必要时四面都能进入，或者不在大堂里设商业以解决众多的人流。

尽量两面进出

10. 洗手间

写字楼的洗手间是根据人数来定的，人数有了，厕位的数量就可以计算出来了。一般情况下，每 $400m^2$ 1 个男厕位、1 个便斗及 1 个女厕位，洗手盆可根据厕位 4:1 或 3:1 来定，高档一点的写字楼男女各不少于 2 个盆为好，最高档的卫生间，手盆可以多一点，一厕一盆的也有。残疾厕位及清洁间也要注意不要漏掉（图 1）。

更高级的写字楼还要求有一个咖啡时间使用的备餐间（图 1）。

也应注意，由于核心筒的设计要求十分紧凑，遗漏任何一点内容，就要修改一次图，所以在方案阶段就要想清楚这些内容。

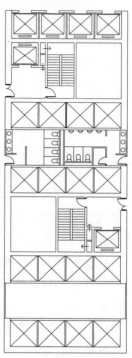

图 8　电梯厅两面进出

虽然算出了这些数量，但高级写字楼的首层最好不设厕所，因首层停留的人少，万一管理不善，大堂有了异味就不好了。在二层或地下一层设置，加上明显的标致就行，这样较为妥当。

洗手间的细节也是很重要的。每个建筑里都有卫生间，但那么多的卫生间很少见到设计到位的。例如视线遮挡的问题，往往就解决不好，尤其是男卫生间，一开门就看到小便斗，以至于不得不挂布帘子，布帘子几天就脏了。甚至于男女卫生间还经常门对门。我还见到连浴室的更衣间也有门对门的，有的设计还做两道门，当正好两道门都开的时候还是看得见，何况两道门费用更多，还经常遇到门把是湿的，很不理想。其实只要动一点脑筋，里面做一道挡墙，即使门开着也什么都看不见。从很多国外电影的镜头里也可看到，写字楼里的女职工受委屈之后，在卫生间里哭泣，之后又要在卫生间里补妆，所以挡视线很重要，也是能做到的（图 9）。有些人多的公共卫生间完全可以不做门，因为卫生间是负压设计，气流是向里走的。

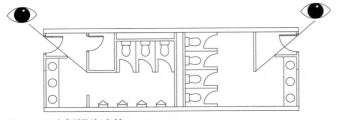

图 9　卫生间视线遮挡

卫生间里的厕位小隔断，如果采用 1.2m 宽加外开门，一进卫生间看了很乱。其实做向里的内开门，其隔断 1.5m 也够了，再紧凑一点的话，1.4m 也够，这样的卫生间，既省面积又讲文明。

在美国，我还看到一些设计得很好的卫生间，它们的隔断及所有的卫生设备全都挂在墙上，小便斗可以，脸盆可以，恭桶也可以，而隔断呢？是吊在顶上的，离地 150mm。由于没有死角，在清洁时非常方便，特别干净。最近我审了一份国内的标准图，也是这样做的。

11. 强电、弱电、新风机房

此外，强电与弱电大约各占 6m²。若有新风机房放在核心筒的话，大约是本层面积的 1.5%，即每 1000m² 约 15m²，1500m² 约 20m²。只要弄清这些数据就行，写字楼就是这些内容。高级写字楼也可将新风机房放在地下室或避难层及屋顶层，不过首层最好不做，因为首层的经济价值很高，做了可惜。

对于新风机房，很多人在设计方案时，不把它当回事，随着设计的深入，由于绝大部分功能已经各方反复研究全部定位，新风机房的问题就突显出来了，我们经常看到外观很好的建筑在不该有的地方出现了大小不等的百叶，比如首层该做商店的地方。这些百叶就是新风的采风口，里面就是新风机房。其实新风机房完全可以放在屋顶上或放在地下室，不占用重要的价值高的商业面积，造成经济损失，影响建筑外观。关键是设计前期进行全盘考虑。

新风机房的安排有什么关键点呢？要想把机房安排在屋顶或价值较低的地下室，其关键是设置与屋顶或地下室直接相连的垂直风道，垂直风道事先没考虑的话，要想把上下几层串起来，在设计后期就不容易了，所以要比较早的安排。大体上横向间距为 60~80m，或一个防火分区应该有一组立风道，风道也不过 1~2m²，这样，横向管道在一般的吊顶里就能排开。如果事先没有考虑的话，管道太粗，吊顶里走不开，出图在即，只能到处设机房。这就是为什么在立面上到处出现不规则百叶的缘由。尤其是裙房，由于功能迟迟不定，更容易产生上述的问题。

12. 车库设计

住宅和写字楼是当前房地产的主要项目，是设计人都要接触到的。但由于汽车数量的增加，要将汽车全部停在地面根本办不到。以 10000m² 建筑用地作为例子，假设地上容积率是

3，地上要建 30000m²，北京绿化率要求达 30%，密度一般只能做到 40%，由于要退红线，到达单元建筑门口的路及消防环路至少也要占 15%，最多只剩下 15%，即 1500m²。而车位要求每 10000m²65 个车位，即使设计得最经济，每辆车只用 25m²，也要 65×3×25=4875m²，超过 1500m² 很多，只能在地下解决。有时容积率高达 5~6，加上密度更大，造成地面几乎连 1 个车位都放不下，所以将地下车库设计好很重要。

车库设在地下，以每辆车 40m² 来计的话，约占总建筑面积的 25%，我见很多图纸要占到 30%，甚至 35%，即每辆车要占 70m²，面积浪费严重。因此，车库设计已在建筑设计中占有重要地位。以下这些情况，一不注意就会损失很多面积：

（1）地下车位与结构的柱距有关，很多人习惯用柱距计算车位，但由于地面建筑的高度不同，造成柱子的直径不同，因此，用柱距净尺寸为依据最合理。车库停车最基础的数据是车的大小，一般以 1800mm×4800mm 来计算，但我统计过大量车的数据，以北京最多的捷达车为例，其尺寸只有 1660mm×4428mm，富康是 1702mm×4071mm，即大多数小于 1800mm×4800mm，即使高级一点的奥迪 A4 也不过 1772mm×4548mm。知道这些尺寸，是为了个别地方面积紧张的时候还有可能多安排一些车位，不要将面积浪费了。

（2）一个地下车库最少要两组坡道，如果每层停一点车，往往坡道的面积就占了很多，车库应尽量集中在同一、二层。

（3）地下车库防火单元允许到 4000m²，要求疏散楼梯少，有很多楼梯可以不下去，以节省面积。

（4）转圈坡道占面积很多，应尽量少用。

（5）地下车库尽量设计成单行线，会增加一些停车位。

（6）应尽量不把车库与其他机房放在同一层，因为二者层高不同，而其他机房在同层的面积一定少于 50%，面积即使不损失，起码空间也要损失，坡道也要加长。

（7）现在建筑面积都很大，所以车库也很大，车库大了坡道也就多了，众多坡道要占用很多建筑面积，如果我们注意过高速公路上的收费站就会发现，三车线的路面会对应 9~12 个收费口，因此，当我们下车库经收费口后，坡道就可以减少到一对，这样也可省面积。

总之，采取措施精益求精的话，每辆车 35m² 以下是可能的。有关车库方面已另有文叙述（编者注：本书中"如何使车库设计经济一些"一、二），这里就不详谈了。

13. 结构柱的估算

当前的建筑都很大、很高，50m 乃至 100m 高的建筑已经很普遍，在设计方案的时候，结构柱子的大小如果估计不清楚的话，就很难将柱网定合理，我在工作中总结出一个简单的数据，即 100m 高建筑的柱截面面积是 1.7m²，柱直径是 1.3m×1.3m。列表如下（表 1）：

建筑高度与柱截面关系（普通钢筋混凝土）　　　　　　　表 1

建筑高度（m）	柱截面面积（m²）	柱截面尺寸（m）
100	1.70	1.3×1.3
90	1.53	1.2×1.2
80	1.36	1.2×1.2
70	1.19	1.1×1.1
60	1.02	1.0×1.0
50	0.85	0.9×0.9
40	0.68	0.8×0.8
30	0.51	0.7×0.7
20	0.34	0.6×0.6

若感到柱子太粗，想让它细一点的话，可在下面几层用型钢混凝土柱（也称劲性钢筋混凝土），那么 100m 高建筑的柱截面面积是 1.0m²（表 2）：

建筑高度与柱截面关系（劲性钢筋混凝土）　　　　　　　表 2

建筑高度（m）	柱截面面积（m²）	柱截面尺寸（m）
170	1.70	1.3×1.3
140	1.40	1.2×1.2
120	1.20	1.1×1.1
100	1.00	1.0×1.0

但超高层的结构限制要多一些，很多实例证明，用筒中筒的可能性要大一些，外筒的柱间只有一般柱距的一半，如 4~6m 之间，当然入口处必要时可以拔掉一根，用斜柱来转移。

那么超高层怎么估算结构柱呢？主要可以根据外圈柱间距离来定，如 6m 柱距，那么大体上 150m 高建筑的柱截面面积约 1m²，是上述数字的 2/3，如果是 4m 柱距，就是 200m 高建筑的柱截面面积约 1m²。

14. 总机房面积的估算

我们国家的建筑师 50 年以前是将各个专业全包的，我就曾经自己查表配钢筋，加上、下水，安灯，接开关。但现在各专业越分越细，甚至于本专业的室内装修，内墙的木门窗、铝合金门窗及外墙的玻璃幕墙、干挂石材、构件墙板等都在不知不觉中分出去了。对这些本专业的东西，我们新一代的建筑师还多少知道一点，但其他设备、电气、结构就几乎什么都不了解了。我在最近两、三年里遇到的世界顶尖建筑设计公司的设计师大多数也不是很清楚。其中一位欧洲建筑师为了一个 18m 以下的商业建筑方案耗费了半年时间也没有完成，一位美国建筑师设计的一个旅馆也是如此，图上没有结构柱，也不知道机房需要多少。与这种建筑师打交道，感到建筑师的基本功好像在倒退。

其实只要下一点点功夫，再加上我们各专业又是在一个设计单位里，要得到一些专业知识并不是很难。我在 30 年前，为编制旅馆设计面积定额时，统计过几十套图纸，发现设备、电气占建筑面积总数的 8% 左右。当然有的不一定在一个建筑物内，如锅炉房、煤气调压站、变电房等，但现代建筑很多都在一个建筑物里，除每层有强、弱电小室及每层新风机房外，有关变配电、备用发电机房、生活水箱及泵房、消防水池及泵房、中水处理机房、污水泵房、热交换机房、空调制冷机房、排烟机房等多数在地下室。地上的部分约占建筑总面积的 2%~3%，其余的 5% 左右都在地下室。所以，我们现在需要在方案阶段事先做好预留，使以后各设计阶段顺利展开。

15. 层高的研究

一般写字楼的层高在 3.4m 以上，但当前已开始向 4m 及 4m 以上冲击，写字楼下面有时有一至二层的裙房，如果裙房做 5.0m 层高，就能做四跑楼梯，可以节约很多楼梯面积。但采用 4.8m、4.5m 等层高就将写字楼的楼梯间全面加大了，损失太大。

业主喜欢在设计之前定层数，目的是提高容积率，由于不是设计人员的计划，很多因素都没考虑，以致最后的成品很糟糕，不得不降价销售。其实只要告诉设计人要求的容积率，设计人员是有办法在不降低层高的条件下来完成的。例如：一个 4 跨 ×5 跨的写字楼，每层面积是 1684m²。如果每边挑 0.5m 的话，是 1775m²，约增加 5.4%，即增加了 1/19（图 10），如果这是一栋 100m 高、24 层的写字楼，每层增加 1/19 面积，24 层就增加了 24/19 的面积，相当于增加了一层多的面积，如果改为 23 层，总面积不少反多，不合理的层高还可以加高，何况再挑 1~2m 对结构来说也并不困难。但层高达到 4m 或 4m 以上的话，写字楼的等级就上提了很多。

16. 屋顶的围挡

在设计及计划层数的时候，别忘了屋顶女儿墙围合的范围里还有不少设备，如空调用的冷却塔等。城市用地越来越紧张，开发商又总是将层高算得精之又精，冷却塔找不到地方放，在限高很严的大城市尤其如此。屋顶的女儿墙最多只有 1m 高，而过去的冷却塔，加上支撑的基础及最上面的遮音罩，高度要达到 7m，所以我们在很多建筑物上都能看到冷

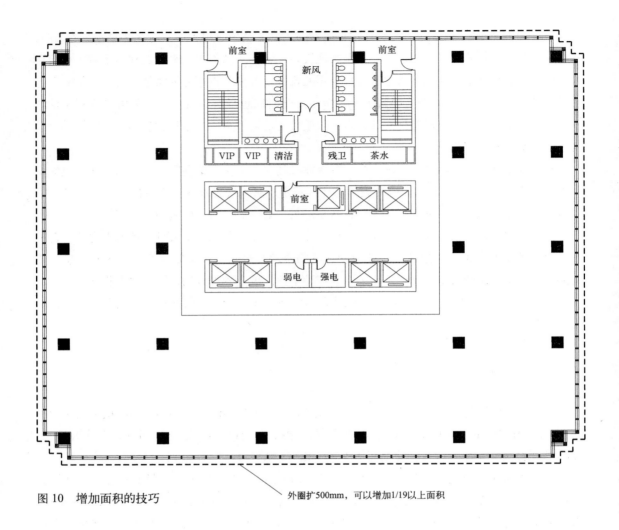

图 10　增加面积的技巧

外圈扩500mm，可以增加1/19以上面积

却塔（图 11）。现在新型冷却塔低了一点，但也有 5m 左右，那么已经通过的方案怎么办？我有一个办法，就是将建筑物的外轮廓向外扩展一点点，例如上面谈到的实例，只要向外扩展 500mm，就可以增加 1/19，相当于 100m 高的建筑可以减掉一层，问题不就解决了吗？

17. 楼梯间的防火门也有讲究

一般高层建筑至少有两个楼梯间，而楼梯的宽度最少也要 1.1~1.2m，也就是说，每层的最多人数可达到 220 人。但一般塔式公寓人数极少，即使 2000m² 一层的写字楼的人数也达不到 150 人，所以按消防规范的要求，可以设计 1m 宽的乙级防火门，但很多设计单位设计 1.2m 的双扇门，经常影响楼梯的宽度，花多了钱还影响使用（图 12）。

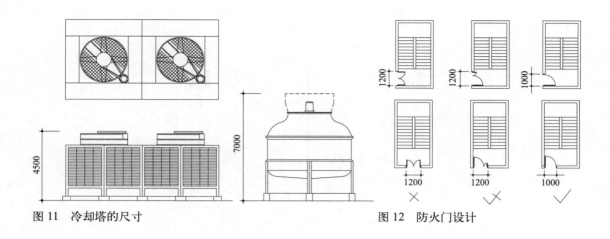

图 11　冷却塔的尺寸　　　　　　　　　　　　　　　　　图 12　防火门设计

18. 吊顶灯具及喷淋

我们在写字楼的设计中经常看到设计很详细的吊顶分格、灯具布置、风口安排、消防喷淋的定位、广播喇叭的设定等，但由于消防喷淋要求是 2.5~3m 之间为合适，所以在 8~9m 之间的开间里，绝大多数设计成三排。我们发现，当新建筑交房之后，由于大多数公司总有经理、处、科级长官要小房间，而小房间一般又是在 4~4.5m 之间，正好与中间一排喷淋头重合。由此，为装隔断，不得不大拆大改，有时为了不动喷淋及风口，而不能将隔断装到顶，造成使用上的不便。那么，为什么不容易改呢？因为喷淋头的数量是分组的，是有限度的，所以建成之后，只能少量地增加及改造，如果每开间加一排的话，要增加 1/3，其备量是不够的，这就是改造困难的原因。所以，我建议大家注意这个问题，将设计做成每开间四排，这个问题就迎刃而解了（图 13）。

19. 门厅该多大

很多人喜欢门厅大，认为大了气派。大了当然气派，但大是要代价的。一般情况下，门厅占大楼建筑面积的 1%~2%。一般的建筑取下限，如 20000m² 的建筑可取 200m² 的大堂。高级的写字楼可以取上限或取其中间值，如 30000m² 的建筑可取 300~600m² 之间，再大了就没有"人气"了，而且还徒增空调负荷。

20. 食堂

现在写字楼越建越高，大楼里的工作人数越来越多，中午吃饭是一个很大的问题。现在常看到的是送盒饭，但用送盒饭来解决中午吃饭问题不是长久之计。国外很多写字楼将租价较低的地下室租给廉价的快餐店来解决这个大问题。那么有多大的面积能解决这个问题呢？

我在研究旅馆的时候发现，旅馆是根据职工 30% 的人数作为定额来确定食堂规模，理由

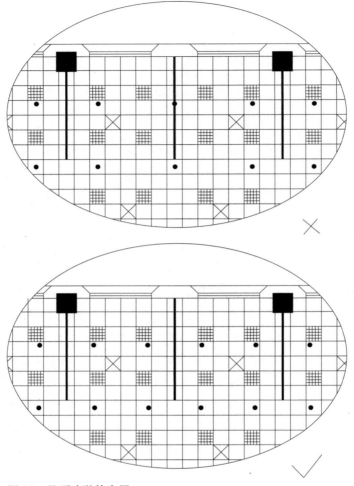

图 13　吊顶喷淋的布置

是旅馆的职工有 2/3 在白天工作，而上班的人不可能同时去吃饭，所以两班轮流吃饭。再加上白领职工也可以在对外餐厅里吃饭，所以用人数的 30% 这个数值是很有道理的。旅馆对食堂的定额是根据 1.4m^2/ 人来考虑包括厨房在内的食堂面积。

我们的写字楼可以从电梯的计算上了解人数。例如 10000m^2 的写字楼，以 15m^2/ 人来计的话，是 666 人，写字楼有不少人流动在外面工作，我们扣除 1/10 的人数，再扣除 1/10 不在食堂吃饭的高级白领，还有写字楼不可能是满租的，总有一些单位换租及装修，所以人数约 466 人。而 466 人以两班倒去食堂的话，可以考虑以 233 人为计算依据。我们也以 1.4m^2/ 人来设计食堂的话，应该是 233×1.4=326m^2。所以对写字楼来说，食堂面积相当于 3.5%~4% 的总建筑面积，这个数值可以作为重要的食堂面积的参考。

21. 标志性写字楼的综合性

写字楼在市场经济的条件下，多半具有商务性质，在城市中也往往处于商务中心区，政府部门也喜欢让这些建筑作为城市的标志。由于身处中心区，标志性建筑的体量也比较大，商务活动需要很多配套内容，导致标志性写字楼要建成含有旅馆、公寓、展览、会议、娱乐、商业服务业于一体的综合建筑物。一栋建筑有时像一个小社会。

有综合要求的写字楼，其标准层就要考虑因综合而造成的技术要求。旅馆及公寓的厨房、卫生间要解决排油烟及排废气，排在建筑物的中间会污染建筑，所以这种内容往往安排在建筑物的上部，将废烟气排到上空。另一方面，向下的大量污水可以在两种不同性质内容的中间段设备转换层来解决。

此外，旅馆、公寓的人数比写字楼的人数要少，综合这些矛盾，使这些电梯使用较少的部分放在上部，对节省核心筒面积，合理安排人流方面也比较有利。

商业、服务业肯定是安排在地面几层及地下一、二层为好。而其大量的货物后勤，最好安排在地下解决。

同样，人数多的大会议厅及展览的内容也和商业一样安排在裙房层为宜。

多功能综合体的地面层一定会显得特别拥挤，难于安排，所以其人流要想办法分散，例如旅馆的接待大堂可以放在空中，其地面只安排直通空中大堂的直达电梯，以减少地面层的压力。上层的公寓、旅馆能在地面层独立安排私密的门厅更为理想。

总之，综合楼的交通解决原则是设法各行其道。因为综合楼是将不同平面的各种建筑垂直地拼装在一个楼里，虽然其内容有一定的联系，但又有其各自独立的管理要求，所以垂直交通的各行其道特别重要，要想尽一切办法来厘清。尤其是地下车库与上面的联系，最好不要将所有的内容都与车库相通。相反，要彻底分开。地下车库的人流应该首先用垂直交通到达地面，可以到达公共的大厅，也可单独设一小型地下车库电梯厅，其出入的人流经由电梯厅转入各自门厅，使综合楼得到比较理想的管理。这一点常有人想不通，其实，如果停车场在室外，是不是必须从室外通过各自的门厅进入各自的部门。

地下货物的运输通道与大量的客车通道最好要分别设置，如遇到困难时，也可先合并使用，到了地下以后进入单独通道，使货物的货区与客车分离，保证客、货不通。

综合楼内容复杂，重要的是研究其分合关系，分合的关系解决了，设计也解决了。

在与业主打交道的过程中，我发现综合楼各种内容的比例常有变化，我们也能理解业主在运作那么大的资金投入时的顾虑，所以在设计时要考虑其各种内容的相对可换性，要求其使用空间的进深度要适合旅馆和公寓。写字楼的深度弹性较大，而旅馆、公寓的深度弹性较小。能做到弹性变化，可使我们在设计中被动变成主动。

22. 空调的问题

前面提出标准层的新风机房面积约为标准层建筑面积的 1.5%，可是现在超高层大兴建批，新风机房的面积差不多要达到 2.5%。原因是我们对空调标准认识的不断提升。最早有冷气就不错了，夏天不必为了高温而放假，把冷气机称作了"空调机"，如果冷气叫空调，为什么暖气不叫空调呢？这就是我们对空调的最早认识，至今还没改。后来，高层写字楼不断出现，超高层也开始出现，由于高层开窗有困难，室内空气不好，由此新风就提到日程上了，开始增加量不多，所以新风机房的面积并不大，就是我分析的 1.5% 这个数据，当时我也认识不足。现在回忆起 80 年代初在美国旧金山 SOM 的办公楼里工作时感到空气不好，当时没想到是新风不够造成的问题，认为美国的标准是世界的标准！

近些年，超高层多了，世界 500 强来了，让我吃惊的是美国高盛公司来租写字楼时，先派来洽谈的是空调工程师，重点是新风量能不能达到"50 次换气 / 每小时"，每个风口能不能调节。新鲜空气多了，风口能调节，标准就是最高的了。

最近几年，人们开始逐渐认识到"空气调节"(air condition) 不仅是温度，还包括湿度、新风量、换气次数、风速等等的控制。于是纷纷在新建写字楼和超高层项目里提出更多要求。对我们建筑师来讲就是要更新两个数字：第一，高标准的写字楼要满足高标准的新风量，净高就要达到 2.7m、层高则要做到 4.2m；第二，新风机房就要达到标准层建筑面积的 2.5%。

23. 总结

写字楼，表面看来好像是比较简单的一种设计，但随着市场经济的深入，其内容也就越来越丰富，是值得我们研究的一个课题。为了使本文比较全面，有些内容与前一、二年的文章有点重复。车库只简单地点一下，详细的车库内容，可参考已发表的车库文（编者注：即本书中"如何使车库设计经济一些"一、二）。

文 / 寿震华
原载于《建筑知识》2007 年 6 期
2014 年更新

超高层电梯计算的误区

一、应该依赖电梯商吗?

在本书的"高层写字楼的设计要点"一文中,笔者提出了不同档次的写字楼客梯数量可根据 3000~5000m²/t 来确定,即每吨电梯服务的建筑面积在 3000~5000m² 之间,服务面积越少档次越高。之所以用"吨"而不用"台",是因为可以用载重量来调节数量。

以上指标是经过了"大量计算→实践→统计→归纳总结"得出来的经验,原本可以直接应用。然而,由于西方建筑师大量垄断大型综合体等重要公共建筑项目的方案设计,他们往往以"奇奇怪怪"的造型拿下项目,当深化设计时又受到本身经验的局限,不得不花业主的钱请大量专项厂商"顾问",如电梯、厨房、幕墙等,来为自己提供参数,导致业主也跟着养成了"建筑师不懂技术设计是应该的"陋习,不但替建筑师花了顾问费,还以为电梯数量的确定很复杂。尤其是遇到超高层建筑时,还是习惯于依赖电梯商,每做一个新项目都请多家来重新计算一遍,不但耗时耗财,结果还出现严重偏差。为什么呢?如果仔细分析电梯商的计算过程,就不难发现漏洞。

二、"穿梭电梯"有必要吗?

"超高层电梯应分区设置"是公认的基本原则,"穿梭电梯"就是指那些用于把乘客从地面先运送到建筑上部各个分区的高速乘客电梯(不含消防电梯和货梯),乘客到达各个分区最低层后,再转换各个分区内其他电梯到达分区内各楼层。

1. 研究案例

我们此次研究的案例是某电梯商为一栋高度 350m、共 80 层的超高层写字楼提供的电梯配置方案。其中一至七层为裙房,裙房以上共分了 8 个分区,每个分区 8~10 层,建筑面积为 26600m² 左右,用的是 6 台 1.6t 的客梯,共计 9.6t,合 2771m²/t(图 1)。

以笔者的指标来评价,本案例各个分区内的电梯,即区间电梯,设置标准是最低标准的 1.8 倍,仅次于国贸三期、中国银行总部大楼(2500m²/t)的最高标准。请注意:仅限区间电梯!

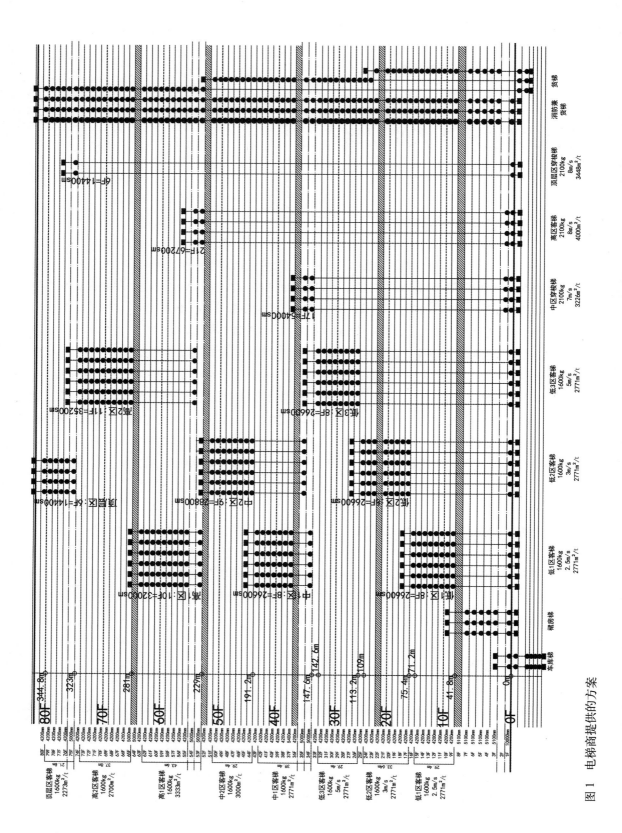

图 1　电梯商提供的方案

2. 著名电梯商的计算模式

(1) 计算假设条件

上行高峰流量 100%；轿厢满载率 80%；出勤率 90%。

(2) 评价参数

5 分钟运载率 ≤ 12%，即 5 分钟内运载的乘客数占总人数的百分比为 12%；

平均行程时间（AP）≤ 100s，即乘客从进入轿厢至到达目标楼层的时间为 100s；

平均间歇时间（AI）≤ 40s，即一组电梯中不同轿厢先后到达基站所间隔的时间为 RTT/n（RTT 即运行周期：轿厢从基站出发到返回的时间；n 为一组电梯的台数）；

候梯时间常取平均间歇时间的一半。

3. 电梯商计算过程剖析

(1) 低区电梯手工验算

以上这些参数已得到几家知名厂商的认可，我们可以尝试用上述参数来模拟一个电梯运行过程，验算一下研究案例中 3 个低区电梯的配置。写字楼标准层层高为 4.2m，我们按照上班高峰时段上行来计算。

写字楼面积使用率按 70%：6 台客梯服务 26600m² × 70%=18620m²；

办公建筑面积指标按 12m²/ 人：6 台客梯服务 18620/12=1552 人；

上行高峰流量 100%，出勤率 90%：6 台客梯载客 1552 × 90%=1397 人；

5 分钟运载率 ≤ 12%，轿厢满载率 80%：6 台客梯 5 分钟内最多载客 1397 × 12%=168 人，每台载重量 =25 人 × 80%= 20 人，需运送 168/20=9 次。那么能否在 300s（5 分钟）内完成？还需要继续计算时间。

电梯行程时间 = 空走时间 + 停站开关门时间 + 人员进出时间。

低 1 区：

从标高 41.8~71.2m，共 8 层，本区区间电梯的提升高度 =71.2–41.8=29.4m，电梯商采用 6 台 1.6t、2.5m/s 的电梯；

电梯从首层大堂空走 41.8m 的时间 41.8/2.5=17s；

电梯到达低 1 区最低层，根据上文参数，每台每次从大堂承载 20 人，进一人次出一人次各按 2s 算，总进出时间 20 × 2 × 2=80s；

8 层的行程按停站 6 次算，每次开关门大约需 3s，开关门时间 =6 × 3=18s；

本区间电梯从首层大堂到区间最高层的运行时间 17+80+18=115s；

最后，电梯还要返回首层，所需时间 71.2/2.5=28s；

行程时间 115s，运行周期 115+28=143s，间歇时间 143/6=24s，候梯时间 24/2=12s。

300s 内 6 台电梯运送 9 次，假设每次只有 1 台电梯到达大堂，间歇 24s，24×9=216s 与 300s 接近。

低 2 区和低 3 区同理计算，得出结果如表 1。

3 个低区手工模拟验算结果 表 1

	低 1 区	低 2 区	低 3 区
5 分钟运载率（%）	12	12	12
电梯速度（m/s）	2.5	4	5
间歇时间（s）	24	24	25
行程时间（s）	115	117	121
服务面积/吨电梯（m²/t）	2771		

电梯商的计算都是建立在模拟的计算模型上，根据现实来简化、概括、模拟一个电梯载客运行的过程（表 2）。

电梯商用软件计算出的结果 表 2

	低 1 区	低 2 区	低 3 区
5 分钟运载率（%）	12.9	11.3	11.1
电梯速度（m/s）	2.5	4	5
平均间歇时间（s）	28.4	30.4	29.9
平均行程时间（s）	122.7	124.3	123.9

从以上分析的数据说明，电梯的行程时间参数取决于向上和向下空走高度上的速度，建筑师不需要软件也可以校核电梯商的数据。本案例 3 个低区用不同的梯速来调节，使得三个区的时间参数基本达到了评价标准，并且比较平均，从数量和载重量来看，档次也很高。

（2）中区和高区区间电梯

中 1 区共 8 层，建筑面积为 26600m²，原方案是 6 台 1.6t 电梯，合 2771m²/t。中 2 区共 9 层，建筑面积为 28800m²，原方案是 6 台 1.6t 电梯，合 3000m²/t。

高 1 区共 10 层，建筑面积为 32000m²/t，高 2 区共 11 层，建筑面积为 35200m²/t，原方案分别合 3333m²/t 和 2700m²/t。

顶层区原方案给出的是 2273m²/t。

可见，中区和高区的区间电梯配置标准和低区是同等级的。

（3）穿梭电梯

从图 1 中看出，只有 3 个低区的客梯是从门厅直达各层的，每区 8 层，共 24 层，只占 35%，65% 楼层都要通过穿梭电梯经空中大堂再转送区间梯才能到达。既然穿梭电梯任务如此艰巨，我们就来重点分析原方案的穿梭电梯设计（表 3）。

电梯配置（m²/t）	穿梭电梯	区间电梯	穿梭占区间比例
中 1 区	3226	2771	86%
中 2 区	—	3000	
高 1 区	4000	3333	83%
高 2 区	—	2700	
顶层区	3448	2273	66%

穿梭电梯与区间电梯配置对比　　　　　　　　　　表3

从表3中不难看出，穿梭电梯配置标准和区间电梯相比明显不足，也就是说，两段配置标准不匹配，即使上部区间电梯再快全是虚的，穿梭电梯根本来不及把下面的人运上去，所以，整段高度上的电梯配置只能按较低标准来衡量。问题出来了。

那么，电梯商用这些电脑软件算了几十年，怎么会有这么明显的漏洞？也没有人提出异议？原来，运力计算的假设条件是"离开大堂"，这好比机场把乘客赶上飞机，但飞机却不起飞，乘客在机舱里等上个把小时，就算是"正点"了。这不是自欺欺人嘛！另外，穿梭梯与其对应的区间梯中间转换的时间去哪儿了？长途旅行中漫长的转机过程可以不计入旅行时间吗？

运送乘客的要求应该是从大堂到达目标楼层，而不是离开大堂！而且，即使穿梭电梯与区间电梯两段的容量匹配了，中间转换的时间也会使效率大打折扣。转换电梯所需时间才是电梯运行效率大减的最大源头。

（4）穿梭电梯节省井道？

既然穿梭电梯效率低，为什么还要用呢？电梯商用穿梭梯的理由之一是节省电梯井道。为什么？因为高区电梯可以利用低区的井道啊。真是这样吗？我们看看他们拿出的方案占了多少井道。

我们将 6 台电梯面对面加上等候空间，作为 1 个模数，按 9 个井道面积计算（图2），低区直达的三组占 9×3=27 个井道面积；中区的 4 台穿梭电梯及等候空间占 4+2=6 个井道面积；高区 4 台穿梭电梯也占 4+2=6 个井道面积；顶层区 2 台穿梭电梯占 2+2=4 个井道面积。

将这些井道加起来是 27+6+6+4=43 个井道面积，另外，设计单位坚持核心筒中间留出"十"字形通道，十字交叉的中心又多了 3 个井道面积，共占用了 46 个井道面积。以 9 个井道面积作为模数，电梯商共用了 43/9=5 个模数（图3）。图3是设计单位的图纸，共占了 48 个井道，更多。

那么电梯总数呢？

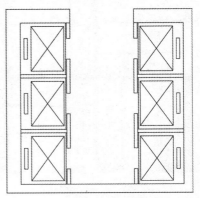

图2　6 台电梯占 9 个井道面积

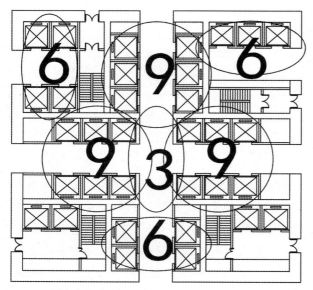

图3 原方案首层核心筒平面

区间电梯：3个低区6×3=18台；2个中区6×2=12台；2个高区6×2=12台；顶层区4台。区间电梯合计18+12+12+4=46台。

穿梭电梯：中区双层穿梭电梯4台，应算作8台的费用及数量；高区双层穿梭电梯4台，也应算作8台；顶层区还有2台单层的穿梭电梯。穿梭电梯合计8+8+2=18台。

写字楼全部电梯总计46+18=64台，费用真不小。厂商初步报价是1亿多，还不包括双层大堂之间的自动扶梯。最重要的是，由于穿梭电梯与区间电梯不匹配，除低区直达电梯外，上部区域都没有达到希望的配置标准，白白浪费了投资。

4. 优化方案

以上介绍的还是几个厂商方案中最"靠谱"的一个，还有两家在设计单位要求的核心筒平面形式条件下，根本拿不出方案。看来盲目使用穿梭电梯问题太大了！

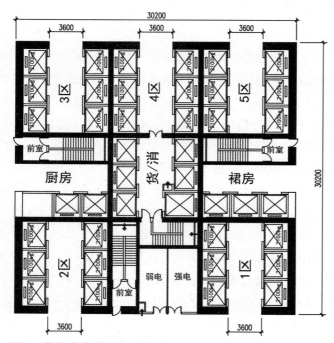

图4 优化方案首层核心筒平面

那么，不用穿梭电梯就一定井道更多吗？我们用相对论的办法试试看。

关于载重量的选择，原方案电梯商穿梭梯用的是10台2.1t客梯，比常用的1.6t大，这样可以减少数量和节约井道。国贸三期还用了2.25t的客梯，由于超高层核心筒剪力墙都很厚，用大载重电梯门也会比较宽，方便进出。我们把总高度分成5个区，在保持5个模数井道不变的条件下，每区用6台2.1t的电梯，服务面积为41600~44800m²，合3302~3556m²/t，每区的服务面积是均匀的（图4），只是与大堂高差（电梯空走高度）不同，用速度来作调整，争取完全平衡，总共只需要30台电梯（图5）。

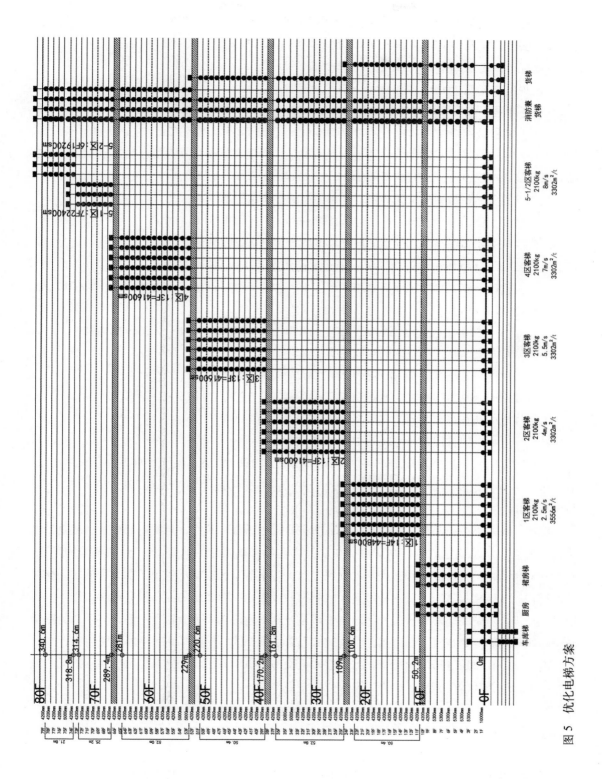

图 5 优化电梯方案

1 区提升高度是 100.6m，速度 2.5m/s，用时 40s；

2 区提升高度是 161.8m，速度 4m/s，用时 40s；

3 区提升高度是 220.6m，速度 5.5m/s，用时 40s；

4 区提升高度是 281m，速度 7m/s，用时 40s；

5 区下半程一般写字楼提升高度是 314.6m，速度 8m/s，用时 39s；

5 区上半程最高级写字楼提升高度是 340.6m，速度 8m/s，用时 42s。这一段的面积不多，如想再提高一点标准，只需将电梯速度再提高就是了。很多年前日本三菱已经有了 12m/s 的电梯，只是高速电梯会使人耳略有不适。

我们以服务面积最多的 1 区为例，再用前面的手算法验算一下。

写字楼面积使用率按 70%：6 台客梯服务 44800 m² × 70%=31360 m²；

办公建筑面积指标按 12 m²/ 人：6 台客梯服务 31360/12=2613 人；

上行高峰流量 100%，出勤率 90%：6 台客梯载客 2613×90%=2352 人；

5 分钟运载率 ≤ 12%，轿厢满载率 80%：6 台客梯 5 分钟内最多载客 2352×12%=282 人，每台载重量 28×80%= 22 人，需运送 282/22=13 次；

1 区共 13 层，本区区间电梯的提升高度为 100.6m，采用 6 台 2.1t、2.5m/s 的电梯；

电梯从首层大堂空走 50.2m 的时间为 50.2/2.5=21s；

进一人次出一人次各按 2s 算，总进出时间 22×2×2=88s；

13 层的行程按停站 9 次算，每次开关门大约需 3s，开关门时间 9×3=27s；

本区间电梯从首层大堂到区间最高层的运行时间 21+88+27=136s；

最后，电梯返回首层，所需时间 100.6/2.5=40s。

行程时间 136s，运行周期 136+40=176s，间歇时间 176/6=29s，候梯时间 29/2=15s。

300s 内 6 台电梯运送 13 次，假设每次只有 1 台电梯到达大堂，间歇 29s，29×13=377s，与 300s 接近。

现在，我们来分析为什么穿梭梯会给人节省井道的错觉。其实，只要电梯数量、载重量已确定，井道数就是确定的了，在穿梭梯与区间梯容量必须匹配的前提下，"穿梭梯节约井道"本身就是伪命题！对比图 1 和图 5 不难发现：图 1 方案低 2 区的楼层省出了低 1 区的区间梯井道面积，低 3 区楼层省出了低 1 和低 2 区区间梯井道面积，但省出的面积被穿梭梯占据了。再通俗一点讲，就是高区总人数是一次运上去还是分两次运。图 5 方案楼层越高，井道数量逐渐减少，这与超高层建筑自下而上体型呈收缩的趋势是吻合的，保证了高区平面的使用率。

换言之，在物质守恒的前提下，如果穿梭电梯方案省了井道，一定是以牺牲高区的运行效率和配置标准为代价。别忘了，天下没有免费午餐。

5. 什么时候需要穿梭电梯

既然穿梭梯方案既耗费时间，又不省井道，那么什么时候需要穿梭电梯呢？

(1) 功能有变化时

超高层建筑的主体通常都不会是一种功能，写字楼、旅馆、公寓分段布置十分常见。为了安全和便于管理，必须利用穿梭电梯将相应区段的人员先运送到各自的大堂，然后再由区间电梯转送至相应楼层。这是唯一一种必须使用的情况，与电梯技术无关。

(2) 提升高度不够时

2014 年，世界第二高楼、中国在建最高楼——632m 高的上海中心已经封顶，该大厦使用的 18m/s 的观光电梯是目前世界上最快的电梯，同时该大厦的两台消防电梯创造了提升高度为 579.78m 的世界最高纪录。

电梯最大提升高度接近 580m，换言之，全世界范围内除个别项目外，提升高度不是使用穿梭电梯的充分条件。

三、双层轿厢电梯节约井道吗？

用穿梭梯并不节省井道，于是双层轿厢的穿梭电梯就诞生了。乍一听，容量翻番，井道不增加，不是很好嘛！等等，听着耳熟，有没有联想到机械车库？不增加成本利润翻番？天下哪有那么便宜的事！机械车库弊大于利，本书其他文章已有详细论述，双层轿厢的情况会不会也类似？

目前，双层轿厢多数用于穿梭电梯，两层轿厢同时上下，于是，首层大堂必须是双层，空中大堂必须是双层，并且要求两层层高必须一致。通常大堂层高都会高于标准层，如果多了个空中大堂，层高也必须和首层相同，打乱了原有立面的秩序。尤其当电梯方案有变化，空中大堂的层高或位置要不断跟着修改，这是最忌讳的，进度将非常被动！另外，乘客需要从两个楼层分别进入电梯，一层不关门，两层轿厢都别走。那么，两层大堂之间怎么连接呢？还得换乘自动扶梯。在大城市，本来上班路途就远，换乘完地铁，好不容易到了公司，坐个电梯还是不能直达，够折腾的。不仅如此，大堂本来可以是很气派的高大空间，不得不为了迁就电梯而变得零碎、局促。整体而言，就是得不偿失。

最近笔者特意去调研了北京某写字楼的双层轿厢电梯，这是一个比较极端的案例。该写字楼只有 180 多米高，分为高、低两个区，12 台 1.35t 电梯全部是双层轿厢——不是穿梭，是每层停！首先，进入大堂，你会发现它和其他写字楼的"高大上"和"空荡荡"不同，首层大堂是围绕核心筒的一圈环廊，环廊与电梯厅之间隔着 4 个"洞"，是 4 部连接首层与地下一层双层大堂的自动扶梯（图6），的确如楼盘广告宣传的一样，很"独特"。

全楼 41 层，笔者去 19 层，是低区的单数层，必须从地下一层进入低区电梯的下层轿厢(图7)，但眼前的扶梯是上行的，要穿过电梯厅，走到对面去乘下行的。从地下一层进入轿厢，发现凡是单数层的楼层按钮都亮着灯，提示可以到达，双数层按钮被锁死。电梯运行中，可能会停在某层，但并无人上下，正纳闷间，屏幕显示另外一层轿厢有人员进出，这才回过味儿来（图8）。

图 6 大堂照片

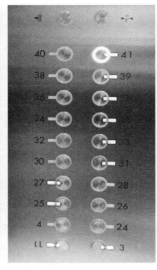
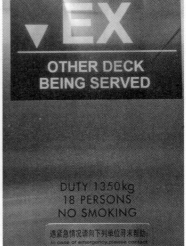

图 7 电梯分区指示牌 图 8 轿厢内的呼叫板和指示屏

电梯程序设定是：上行时要分单双数层停靠，即去单数层要从下层轿厢进入，双数层要从上层轿厢进入，才能分别到达目标楼层。而下行时，是每层可停。这样的程序，在上下班高峰时，就单台而言，运力是提高的，因为可以双层同时落客，但并不是加倍，因为双层进出时间总和更长。

如果是非高峰时间，当需要跨单双数层上行去办事就有些麻烦了。比如从 27 层去 34 层，得先上到比 34 层高的单数层，比如 35 层，出去，在电梯厅按下行键，将轿厢内呼叫板"解锁"（因为上行只停单数层，下行每层停），再进电梯，下到 34 层。

笔者随机采访了在楼里的工作人员，都是无奈地摇摇头，说这电梯设计让不熟悉的人很崩溃。

那么，本案例如果不用双层轿厢，井道真的需要成倍增加吗？我们来尝试用分区直达方案进行优化（图 9）。

（1）用指标计算总容量

笔者查到，该写字楼 186m 高，4~41 层是写字楼，标准层 2100m²，层高 4m，写字楼部分面积约为 75000m²；

按照高标准，电梯总量共需要 75000/3000=25t；

写字楼部分电梯提升高度 4×（41–4）=148m，分 3 个区比较合理；

该写字楼的现状是 12 台 1.35t 的双层轿厢电梯，共 1.35×2×12=32.4t，合 75000/32.4=2315m²/t。配置属于超高标准。

（2）核算数量、载重量

1.6t 载重是最常用的，如采用 1.6t，需要 25/1.6=16 台，为节省井道，也可以采用 2.1t，需要 25/2.1=12 台。

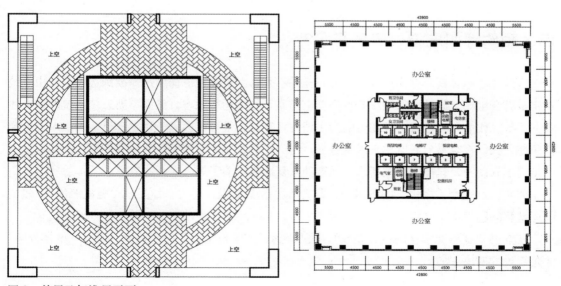

图 9　首层及标准层平面

图 10　使用普通电梯的大堂敞亮、气派

如果不考虑顶级标准的话，10 台 2.1t 也是可以的，这样 75000/（2.1×10）=3571m²/t，标准也比较高。

(3) 计算井道

现状双层轿厢方案采用的 12 台 1.35t 电梯(相当于 24 台电梯)，井道净面积 2.5×2.3×12=69m²。

我们采用 10 台 2.1t 电梯，井道净面积 3×2.6×10=78m²，面积只增加了 78–69=9m²，约13%，而且仅仅是首层增加，但节省了 1 层大堂面积、4 部扶梯，节约了大笔电梯投资，而且大堂气派，乘客方便（图 10）。

实践证明，双层轿厢电梯和机械车库一样，弊大于利，所以应用并不普遍。当必须配置穿梭电梯时，为适当节约井道面积，应优先考虑采用非标大载重量电梯，而不是双层轿厢电梯。

四、预约呼叫电梯效率更高吗？

这是一个不算新的电梯技术了，但同样并不普遍。乘客在电梯厅选择欲到达楼层，由系统指定乘哪台电梯。此技术的确在某种程度上提高了电梯运行效率，然而不熟悉该系统的乘客体验并不好。比如，当你去一栋陌生的写字楼拜访客户，很可能会因不确定自己是否上对了电梯而焦虑。人们很容易看到电梯来了就进去，当门已经关了才发现无法到达我们要去的楼层，这时就会不知所措，只能出来重新选……这种重复运输抵消了部分提高的效率。

其实，这是个"偷懒"的技术——既想不分区又要提升运力，让系统"随机分区"，建筑师还是将问题甩给了电梯商。

在本书"高层写字楼的设计要点"中已谈到，分区正是为了提高效率，所以"电梯分区"才是系统的解决方案。

图11 扩大电梯厅实例

五、电梯厅一定要围合吗？

在本书"高层写字楼的设计要点"和"建筑细部设计常见问题分析"两篇文章里都提到了"扩大电梯厅"的概念，类似"扩大前室"。以本文案例来说，早高峰5分钟大堂要进1000多人，尤其是当需要设置穿梭梯时，为什么不利用核心筒外围宽大的空间作为开敞的"扩大电梯厅"呢？既解决了核心筒拥挤的状况，步行距离还短，等候空间又更舒适，一举多得，何乐不为呢（图11）？

六、建筑师与电梯商

为什么这么多年来，中外建筑师们都没发现这些问题呢？

首先，笔者这十多年接触到几十个超高层才发现，几乎每个业主和建筑师都是根据电梯商提出的数据来做设计。一个超高层项目从设计到建成要很多年，等大楼开业到入住满员，又是很多年，建筑内的人数是不断变化、逐渐增加的。这些问题在写字楼开业初期不容易察觉，而如果写字楼出租情况不好，可能根本就不会察觉。电梯计算的假设条件是标准的、唯一的，与实际情况出入很大，问题就出在模型的假设条件错了！

其次，中外建筑师们做了一个超高层后，不是做老板就是升总工，不会有人去追踪调研电梯使用情况。而且，多数人也不会对自己上班的写字楼的电梯去观察和思考。

读完上述所有分析，爱思考的读者们是否产生这样一个疑问："新"的电梯技术似乎作用不大？这就是市场经济。当建筑师们遇到问题放弃了主动权时，电梯商就奋勇当先了。但"新"技术无非是在以往基础上的改革，改了不一定就比没改好，它需要市场来检验。

为什么说电梯本身的改革不能从根本上解决问题呢？因为电梯只是建筑的一部分，如同一部电影的道具，该怎么用得导演说了算，而建筑师就是建筑设计全过程的导演。唯有真正能将建筑各系统有机结合、整体协调的建筑师，才是称职的"导演"。所以，不是电梯不够用，而是建筑师尚未领略电梯计算、布置的规律，建筑设计的规律。事实上，电梯商本身也有些无奈，这些技术改革似乎是一种"没有办法的办法"——建筑师技穷了的办法。

现在，我们终于心里有底了。电梯计算并不复杂和神秘，总结起来有以下几个步骤：

（1）用指标计算总容量（最关键）；

（2）确定分区和是否需要穿梭电梯；

（3）确定数量、载重量；

（4）选定速度（关于梯速的选择详见"高层写字楼的设计要点"）；

（5）根据核心筒平面调整。

最根本的还是电梯指标。只要指标对了，后续的电梯设计就不会出现大偏差。掌握了电梯指标和速度的选择规律，电梯计算非常容易。但为什么大家在实践中还是不敢直接应用呢？其一，不清楚"规范"的作用，规范中没有明确的不敢用，规避责任；其二，近些年"入侵"的西方建筑师带了个坏头，认为这些不是建筑师的工作范围，请"专业顾问"理所当然。其实"不敢"的根源无非是不明白原理或怕负责任，在本书开篇绪言"轻松设计"中，就谈到了"规范不会约束时代进步"，建筑师如果本着肯钻研和负责任的态度去实践和总结，不仅能够成就自己，也必然会得到业主、社会的认可。

关于电梯指标和速度的选择，在《全国民用建筑工程设计技术措施——规划、建筑、景观》（2009 版）中也有记述（9.2.3 节中第 4 条和 9.2.14），内容与本书一致，只是其中还罗列了其他"混淆视听"的参数，用词模糊，对错兼容，没有讲明原理。不看则已，一看就更糊涂了。

七、值得期待的革新——磁悬浮电梯

所谓电梯技术之所以无用武之地，还有一个原因，就是没有从根本上改变思路。正如爱因斯坦所说，我们不能"永远在做同一件事，却希望有不同结果"。电梯自发明以来的 100 多年里，一直没有太大变化——往返移动，一梯一井，当建筑高度成倍增长时，往返时间的控制就显得突出了。

一个问题不可能通过引起它的思维模式本身来解决，技术"突变"要靠嫁接其他领域的概念，即所谓"跨界"。那么，电梯能不能像地铁一样环线运行？这样不就大大节省了等待轿厢返回的时间了吗？笔者还真的想过，但有人已经在实践了。

据报道，德国已经在试验磁悬浮电梯了。这是一种以磁悬浮技术应用于电梯的产物，把磁悬浮列车竖起来开，去除了传统电梯的钢缆、曳引机、钢丝导轨、<u>配重</u>等复杂的机械设备，在轿厢内装有磁铁，移动时与电磁导轨（直线电机）上的电磁线圈通过磁力相互作用，综合调整，使得轿厢与导轨"零接触"。由于不存在摩擦，磁悬浮电梯运行时非常安静并更加舒适，还可以达到传统电梯无法企及的极高速，而且电磁感应原理使得它的能耗极大地降低。

这将彻底颠覆现有的电梯模式，一井多轿厢，纵横无阻，循环往复——乘电梯变得像搭班车一样。如果该技术得以普及，建筑的造型也将随之改变。

八、总结

为避免超高层建筑电梯计算的种种误区，以下几点是关键：

（1）电梯指标是计算的根本基础；

（2）超高层建筑电梯应分区设置；

（3）当超高层建筑中有不同功能并存时，出于安全和管理需要，可利用穿梭电梯将乘客转运至各自大堂；

（4）双层轿厢电梯弊大于利，不提倡使用；

（5）核心筒布置要灵活。

普适的科学思维方式和方法论，同样也适用于建筑设计。建筑师本身就是"跨界"的职业，优秀的建筑师需要观察生活，理性思考，融会贯通。

文／寿震华、沈东莓
2015 年

旅馆设计难不难

旅馆设计难不难？很多人认为很难。

我遇到的国内外顶尖设计单位的绝大多数设计者都说难。为什么呢？他们的理由很"充足"：他们认为，不管你设计如何，等酒店管理公司一到，准是一大堆意见，你做得再好也没有用。表面上这个理由好像是成立的，因为中国业主的绝大多数确有这种现象，在要求设计旅馆的时候，没有事先向酒店管理公司咨询一下，或出一个任务要求，业主没底，设计人理所当然也没底。

当前，不管是在大城市还是小县城，业主们一开口就要五星级酒店，要求很快出效果图，等到方案获规划部门批准，真要上项目的时候，才想到去请酒店管理公司。酒店管理公司一到，多数会发现前台没有问题，而后台管理及后勤用房缺了一大堆。设计人在已经定案的情况下遇到这种情况，只有叫苦连天，久而久之，旅馆设计就被认为是最难的一种设计类型。

另一种情况是房地产商在圈定的地块内，为了提高容积率，而将还没想好的公建改成旅馆，想拿到设计院的图纸及效果图去招商，业主自己没有底，当然不会事先去咨询，等招商成功，新的使用单位一到，请酒店管理公司一看，得到的结果与上述情况一样，也是一大堆意见。两种情况，一种反映，结论是：难。

一、旅馆设计难在哪里

国内在改革开放以前，因为是计划经济，北京的八大饭店（宾馆、酒店、饭店、旅馆都是旅馆的称呼，现在国家统一定名为饭店）都由国家统一定额设计。记得在 20 世纪 80 年代初的时候，我还曾代表北京与全国各大设计院代表，一起参加过当时国家计委抓的"旅馆面积定额标准"的制定工作，可见我们习惯于由国家制定统一的任务书。但 20 多年过去了，现在已进入市场经济时代，没有了国家定额，我们好像就没有了依据，所以设计人感到旅馆设计就更难了。

长期的计划经济让我们认为，设计任务书应该由甲方（业主）提供，没有任务书、不会设计是正常的。我还在一次旅馆项目的设计竞赛会上，遇到一位知名大学教授公开批评甲方："为什么不定任务书，只有一个总面积指标就让设计单位做设计竞赛？"谈的时候理直气壮。

在世界发达国家，已经有很成熟的市场经济习惯，分工很细，如果遇到旅馆设计，不是由业主提供咨询报告，就是由设计单位去请咨询单位做顾问。最近，我遇到很多境外知名的设计公司，他们的设计程序很复杂、死板，先是概念设计，再来体型设计，然后又有初步方案，下一步是方案深化。结构要问结构顾问，电梯要问机电顾问，机房也要由机电顾问提要求，当然旅馆的要求就要请酒店顾问来出主意了。所以，境外的设计单位认为一再改图是设计规律，在这种习惯下，境内外不会细做旅馆设计是天经地义的事。我还看到好几个境外设计单位，由于慢慢地做设计，被中方的业主终止了设计合同。当然，也有能自己完成得很好的，例如美国波特曼设计的旅馆，基本没有问题，除非业主有特别的要求，因为波特曼本身就是酒店老板。但这种情况很少见，我几十年来只遇到这么一位。

上述国内外一些因素，是束缚我们思想的一些原因。其实，旅馆设计并不难，无非是由客房、公共大堂、餐饮会议、行政管理、后勤服务、工程机房、文体娱乐等几大内容组成，现在，由于汽车的大量发展，在此基础上又加上地下车库的面积而已。

二、快速完成设计的方法

快速做成方案设计，已经成为国内设计工作的新规律。尽管世界上发达国家的建筑师及很多学院派的教授们对此强烈不满，但市场是残酷的，当你跟不上市场的节奏时，那只有被淘汰的命运。所以，找到快速完成大家认为难做的旅馆的设计方法，是我要论述的重点——先解决任务书！

很多业主找到设计人就想很快要设计方案，但他们自己不会做设计任务书，而我们的设计人由于长期养成的计划经济的习惯，没有任务书就不会做设计，这样就失去了市场。即使失去了市场，有人还认为是业主不讲理。如果我们换位思考一下，业主如果能做出详细的任务书，就证明了他有资深的建筑师或酒店管理公司作后盾，还要你来做设计吗？所以编制任务书应该是设计人新的基本功，有了任务书就好办了。

虽然业主不会编制任务书，但在已有的地块里，建多少建筑面积的旅馆的想法是有的，这就是我们编制任务书的基础。文后有我将二十多年来积累的资料整理编出的一个基础任务书（附录）供大家参考。为什么叫"基础任务书呢？"早先我国的资料都来自欧美的旅馆管理公司，但我国的国情与他们是不同的。中餐是世界有名的，而在旅馆里吃饭谈业务，又是当前中国的特点，所以，中国旅馆里的餐饮面积要比欧美大很多。我的基础任务书是以欧美任务书为基础，加上增加的餐饮面积，即使让欧美的管理公司来看也是不会短缺内容的。所以可以先将我编的任务书数据作为基数。如有 30000m²，以 80~100m²/ 自然间来计算的话，大致就是一个 300~375 间的旅馆。按此来做方案，就不会有大错。最近我遇到一个业主来问我，一个 45000m² 的旅馆，设计单位只做了 200 间客房对不对？我说，平均 225m²/ 间，是 80~100m² 的两倍多，肯定是错了。这就是用宏观的数据来判断的好处。

这里要特别强调一下"自然间"的概念。所谓"自然间"，就是指一个标准开间客房，几套间就按几个自然间计算。过去我国习惯以"床"为单位计算面积指标，套间越多，床位反而越少，总的面积指标也就小了，套间多应该等级高，但等级越高面积却越少，显然不合理。而若以"间"为单位，套间越多，自然间就越多，总面积也越多，床位数虽少了，却正说明人均面积指标上去了，等级提高了。总面积多，引起一系列与面积挂钩的指标如造价、服务人员、机电量等都虽随之增加，等级与面积、造价成正比才合理。而且，西方国家一直以来都是用"间"为单位来计算经济技术指标的，实践证明是正确的。这样，中外统一了标准，就有可比性了。

当然，由于时代的发展，城市规划规定，还要有一些停车位，有可能安排在建筑内部，需要单加一些面积。另外一些业主希望有更多的文体娱乐内容放在旅馆里，使我们需要考虑这些新的中国特色。

三、星级旅馆的概念

虽然星级旅馆没有统一的国际标准，但大体上四、五星级是很高的标准了。根据国内外的习惯，五星级在装修标准上称为"豪华"、而四星级只是"高级"而已。还有，四星的商业要求较低，面积也少，而五星则要求较全，很多世界名品店都愿意放在五星级旅馆里。

三星级只要有睡觉的客房及一定的餐厅即可。

一、二星级只有客房，其他内容都没有也可以。当前全国开了不少"如家"、"锦江之星"的连锁酒店，就属于这种标准。

至于六星、七星级的标准肯定超过五星，反正没有标准，自己说就是了。当今全国范围内，已经出现一批旅馆，其客房层每一自然间平均达到 $70\sim80m^2$，仅客房层的面积已经相当于国外一个完整旅馆的标准，看来是过分了，但却在中国出现了。

四、旅馆的组成

1. 区分地上与地下的内容

我们首先来分析一下旅馆的组成内容（附录），这是编制任务书的重要一环。首先把它分成地上和可能放在地下的两部分内容。

（1）大堂公共区。肯定在地上，否则就无法出入。

（2）客房层区。是旅馆的主要内容，当然应在地上。

（3）餐饮会议区。也基本放在地上。为什么说基本呢？因为在用地特别紧张的情况下，也有部分放在地下的。这方面有不少实例，如北京的建国饭店就将大宴会厅放在地下，美国旧金山的凯悦饭店也将大宴会厅及各种出租的功能厅放在地下，最近北京新建的华贸中心，其中有两个星级很高的旅馆，也将大宴会厅放在地下。餐饮的粗加工部分、食品库、用具库及冷库等不是非要在地上的部分，自然可以放在地下，事实上，也确有许多星级旅馆将其放在地下。

（4）行政管理区。其对外部分（即我们称为白领职工使用部分）是必须放在地上的。但很多服务部分（即蓝领职工使用的部分），都可以放在地下，相应地，蓝领的管理部分（如劳动人事、保安、工资等）跟着放在地下也是可以的。

（5）职工服务区。由于星级旅馆不希望职工的流线与客人交叉，所以多数旅馆将这部分放在地下。

（6）文娱健身区。放在地下也没有问题，即使是室内游泳池，尤其是北方寒冷地区，是完全可以放在地下的，在地下还容易设计空调，不容易产生凝结水。近年来，我处理过几个设计在地上的游泳池，做了玻璃天窗，产生了凝结水，很被动，后来将玻璃换掉，加上保温材料才解决。而舞厅、KTV 也经常放在地下，这样的好处是，产生的噪声不会影响客房的安静要求。

（7）工程机房区。除必须贴近各层的强、弱电及一些空调机房、电梯机房等外，绝大多数都有条件放在地下。

（8）其他一些在我编制的基本任务书里没有的内容，可以根据任务书的要求，放在地上或地下。

规划用地里的地上规划容积率是业主非常关心的，节省地上的容积率，是旅馆经营者对成本和利润的关键控制点。所以有条件时，可将很多内容放在地下，使地上容积率最大限度提高，增加经济回收的速度。旅馆资金回收的时间很长，最短的也要 7 年，长则 10~13 年。很多旅馆经营者因为没有经验，浪费了大量可赢利的面积，导致经营困难。还有就是认识上的误解，认为找一个有名的旅馆管理公司就一定有客源，就一定能赚钱。其实不然，因为旅馆管理公司只保证将旅馆管理达到相应星级的国际水平，如果设计成超标准、超水平的旅馆，旅客肯定是满意的。但旅客的满意，不能保证一定赚钱。例如，很多年以前我设计的新疆某旅馆，业主为使旅馆的星级提高而多花了好几百万美元的装修投资，也请了国际知名的旅馆管理公司来管理，但新疆气候寒冷，当时至少一年有 5 个月没有租房率，而我们都知道，旅馆要达到预期的还本，至少要 70% 的租房率。结果没有经营几年，尽管旅馆管理得很好，但每年的毛收入还不够还贷款利息的，在不得已的情况下，只能把建得很好的旅馆转让掉。所以能将不占容积率的内容尽量放地下是合理的。

拿附录任务书中 300 间的例子来分析，80m²/ 间的任务中，地下部分可以占到 21% 的面积，是相当可观的，如果再将大宴会厅及会议部分约 4.5% 的内容放在地下的话，即地上等于多了 1/4 的面积，是不小的数字。

所以在设计方案草图的时候，弄清了这种情况后，可以把体量设计一次搞定。例如将地上的面积控制在总面积的 75% 略多一点，然后扣除客房层的面积，剩下的就是裙房的面积，考虑做一、二层还是三层。大的关系控制好了，体量方案就基本完成了，可以在此基础上设计造型。概念方案完成之后，就比较容易在此基础上细化。这样会节省很多时间，使业主满意，而自己也省时间，利人又利己，何乐而不为呢！

要提醒大家的是，附录表格中的使用面积加上辅助面积，是用建筑面积来表示的，为的是让建筑师在草图阶段，就先用建筑面积来思考，大的架子用建筑面积来匡算，下一步再将细部内容填进去，就非常容易了。

2. 留出宴会厅的位置

三星级旅馆设计，实际只是睡觉的客房加吃饭的餐饮，还加上简单的入口大堂就完成了。而四星、五星级旅馆必须要加上宴会和会议等功能，其中大宴会厅要大空间，在结构上是大跨度，以300间旅馆的最小要求来看，也要440m²，当前很多业主要求1000m²的很多，所以结构上至少要15m以上的跨度，在客房的楼层下不可能办到，所以草图阶段在客房楼层外，要事先留出至少有15m以上深度的空间（即两跨宽度以上的空间）。宴会厅的前厅必要时可以用客房下的柱网空间，而宴会厅后面最好也要留出一到两跨的服务空间。有了这些空间，基本的方案架子就搭成了，至少不会造成大的返工。所以我们在评审规划或研究已有规划的建筑体型能不能改造成四、五星级旅馆时，能不能放得下宴会厅是主要的核对条件，有了这个条件就没有困难了。我在这里举几个实例来证明这个问题（图1）。

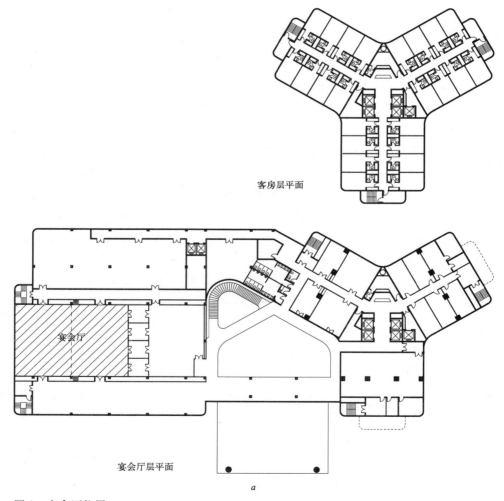

客房层平面

宴会厅层平面

a

图1　宴会厅位置

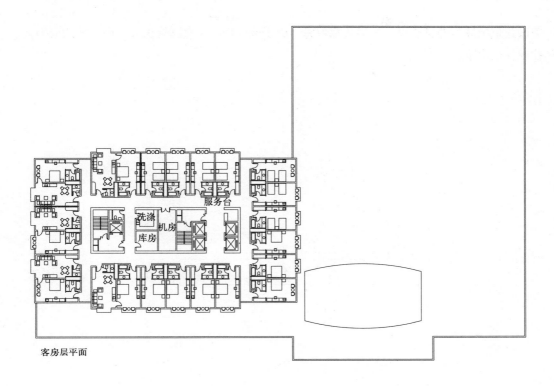

客房层平面

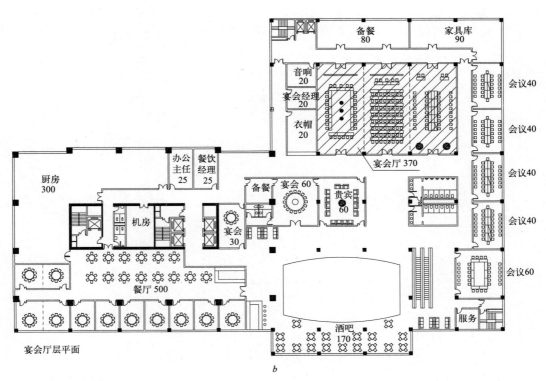

宴会厅层平面

b

图1　宴会厅位置（续）

美国建筑师波特曼喜欢设计多层共享中庭，由于他设计的中庭跨度很大，所以他的大宴会厅往往就在中庭下面（图2）。

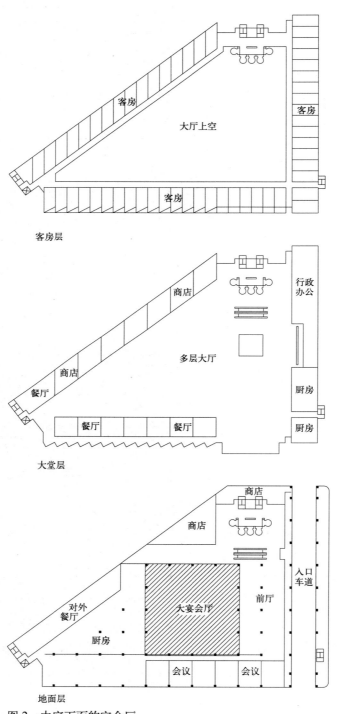

图 2　中庭下面的宴会厅

总图及大的体量设计解决之后，等于主要矛盾解决了，大局控制住了。

五、大分区的设计思路

了解了旅馆的几大组成部分和面积比例后，我们用"大分区的思路"来设计，基本框架很快就能确定。现举一个用大分区思路设计的实例——河南漯河接待中心来分析（表1、表2）（第六项将逐条分析各分区设计要点）。

（1）客房层：最清楚，肯定在地上的主楼部位，也是造型体量的主要决定因素。

（2）公共大堂层：肯定在首层，用地特别紧张的情况下，安排在商场及综合楼的上面，那么在首层只安排入口，用自动扶梯或直达电梯通到商场上面的旅馆大堂层。

（3）行政管理：大致是两部分，一部分在客房层下面，是所谓白领层，在地上；另一部分是管理蓝领的部分，大部分在地下，当然也可以放在地上。

（4）餐饮会议：大多数在首层及裙房层，只要注意大宴会厅的部位，基本上不会很难设计。

（5）职工服务区：在用地比较紧张的市区，大部分会在地下，只在首层有少量的后勤入口。

（6）工程机房区：由于地上2%的机房已消化在客房层，所以大部分在地下，比较集中。

（7）文娱体育部分：地上或在地下都有可能，在地上通常在餐饮之上，在地下也应集中，以便管理。

综合来看，只要按照面积比例和部位将七大分区进行合理分配，基本框架已经搭建，接着再将各分区细部面积布置在各自的区域内，方案很快就完成了（图3）。

河南漯河接待中心总体面积指标　　　　　　　　　　　　表1

主楼	面积统计（m²）	9间套	4间套	3间套	2间套	双床间	单床间	自然间	间套	床数	备注
17 商务层	900×1=900	1		2	5		14	10	16		
16 商务层	1004×1=1004		1	2	8	2	17	13	14		
15 行政层	1004×1=1004			3	6	3	15	12	18		
14 写字楼层	1004×1=1004										
3~13 客房楼层	1004×11=11044				165	33	198	198	363		
2 层	4660										
1 层	6586										
地下 1 层	6266										
	32468		1	1	7	184	38	244	233	411	
贵宾楼 A	499	1						9	1	4	
贵宾楼 B	492	1						9	1	4	

主楼	面积统计（m²）	9间套	4间套	3间套	2间套	双床间	单床间	自然间	间套	床数	备注
贵宾楼 C	358×1=358			2				6	2	4	
贵宾楼 D	432×5=2160			5		15	10	40	30	50	
贵宾楼 E	434×1=434			1		5		8	6	12	
贵宾楼 F											
	4636	2		8		20	10	72	40	74	
服务楼											
总计	38000	2	1	9	7	204	48	316	271	485	

河南漯河接待中心分层面积指标　　表2

层数	客房部分	公共部分	餐饮宴会部分	会议部分	文体部分	行政部分	工程机房部分	总计
17 层	900							
16 层	1004							
15 层	1004							
14 层	1004							
13 层	1004							
12 层	1004							
11 层	1004							
10 层	1004							
9 层	1004							
8 层	1004							
7 层	1004							
6 层	1004							
5 层	1004							
4 层	1004							
3 层	1004							
2 层	1707		3635			1397		
1 层	2246	1862	1750	3446	221	570		
-1 层			391		2503	1718	1654	
	18909m²	1862m²	5776m²	3446m²	2724m²	3685m²	1654m²	38010m²
316 自然间	59.8m²/间	5.9m²/间	18.3m²/间	10.9m²/间	8.6m²/间	11.6m²/间	5.2m²/间	120.3m²/间

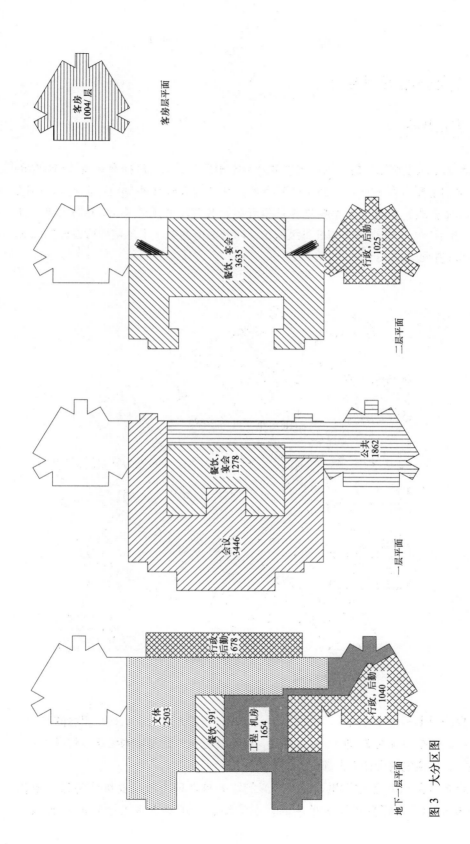

客房平面

客房
1004/层

二层平面

餐饮，宴会
3635

行政，后勤
1025

一层平面

餐饮，宴会
1278

公共
1862

会议
3446

地下一层平面

文体
2503

行政，后勤
678

餐饮 391

工程，机房
1654

行政，后勤
1040

图3 大分区图

六、各大分区设计要点

1.客房层区

四星或五星级旅馆的建筑设计硬件部分基本相同，只是装修标准有高级和豪华的区别，所以客房层的主要内容——客房都应该差不多，其开间大致在 4.5m 或多一点，所以结构柱网以 ≥ 9m 为合适。丽思 - 卡尔顿自称是超五星，其客房要求是 4.8m 开间（编者注：见本书"诠释'奢华'——北京首家超五星级旅馆，即金融街丽思 - 卡尔顿酒店设计"图 8），燕莎及银泰是 5m 开间（图 4）。

平均每间面积
1004/18=55.8m²
3~13 客房层平面
1004 × 11=11044m²

图 4　标准客房层平面

客房的卫生间大多是四件，面积在 7m² 以上，在过去浴盆、恭桶、手盆的基础上，多了一个淋浴间。这个要求在 20 世纪 70 年代后，由于艾滋病开始漫延的关系，慢慢地实行起来，不仅是旅馆，在住宅的设计里也都流行起来。

在商务区的五星级旅馆里，高端客商们还要求在顶上数层安排商务层（也称行政层），除要些双套间外，还要不少大单床间，在最顶层，还要求 4~5 个自然间面积以上的总统套间。

商务层往往在最高的三层，其下有满足每房至少一个座位的商务酒吧（也称行政酒廊），其内容除了供商务会谈外，也可供应自助早餐、阅览图书，可以办理住店及出店结账业务，还需要商务中心，以方便高端客人的需要（编者注：见本书"诠释'奢华'——北京首家超五星级旅馆，即金融街丽思–卡尔顿酒店设计"图9）。

2. 公共大堂区

大堂公共区是各业主最重视的内容之一，很多业主不管多大的旅馆都要求将大堂设计得又高又大，其实没有必要。我曾看到一个单位的培训中心，只有200间客房，可是大堂竟超过2000m²，空空荡荡的，没有一点人气，又徒增空调负荷。

究竟大堂多大合适？合理的话每一自然间就有1m²就够了，即使想大一点，最多增加50%。当然你在我的基础任务书总面积指标以外多加很多内容及很多面积的话，也可以按比例适当增加大堂面积（图5）。

3. 餐饮会议区

餐饮的指标已很清楚了。最重要的是24小时营业的咖啡厅（即自助餐厅，也可与西餐厅合起来，当前中国很多城市已经本土化，成了自助早餐、自助午餐、甚至自助夜宵的合体，很有意思）要满足大部分客人的早餐服务及随时用餐的需要。

此外，最好设风味餐厅，餐厅不宜很大，100座左右即可，多种风味比较理想。至于包间餐厅，可以根据需要而增加。大宴会厅在四、五星级的旅馆里是重点，但大宴会厅的真正含义，不仅仅是宴会厅，应该是可分可合的多功能厅堂，可开各种会议，诸如政治性的会议、技术性的会议、商业产品发布会、新闻发布会、记者招待会、各种签字仪式等，当然宴会也是重要的内容，可以举行婚礼、祝寿、生日宴会等。由于人数变化很大，能使一个宴会厅在需要时隔成不同大小，是比较经济和理想的。在设计大宴会厅的时候，不宜纵向设出入口，正对主席台，而应横向设计。当然，在有条件时，在横向设计基础上在纵向设一入口，利于婚礼使用。一般两跨的大厅，15~18m宽，前面有一跨的前厅，是会议前、会议中休息活动的地方。超大的大宴会厅也有设计三跨的，附近有衣帽间及卫生间。厅背后是服务通道，一般是1~2跨，后面有备餐及库房。因为大宴会厅有多种功能，桌椅天天搬进搬出，所以后台要有很大余地。当然面积困难时要有通廊，通过通廊到其他地区或其他层。但厨房、备餐紧接着宴会厅肯定是不太理想的（图6、图7）。

大型会议是在大宴会厅里开的。会议厅之所以重要，是因为它是旅馆的重要客源。大会议要配以适当的中、小会议，这是中国开会的习惯，要小组讨论嘛。

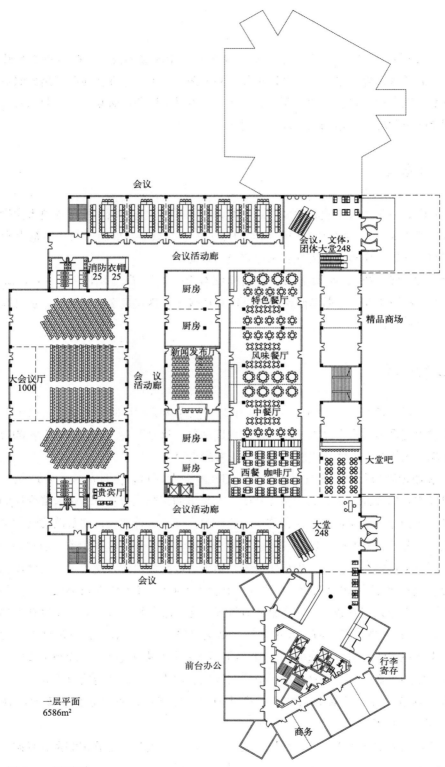

会议

会议活动廊

会议，文体，
团体大堂248

消防 衣帽
25 25

厨房

厨房

特色餐厅

精品商场

新闻发布厅

风味餐厅

大会议厅
1000

会 议
活动廊

中餐厅

大堂吧

厨房

厨房

贵宾厅

西餐 咖啡厅

会议活动廊

大堂
248

会议

前台办公

行李
寄存

一层平面
6586m²

商务

图 5　一层平面

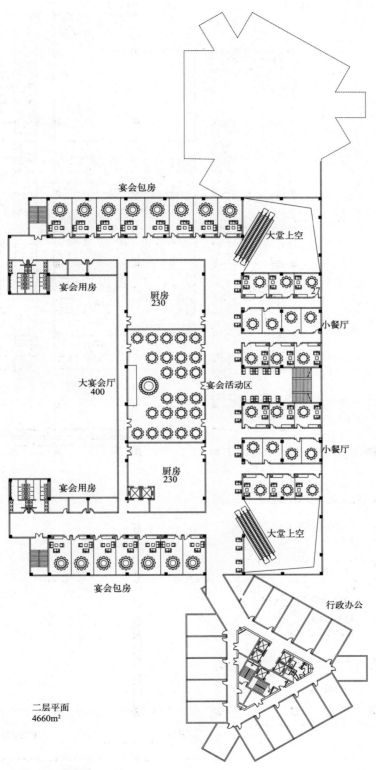

宴会包房

宴会用房

厨房
230

大宴会厅
400

宴会活动区

大堂上空

小餐厅

小餐厅

大堂上空

厨房
230

宴会用房

宴会包房

行政办公

二层平面
4660m²

图 6　二层平面

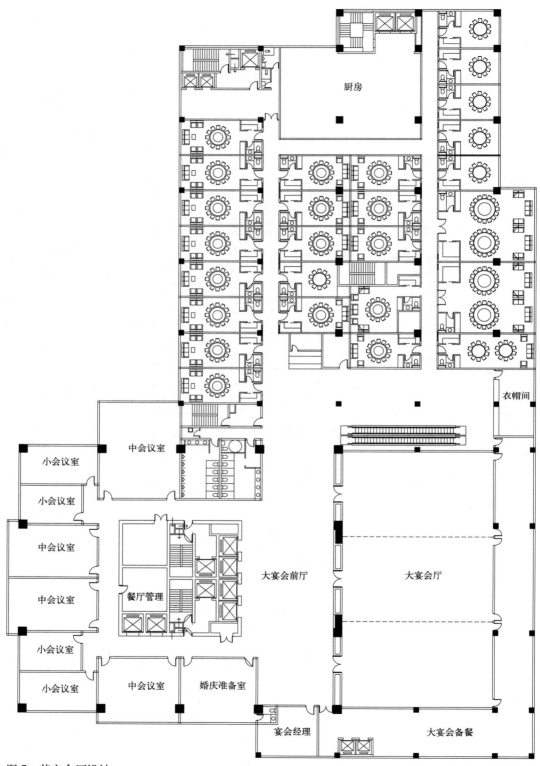

图 7　某宴会厅设计

4. 行政管理区

行政管理部分面积比较少,每间只有 $1m^2$ 多一点,占总面积的 1% 左右,对整体影响比较少,而行政管理的白领部分位置大多在客房层与公共层之间,有时可占半层客房,在设计上没有什么困难,不会影响总体设计。另一部分是管理蓝领的,与蓝领员工工作的位置临近,大多数在地下室(图 6)。

5. 后勤服务区

后勤服务面积的估算对旅馆设计的影响最大。我最近接触的业主普遍认为,后勤服务面积不需要很多,当设计人一时无法说服业主时,就埋下了很大的隐患。以 300 间旅馆为例,后勤服务部分要占总面积的 10% 以上,是不可小视的重要面积。记得当年在调查北京建国饭店的时候,发现很多职工蹲在入口大堂的路边吃饭,不甚雅观,后来,只好在别的地方单独建立了洗衣房等后勤服务用房,可以看出设计的不周会导致旅馆管理的被动局面(图 8)。

基础任务书中实际还有一部分面积没有安排进去,就是如果大量增加餐饮面积、文体面积以及无限扩大单间客房面积,也会造成后勤面积不够。虽然增加餐饮、文体面积对管理方面影响不是很大,但毕竟为客人服务的职工人数会增加。如洗衣量会增加、职工的食堂及更衣浴室等更会增加,库房也会相应增加,机房面积一定要增加,否则,管理会很被动的。为什么我要特别提醒这个问题呢?因为这几年不知为什么,中国新建的旅馆单位面积指标比国外的要大得多,并且互相攀比,这时管理公司通常默认,因他们只负责管理,不保证盈利——这一点恐怕很多业主并不清楚。

如遇到上述这种情况,后勤面积要增加多少呢?如果前台只增加 10% 左右,那么,我们的指标是有弹性的。如果增加多了,一定要考虑增加后台的面积。(这部分放在后面详细叙述)

6. 工程机房区

工程机房的面积一向是为建筑设计人员所不重视的,当今各种工程之所以在方案完成后深入初步设计时陷入被动,原因在于:做方案的时候少估了机房面积,而机房少了,各专业是做不下去的。于是一连串连锁反应就出现了:方案报批时总面积指标已定,如机房必须调整面积的话,必然要减少别的面积,在各种必要的面积都不能少的情况下,只能减少车库面积,车位少了,只能以机械车库来对付,尽管机械车库要增加层高,增加用电量,但不增加面积,所以只能以增加造价为代价。业主此时往往陷入进退两难的境地:不返工,做不下去,返工,大量时间已流失。看来机房面积估算准确十分重要(图 8)。

我估计的机房面积是在分析统计过去几十个旅馆项目基础上得来的,在二十多年以来的工程设计实践中证明是对的。

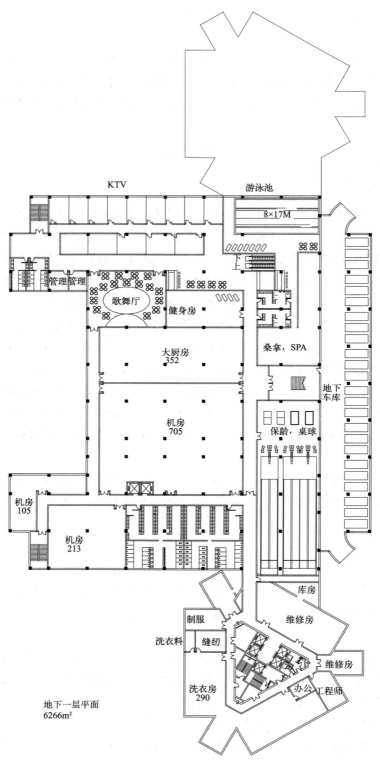

KTV

游泳池

8×17M

管理 管理

歌舞厅

健身房

桑拿，SPA

地下车库

大厨房
352

机房
705

机房
105

机房
213

保龄，桌球

库房

维修房

制服

洗衣料   缝纫

维修房

办公工程师

洗衣房
290

地下一层平面
6266m²

图 8　地下一层平面

7. 文娱体育区

过去，文娱体育区在五星级旅馆里，网球与游泳池是必不可少的，但现在 SPA 却流行得不得了，有的旅馆仅 SPA 就在 1000~3000m² 以上，相当可观。

文体在设计方面为什么没提难度呢？因为大多内容在客房的柱网尺寸里能够办到，例如游泳池，希尔顿管理集团的认为最小尺寸 8m×15m 是允许的，所以在客房的柱网里能放下，在设计方案时就没有难度了。

文体方面弹性很大，在我建议的一些内容以外，若要增加面积，请不要忘记服务人员及机房面积都要相应增加。

七、面积超额怎么办

一般来说，总面积增加在 10% 以下，其他后勤面积还是有弹性的，可以照样使用表里的各种数据，但超过太多的话，就要相应增加面积。

一般 300~500 间旅馆面积的 10% 在 2400~4000m² 之间，我用 10000m² 来举例，如果大于或小于 10000m² 的话，可以用插入法来推算。

（1）增加 10000m²，不管是客房、大堂、餐饮、文体，对机房来说，需多增加 5%，即增加机房 500m²。

（2）增加餐饮及会议面积也是经常遇到的。现在很多业主要求至少有 20 个餐饮包间，还有，要增加大宴会厅（大会议厅）的面积，也会相应增加中小会议厅的面积。这时也要相应增加厨房及职工用房面积。我们以 1000m² 为基数简化计算。增加的机房面积就不重复叙述了。在地上的厨房、备餐需要增加厅堂面积的 30%，即 300m²，地下总厨房要增加 30%，即 300m²。大宴会厅还要相应增加卫生间面积、衣帽间面积，这部分就按表上面积为基数按比例增加，由于增加的面积并不多，在估算大额数值时可以不计。现在的包间大多要求包括小卫生间及包间内的衣柜，所以卫生间、衣帽间的面积也可不计。洗衣房要加 50m²，职工更衣要加 10m²，职工餐厅也要加 5m²。相当于餐饮部分每增加 1000m²，要增加厨房 600m²、洗衣房 50m²、职工更衣 10m²、职工餐厅 5m²，即增加 665m²，是前台面积的 2/3。

（3）增加文体。这部分包括室内游泳池、室内各种球场、棋牌室、大面积 SPA、舞厅、KTV 包房等。我们也以 1000m² 为例，增加的机房面积也不需要重复叙述，只需增加洗衣房 50m²、职工更衣 10m²、职工餐厅 5m²，即增加 65m²。

八、地下车库

地下车库可根据不同城市的要求来完成，我们这里无法提出建议，有的城市用地较大，也可能只在地面停车，而不占地下车库面积。地下车库的面积是根据数量来定的，一般以40m²/辆来估算，40m²/辆是以9m×9m柱网为基础的，若柱网小的话，面积会少一点，如8.4m×8.4m柱网的话，36m²/辆就能做到。反过来说，当前很多客房设计要求在4.8~5.0m开间，柱网就达到9.6~10m，那么每辆车的面积会超过40m²，希望在估算面积时要多估一些。

九、艺术造型

至于建筑造型，因为面积分配清楚，体量变化不会很大，凭个人的爱好或业主的要求设计，相当于在体量的基础上穿衣服就是了。由于艺术观点各不相同，我在这里就不发表意见了。

十、其他

大分区思路抓的是方案初期的主要矛盾，在面积表里没有表达的其他方面，表述如下：

关于客梯的指标，大体上定为1000kg/100个自然间就可以了，即可以用1000kg的轿厢，价格比较适中。

四、五星级可用大一级的，1250kg/100间为好，即用宽门电梯，井道为2.6m宽，对带行李的旅客来说比较方便，也比较气派，符合四、五星级酒店的身份。现在经常遇到的超五星级旅馆可用1600kg/100间，就显得很豪华了。

服务梯是客梯的一半，有消防梯的话可以兼用。但仅消防梯作服务梯往往数量不够，在设计时要加以注意。

如有地下车库的话，最好有专用电梯到大厅再转换，以利保安。

十一、总结

很多人认为旅馆设计难的原因是没有任务书，掌握了旅馆的组成及面积比例的规律，建筑师就可以为业主编制任务书，先提出问题，再解决问题，接下来用大分区思路来使复杂问题简单化（正如我在"轻松设计"一文中所述），有的放矢，快速设计旅馆一点都不难！

文 / 寿震华

附录　基础任务书面积指标

总表   附表 1

	300 间			500 间			1000 间			比例 （%）
	定额 （m²/间）	数量	面积 （m²）	定额 （m²/间）	数量	面积 （m²）	定额 （m²/间）	数量	面积 （m²）	
1- 大堂公共区	4		1200	4		2000	4		4000	5
2- 客房层区	48		14400	48		24000	48		48000	60
3- 餐饮会议区	12		3600	12		6000	11		11000	15
4- 行政管理区	1.5	300	450	1.2	500	600	0.8	1000	800	1~1.8
5- 职工服务区	6		1800	5		2500	4		4000	5~7
6- 文娱健身区	4.5		1350	3.8		1900	4.2		4200	5
7- 工程机房区	6		1800	6		3000	6		6000	7
总计	82	300	24600	80	500	40000	78	1000	78000	100

注：
1. 定额不包括以下项目：室外停车场、地下车库、人防、地下自行车库、大门门房、工作人员通道、环境绿化等；
2. 总计数据都是取整的，与分项小计之和可能略有误差。

大堂公共区   附表 2

1- 大堂公共区		300 间			500 间			1000 间			备注
		定额 （m²/间）	数量	面积 （m²）	定额 （m²/间）	数量	面积 （m²）	定额 （m²/间）	数量	面积 （m²）	
1a- 接待大堂	主要门厅	1	300	300	1	500	500	1	1000	1000	
	门厅休息	0.1		30	0.1		50	0.1		100	
	门厅前厅			30			30			80	
	宴会门厅			0			150			300	
	小计			360			730			1480	
1b- 接待柜台	客房预订（长 0.9m）	2	2	4	2	2	4	2	3	6	
	门房（长 0.9m）	2	1	2	2	1	2	2	2	4	
	操作系统（长 1.5m）	3.1	1	3	3.1	1	3	3.1	1	3	
	电脑（长 0.9m）	2	2	4	2	2	4	2	2	4	
	收银（长 2.1m）	4.5	1	5	4.5	2	9	4.5	3	14	
	保险柜			2			3			4	
	小计			20			25			35	
	柜台长度			9m			13m		18m		
1c- 前台办公	前台经理		1	15			15			15	
	前台值班经理		1	15			15			15	
	秘书		1	15			15			15	
	保安			10			10			20	
	前台办公			15			15			30	
	灯具开关室			15			15			20	

1- 大堂公共区		300 间			500 间			1000 间			备注
		定额(m²/间)	数量	面积(m²)	定额(m²/间)	数量	面积(m²)	定额(m²/间)	数量	面积(m²)	
1c- 前台办公	复印机			10			10			15	
	门房库房			5			5			5	
	普通库房			5			5			15	
	衣柜			5			5			10	
	机动面积	10/人	4	40	10/人	5	50	10/人	8	80	
	小计			150			160			240	
1d- 行李电话	前台附近行李			10			15			25	
	行李暂存			15			20			40	
	电话间			5			5			10	
	小计			30			40			75	
1e- 大堂服务	商务中心 / 小会议			20			30			60	
	女装店						60			120	
	男装店									80	
	美容 / 美发			60			70			100	
	杂货店						60			60	
	儿童用品店									60	
	女鞋店									80	
	男鞋店						60			60	
	珠宝店									80	
	礼品店						80			60	
	书店						30			80	
	花店			15			20			30	
	银行			15			20			30	
	票务			15			20			30	
	礼宾司 / 旅行社			15			15			15	
	出租车			15			15			15	
1e- 大堂服务	医务室	1		40	1		40			60	
	婴儿看护									30	
	儿童游戏室									80	
	百货店			150							
	小计			345			520			1130	
1f- 辅助面积（20%）				181			295			592	
1g- 弹性面积				114			230			448	
总计		4	300	1200	4	500	2000	4	1000	4000	

客房层区 附表3

2-客房层区		300间			500间			1000间			备注
		定额（自然间）	数量（套）	面积（m²）	定额（自然间）	数量（套）	面积（m²）	定额（自然间）	数量（套）	面积（m²）	
2a-客房	标准客房	1	>150	7200	1	>250	12000	1	>500	24000	净面积20~24m²
	非标准客房	1	<78	3744	1	<133	6384	1	<272	13056	净面积<20m²
	3套间	3			3	5	720	3	10	1440	
	2套间A	2	30	2880	2	45	4320	2	90	8640	
	2套间B										
	豪华套间	6	1	288	6	1	288	6	8	384	
	行政酒廊	6	1	288	6	1	288	6	1	480	
2b-辅助用房	服务间										已包括在客房里
	库房										
	强电										
	弱电										
	管道间										
	新风机房										
	电梯										
	楼梯										
总计		48	300	14400	48	500	24000	48	1000	48000	建筑面积

餐饮会议区 附表4

3-餐饮会议区		300间			500间			1000间			备注
		定额（m²/座）	数量	面积（m²）	定额（m²/座）	数量	面积（m²）	定额（m²/座）	数量	面积（m²）	
3a-餐厅	咖啡厅	1.6	120	192	1.6	200	320	1.6	400	640	
	咖啡厅厨房			80			108			126	
	大餐厅	1.8	120	216	1.8	108	270	1.8	250	450	
	小餐厅	2			2	30×2	120	2	30×3	180	
	餐厅厨房			64			117			189	
	西餐厅	2			2			2	150	330	
	风味餐厅	2	80	160	2	80	160	2	80×2个	320	
	风味餐厅厨房			80			80			160	
	屋顶餐厅	2			2			2	120	240	
	屋顶餐厅厨房									72	
	夜总会/舞厅	2.2			2.2			2.2	250	550	
	舞厅备餐			90			144			270	

3-餐饮会议区		300 间			500 间			1000 间			备注
		定额 (m²/座)	数量	面积 (m²)	定额 (m²/座)	数量	面积 (m²)	定额 (m²/座)	数量	面积 (m²)	
3a-餐厅	小计			882			1319			3527	座位数占客房数50%
3b-酒吧	大堂吧	1.4	40	56	1.4	60	84	1.4	100	140	
	鸡尾酒吧	1.4	60	84	1.4	100	140	1.4	160	224	
	风味酒吧	1.4			1.4			1.4	40	56	
	快餐酒吧	1.6	30	48	1.6	40	64	1.6	80	128	
	游泳池酒吧	1.4			1.4	12	17	1.4	12	17	
	衣帽间	0.07	320	23	0.07	610	42	0.07	1200	84	
	卫生间	5.4/格	8	43	5.4/格	12	65	5.4/格	24	130	
	小计			254			412			779	
3c-总厨房	总厨房			180			250			400	
	领班办公室			9			9			9	
	准备食品			54			75			110	
	面包点心			63			72			81	
	生鲜			63			72			81	
	库房			54			75			110	
	小计			423			553			791	可在地下
3d-食品饮料库	大批食品库			100			150			230	
	冷藏冷冻库			72			90			120	
	酒水饮料			72			90			120	
	瓷器库			9			11			14	
	小计			253			341			484	可在地下
3e-宴会厅及出租房	宴会/多功能厅（可灵活分隔）	1.1	400	440	1.1	600	660	1.1	1200	1320	客房数×1.2
	宴会厅备餐			44			66			132	
	宴会前厅	0.36		144	0.36		216	0.36		432	
	卫生间	5.4/格	8	43	5.4/格	12	65	5.4/格	24	126	
	衣帽间	0.07		28	0.07		42	0.07		84	
	宴会厅库房	0.18		72	0.18		108	0.18		216	
	展厅										可机动项目
	小计			771			1157			2310	
3f-小宴会	小宴会厅	1.1	50×2	110	1.1	100×1	110	1.1	75×2	165	
			25×2	55		75×1	82		50×5	270	
						50×2	110		30×5	165	

3-餐饮会议区		300 间			500 间			1000 间			备注
		定额 (m²/座)	数量	面积 (m²)	定额 (m²/座)	数量	面积 (m²)	定额 (m²/座)	数量	面积 (m²)	
3f-小宴会	卫生间	5.4/格	4	22	5.4/格	6	32	5.4/格	12	65	
	衣帽间	0.07	75	5	0.07	162	12	0.07	275	18	
	小宴会库房	0.14		21	0.14		38	0.14		78	
	小计			213			384			761	
3g-会议室	会议室	0.9	50×2	90	0.9	50×2	90	0.9	100×1	90	
						25×2	45		75×1	67	
									50×2	90	
	卫生间	5.4/格	4	22	5.4/格	4	22	5.4/格	8	43	
	衣帽间	0.07			0.07	75	5	0.07	138	9	
	会议库房						27			49	
	小计			112			189			348	
3h-会议服务	入口前梳妆			18			27			45	
	花草间									27	
	放映音响			13			14			18	
	小计			31			41			90	
3i-宴会管理	宴会经理			10			10			10	
	订餐经理						10			10	
	秘书/公关			13			14			18	
	特别设备库房			11			13			14	
	小计			34			47			52	
3j-辅助面积（20%）				544			889			1828	
3k-弹性面积				83			168			30	
总计		12m²/间	300	3600	11m²/间	500	5500	11m²/间	1000	11000	

行政管理区　　　　　　　　附表 5

4-行政管理区		300 间			500 间			1000 间			备注
		定额 (m²/间)	数量	面积 (m²)	定额 (m²/间)	数量	面积 (m²)	定额 (m²/间)	数量	面积 (m²)	
4a-行政高管	总经理		1	25		1	25		1	25	
	总经理卫生间			5			5			5	
	副总经理		1	15		1	15		1	30	
	办公/党委			25			25			25	
	秘书/公关		1	15		1	15		1	15	

4-行政管理区		300间			500间			1000间			备注
		定额(m²/间)	数量	面积(m²)	定额(m²/间)	数量	面积(m²)	定额(m²/间)	数量	面积(m²)	
4a-行政高管	秘书/公关									15	
	文件/库房			5			5			10	
	小计			90			90			125	
4b-普通办公	食品饮料部经理	1	15		1	15		1	15		
	食品饮料部副经理									15	
	销售经理	1	15		1	20		1	20		
	销售副经理	1	15		1	15		1	30		
	公关	1	15		1	15		1	20		
	秘书/会客	1	15		1	15		1	15		
	秘书/打字	1	15		1	20		1	30		
	文件/库房			5			10			15	
	小计			95			110			160	
4c-会计部	办公/财务总监	1	15		1	15		1	15		
	办公/财务副总监				1	15		1	15		
	秘书/会客	1	15		1	20		1	30		
	文印	1	15		2	20		3	30		
	会计/记账	3	30		5	50		8	80		
	现金	1	15		1	20		1	30		
	文件/设备			5			10			15	
	小计			95			150			215	
4d-办公后勤	会议室	14	20		16	30		20	40		
	茶水间/备餐			5			5			10	
	复印/邮件			15			15			20	
	供应室			5			10			15	
	卫生间			30			40			50	
	小计			75			100			135	
4e-辅助面积（20%）				71			92			127	
4f-调节面积				24			58			38	
总计		1.5	300	450	1.2	500	600	0.8	1000	800	

5- 职工服务区		300 间			500 间			1000 间			备注
		定额(m²/间)	数量	面积(m²)	定额(m²/间)	数量	面积(m²)	定额(m²/间)	数量	面积(m²)	
5a- 职工入口	出入口			15			15			20	
	打卡		1	15		1	15		1	15	
	工资		1	15		1	15		1	15	
	保安		2	15		2	15		2	15	
	卸货平台	2.7×3(进深)m	3	25	2.7×3(进深)m	3	25	2.7×3(进深)m	4	35	
	收货办公		1	15		1	15		1	15	
	管理员/食品检查			15			15			15	
	冷冻垃圾			15			20			30	
	压缩垃圾			15			20			30	
	放瓶处			15			20			30	
	废物堆放处			15			20			30	
	洗涮			15			20			30	
	小计			190			215			280	可在地下
5b- 职工福利	男更衣(65%更衣,35%厕浴)	0.8m²/人	150	120	0.8m²/人	250	200	0.8m²/人	500	400	除客房外,面积每增加1m²/间,增加1.5%
	女更衣(65%更衣,35%厕浴)	0.8m²/人	150	120	0.8m²/人	250	200	0.8m²/人	500	400	
	职工餐厅(30%总职工)	1.4m²/人	90	126	1.4m²/人	150	210	1.4m²/人	300	420	
	医务/办公/库房		1	40		1	40		2	45	
	小计			406			650			1265	可在地下
5c- 人事部	办公室主任		1	15		1	15		1	15	
	助理		1	15		1	15		1	15	
	工会			15			15			15	
	办公/团委			15			15			15	
	普通办公室			15			20			30	
	秘书/会客		1	15		1	15		1	15	
	文印/供应			15			15			15	
	小计			105			110			120	可在地下

5-职工服务区		300 间			500 间			1000 间			备注
		定额 (m²/间)	数量	面积 (m²)	定额 (m²/间)	数量	面积 (m²)	定额 (m²/间)	数量	面积 (m²)	
5d-采购部	采购主任	1	15		1	15		1	15		
	采购助理	1	15		1	15		1	15		
	秘书/会客	1	15		1	15		1	15		
	文印/供应		15			15			15		
	小计			60			60			60	可在地下
5e-后勤杂用房	普通库房			60			80			120	
	信息/网络			30			30			30	
	电话机房			20			30			50	
	小计			110			140			200	可在地下
5f-总务	总务办公室	1		15	1		15	2		20	
	失物招领			5			5			5	
	缝纫	1		15	1		15	1		15	
	熨衣房	1		15	1		15	1		15	
	棉制品库	1		50	1		80	2		140	除客房外,面积每增加1m²/间,增加1.5%
	供应品库			15			25			50	
	制版房	1		15	1		15	2		20	
	小计			130			170			265	可在地下
5g-洗衣房	洗衣办公	1		15	1		15	2		20	
	洗衣房	6		250	8		400	10		600	除客房外,面积每增加1m²/间,增加1.5%
	清洁剂库房			5			5			5	
	收发/制服处	2		30	2		50	2		100	
	小计			300			470			725	可在地下
5h-职工宿舍	培训教室			60			60			60	
	值班宿舍	4		60	6		90	10		150	
	职工文娱			60			60			60	
	小计			180			210			270	可在地下、楼外
5i-辅助面积(20%)				296			405			637	
5j-调节面积				23			70			178	
总计				1800			2500			4000	

6- 文娱健身区		300 间			500 间			1000 间			备注
		定额(m²/间)	数量	面积(m²)	定额(m²/间)	数量	面积(m²)	定额(m²/间)	数量	面积(m²)	
6a- 管理更衣	接待柜台			7			9			11	
	文体用品商店			14			18			23	
	男更衣	0.8m²/人	30	24	0.8m²/人	40	32	0.8m²/人	50	40	
	女更衣	0.8m²/人	30	24	0.8m²/人	40	32	0.8m²/人	50	40	
	小计			69			91			114	可在地下
6b- 文体项目	器械健身			36			36			40	
	蒸汽浴			7			7			7	
	土耳其浴			7			7			7	
	漩涡水池			13			13			13	
	按摩			15			15			15	
	日光浴			5			5			10	
	水吧			18			23			30	
	棋牌室			50			50			80	
	台球			60			60			90	
	乒乓球			60			60			80	
	室内游泳池	>8×15m		400	>8×15m		400	>8×15m		400	
	游泳男女更衣			150			150			150	
	游泳管理			30			30			30	
	小计			851			856			952	可在地下
6c- 备选项目/调节面积	沙壶球										
	保龄球										
	SPA										
	足疗										
	歌舞厅										
	KTV										
	室外网球场										
	小计			246			764			3121	可在地下
6d- 辅助面积（20%）				184			189			213	
总计				1350			1900			4400	

工程机房区 　　　　　　　　　　　　　　　　　　　　附表 8

7- 工程机房区		300 间			500 间			1000 间			备注
		定额 (m²/间)	数量	面积 (m²)	定额 (m²/间)	数量	面积 (m²)	定额 (m²/间)	数量	面积 (m²)	
7a- 工程师	主任工程师		1	15		1	15		1	15	
	助理工程师								1	15	
	设计制图			2			2			2	
	秘书/会客		1	15		1	15		2	30	
	文件/供应品			5			5			5	
	档案柜			5			5			10	
	一般工程库房			30			40			60	
	小计			72			82			137	可在地下
7b- 维修区	木工		4	45		4	45		6	60	
	油漆工		1	30		1	30		1	40	
	室内装修		4	40		4	40		5	50	
	电工		6	40		6	40		8	50	
	电视/音响维修		1	15		1	15		2	15	
	机械/管工		4	30		4	30		6	40	
	印刷		1	40		1	40		2	50	
	小计			240			240			305	可在地下
7c- 更衣室	工程人员更衣室	0.8m²/人		17	0.8m²/人		17	0.8m²/人		24	
	小计			17			17			24	可在地下
7d- 各种机房	冷冻机房/泵房										
	热交换/锅炉房										
	净水机房										
	上水加压机房										
	中水机房										
	污水泵房										
	消防水池										
	消防水泵房										
	消防控制室										

7- 工程机房区		300 间			500 间			1000 间			备注
		定额 (m²/间)	数量	面积 (m²)	定额 (m²/间)	数量	面积 (m²)	定额 (m²/间)	数量	面积 (m²)	
7d- 各种 机房	变配电室										总面积 每增加 1m²，增 加1%； 可在地 下
	备用 发电机房										
	小计（约）			1477			2675			5441	
7e- 辅助面积（20%）				66			68			93	
总计		6	300	1800	6	500	3000	6	1000	6000	

诠释"奢华"
——北京首家超五星级旅馆，即金融街丽思 – 卡尔顿酒店设计

一、前言

北京金融街丽思 – 卡尔顿酒店（The Ritz-Carlton，Beijing Financial Street）于 2006 年正式开业，美国前国务卿赖斯曾作为第一批贵宾入住。"丽思 – 卡尔顿"被国际公认为是奢华的代名词。这是北京第一家超五星级旅馆，继上海波特曼丽思 – 卡尔顿酒店（改建）之后，中国大陆又一家由享有盛誉的丽嘉酒店有限公司（The Ritz-Carlton Hotel Company，L.L.C.)管理的超豪华旅馆。

一家超五星级旅馆，除了建筑本身，还要有品牌独树一帜的服务理念、甚至历史背景作为支柱。建筑师对后者的了解，能帮助建筑师把握创作的方向以及与业主有共同的沟通基础。一个知名品牌的超豪华旅馆，它的建筑设计已经成为品牌的组成部分，关系到多年积累建立的信誉，投资方、管理方都会十分重视。所以，"奢华"是品牌信誉，酒店管理、建筑设计等多重条件要和谐统一并应达到相当水准。

作为一个年轻建筑师，能够参与这个过程，并担当主持人，着实经历了一次难得的从兴奋到艰辛到成熟的蜕变过程。有了一次宝贵的经验，通过举一反三，不难概括出一套一般规律，包括旅馆的管理模式、设计标准、各方面的设计配合等，对今后类似的项目将是非常有价值的参考。

二、旅馆等级与品牌

1. 旅馆等级

什么标准才是"超五星级"，首先要从旅馆的等级谈起。

（1）国外旅馆等级标准分析

世界各国通常都有旅馆分级制度，但全世界没有一个绝对统一的等级标准，这是地域差别

造成的。

　　首先，制定标准的机构不同。有的国家有一套主管旅游的政府部门统一制定的"官方标准"，比如法国、德国；有的国家没有所谓"官方标准"或"官民并存"，一些民间协会或企业自行设立标准，并在自己发行的旅游手册上公布他们筛选的旅馆及分级结果。这些民间机构经过长期的经营，评判结果在旅游者当中具有一定影响力，并且逐步推广到本土以外的世界各地。比如美国汽车协会"AAA"（American Automobile Association）和法国米其林轮胎公司。因此，在一个国家见到好几种旅馆分级方法并不稀奇。

　　其次，评级条件不同。旅馆的建筑、装修、设施、服务是基本的条件，但要求的高低也有差别；还有的单纯以价格作为唯一参数，甚至还有的看重历史价值。所以听起来都是四星，实际可能软件和硬件相差悬殊；还有可能同一个旅馆在一个手册上是四星，在另一个网站上却是三星，原因就是偏重点不一样。

　　再次，评判的方法和时效差别。如果在德国看到一家四星级旅馆，基本上可以放心入住，而在意大利可要多留个心眼，因为有些国家旅馆等级一旦评定就是终身的，很可能几年以后品质已经下降，而等级却没有改变。"世界一流旅馆"组织（The Leading Hotels of The World）在考察遍布 75 个国家的每一个申请会员的旅馆时，一定要在该旅馆住上至少 48 小时，亲身使用旅馆的各项设施，评判采用统一标准，并且每隔 18 个月，还会对其会员旅馆重复上述考察，以确认继续拥有会员资格。

　　以下是几个例子：

　　美国汽车协会"American Automobile Association（AAA）"在 1930 年即开始用旅游手册刊载各地旅馆的资讯，从 1977 年开始，每年就用钻石划分为五个等级，以一至五颗来表示。每年评定超过 32500 家运营中的旅馆及餐厅，包括美国、加拿大、墨西哥及加勒比海地区，其中只有 25000 家能入选在协会所出版的旅游指南刊物上。这些旅游指南每年有超过 2500 万本以上的需求。在做评定之前，协会先将所有旅馆、汽车旅馆、民宿等分成九大类，依各类再做评定，评定超过 300 个项目，内容包括：旅馆外观、公共区域、客房设施、设备、浴室、清洁、管理、服务等，包罗万象。所有被评定的旅馆大约只有 7% 能获得四颗钻石的殊荣（表 1）。

美国汽车协会（AAA）旅馆等级划分　　　　表 1

级　别	特　征
◆◆◆◆◆	顶级奢华，膳宿条件一流，所有硬件设施品质非凡。基本特征为无可挑剔的细心周到以及人性化服务，无比舒适，风格独特
◆◆◆◆◇	迎合高消费阶层，质优价高。设计精致优雅，设施全面，品质优秀，高水准服务，注重细节
◆◆◆◇◇	适合有全面要求的客人。各方面条件品质明显提高，更加舒适，设计比较讲究
◆◆◇◇◇	适合比基本膳宿要求更高的客人。价格适中，有一定装修
◆◇◇◇◇	适合预算有限的客人。提供基本的膳宿条件，普通装修，干净舒适，服务热情

法国旅馆是以其舒适及提供之服务来分类，由 1★至 4★L。具体如下：

L★★★★——非常高级、豪华；

★★★★——高级、舒适；

★★★——非常舒适；

★★——舒适；

HRT★——简单而备有基本设施；

无星（HT）级。

值得注意的是由于税收的问题，在法国有些旅馆各方面虽然达到了较高标准，却故意降低等级。

澳大利亚官方标准是将所有符合条件参加评级的旅馆根据评判所得分数，分为一星至五星，两级之间还有"半星级"。得分依据包括设施、环境、特色、服务等。它首先将所有的住宿设施分为"旅馆（hotel）、汽车旅馆（motel）、公寓（apartment)"、"背包旅馆（backpackers)"，"家庭旅馆（B&B）"等类别，每个类别有各自的分级标准。

中国香港的旅馆分为"高税率"、"中等税率"、"客栈"、"家庭旅馆"几个等级，所以基本上价格就反映了旅馆的等级。

概括下来，这些分级标准大致是围绕价格、位置、建筑设计及装修、膳宿条件、设施、服务几个主要方面来制定的。服务及品质要求又包括了：大厅接待及资讯、客房餐饮、旅馆的清洁、员工的制服及外表、餐厅的种类及服务、公共卫生间、运动休闲、停车设施、会议设施、无障碍设施等。

我列了一个表，将各种星级分为三个档次——经济、中等、豪华。"中等"是个分水岭，符合此标准的在各种评级方法中一般都被评为三星至四星。"豪华"则没有上限（表2）。

国外旅馆分级概览　　　　　　　　　　　　　　　　　表2

		经济	中等	豪华
		三星以下	三星－四星	四星以上
价格 客户群 位置		低价； 靠近公交枢纽或高速公路	面向有全面要求的； 靠近城市，中等价位的景点或商业区	价格高； 市中心，方便前往中央商务区，购物区和热门景点
建筑 装修		简单，很少装饰	精心设计； 室内装饰等有一定风格	设计讲究，深入细节； 有独特的风格； 家具陈设精美，品质一流
膳宿 条 件	客房	面积小； 干净； 房内一般无卫生间	面积中等； 舒适； 有一定装修； 房内有卫生间	面积大； 豪华装修，非常舒适； 有不同房型及装修风格供选择； 房内卫生间分设淋浴和浴缸（按摩浴缸），有视频点播等
	餐饮	旅馆内或附近有餐厅； 价格便宜但服务时间有限	旅馆内有中等规模餐厅； 提供三餐，同时可对外营业	多个餐厅； 烹饪水平一流

		经济	中等	豪华
		三星以下	三星－四星	四星以上
设施		简单：免费停车，前台，市内电话，有线电视等	种类，质量明显增加和提高；前台更大，有健身中心或泳池	顶级豪华的；商务中心，运动设施（健身中心，加热泳池等），商店，会议设施，美容，全面的洗衣服务等
服务	质量	友好，热情	提高	高水平，细致入微，无处不在；个性化
	项目	无客房送餐服务	门房，有些可以代客停车，客房送餐服务（room service），商务服务	门房，前台，礼宾，代客停车，客房送餐服务（五星级24小时），有停车场或地下车库等

(2) 连锁式国际酒店管理集团

连锁式国际酒店管理集团对旗下所有旅馆实行统一的规范化管理，不同品牌都有特定的顾客群和档次定位，这时品牌就代表等级。万豪国际集团是全球首屈一指的酒店管理公司，业务遍及美国及其他67个国家和地区，管理超过2800家酒店，本文的重点——丽思－卡尔顿酒店就是万豪集团最豪华的品牌，旗下还有"万豪"（Marriott Hotels & Resorts，全面服务酒店）、"万丽"（Renaissance Hotels & Resorts，优质酒店）、"万怡"（Courtyard，高中价酒店）、华美达国际（Ramada International Hotels & Resorts，北美以外地区经济型酒店）等十几个品牌。北京已经建成的金域万豪、国航万丽、新世界万怡就是该集团管理的旅馆。又如北京的东方君悦酒店和上海金茂君悦酒店（Grand Hyatt）就是凯悦集团下的一个品牌，该集团最高等级是柏悦（Park Hyatt），比君悦低的是凯悦（Hyatt Regency）。在美国，连锁式经营的旅馆非常普遍，达到70%，而在欧洲，只有30%左右。

提到国际集团，并不等于旗下旅馆一定是高价位，高等级的，其中也不乏平民化的品牌，只是各个方面管理都更规范统一。顺意酒店集团（Choice Hotels International）是世界最大的连锁酒店集团之一，在42个国家和地区拥有5000家旅馆，注册有"Comfort"（二至三星）、"Quality"（三至四星）、"Clarion"（四至五星）等品牌。连锁旅馆有集团的声誉做保证，往往比一块星级招牌更具号召力，而且其强大的全球预订系统也十分方便。

值得注意的是，酒店管理集团只是负责"管理"，不是投资方，旅馆真正的业主是开发商。比如开发商要建一座豪华旅馆，想请丽嘉酒店公司来管理，双方签订了管理合同，将来旅馆就可以使用"丽思－卡尔顿"的名称。但是管理公司有一套自己的标准，从前期开发建设开始，就会向开发商提出他们的要求，这时的决策权在开发商，他有权从经济的角度对管理公司的要求做出取舍。

（3）我国的旅馆分级规定

《中华人民共和国旅游涉外饭店星级评定的规定》（以下简称"规定"）中指出：我国旅馆的等级评定机关是国家旅游局下设的饭店星级评定机构。凡是在境内正式开业一年以上的旅游涉外饭店均可申请参加星级评定，达标者享有星级有效期为五年。饭店星级高低主要反映客源不同层次的需求，标志着饭店设计、建筑、装潢、设施设备、服务项目、服务水平与这种消费者不同层次需求的一致性和所有饭店宾客中满意消费者的认可程度。星级评定的依据是《旅游涉外饭店星级的划分及评定（GB/T 14308—19972002）》国家标准，分为一星至五星共五个等级。

与前面分析的一些发达地区旅馆分级标准比较看来，我国偏重设施，轻视服务。我国对中等和经济型旅馆的设施要求高于发达地区同等级；而对于豪华旅馆的服务水平并没有特别强调，这一点往往是世界顶级酒店管理集团竞争的主要方面。

通过前文的分析，我们知道，其实并没有"国际标准"一说，因为世界各国的国情都不一样。

2. 关于丽思 - 卡尔顿（The Rize-Carlton）

丽思 - 卡尔顿是全球财富 500 强中唯一一家入选的酒店管理集团——万豪国际集团（Marriott International, Inc.）旗下所拥有的十几个著名酒店品牌中级别最高的，以奢华体验著称，传奇式的人性化服务和典雅华贵的环境享誉全球，拥有遍布全球超过 54 家酒店，并且还在向世界各地不断拓展。

丽思 - 卡尔顿的传奇始于著名的酒店管理专家 Cesar Ritz（1850-1918），他创建的伦敦和巴黎的丽思酒店（The Ritz），直到现在都是欧洲王公贵族及社会名流经常出入的场所，如大家熟悉的戴安娜王妃、Chanel 女士等。其服务哲学和改革精神开创了欧洲奢华旅馆的先河，进而衍生出"ritzy"这个专门形容奢华的词。

1927 年，融合了 Cesar Ritz 的思想、美国人的灵活以及波士顿的感性的波士顿丽思 - 卡尔顿酒店在市中心正式开业。秉承 Cesar Ritz 的传统，尊重、维护客人的隐私，成为今天所有丽思 - 卡尔顿酒店共同的信条，并逐渐升华为品牌的精髓。波士顿丽思 - 卡尔顿酒店的豪华设施在当时的美国堪称引领潮流。例如客房里设私人浴室，公共活动区域全部使用鲜花，大堂缩小面积并且减弱开放性，使客人有归属感，以及继承了巴黎 Ritz 酒店名厨 Auguste Escoffier 的烹饪技艺，等等。可见，丽思 - 卡尔顿可谓是名门之后。

Cesar Ritz 设计的狮子皇冠的标志融合了英国皇家的印记——皇冠，和酒店客户群——社会名流（与"狮子"同音）。标志的钴蓝色源于波士顿丽思 - 卡尔顿酒店。现在每个丽思 - 卡尔顿酒店餐厅和咖啡厅都摆着的钴蓝色玻璃杯，是在波士顿丽思 - 卡尔顿酒店开业时就有的设计，当时是为了搭配餐厅里进口的捷克斯洛伐克水晶吊灯——至今仍然挂在原处。钴蓝色被认为是 20 世纪 20 年代波士顿的象征：当时从欧洲进口的窗玻璃遇到波士顿的空气就发生化学变化而成蓝色，因此，如果房子的玻璃是蓝色的，就说明房主买得起进口货，时尚的丽思－卡尔顿酒店当然不落人后（图1）。

1983年，丽嘉酒店有限公司（The Ritz-Carlton Hotel Company, L.L.C.）成立。波士顿丽思－卡尔顿酒店的服务和设施成为以后所有该品牌酒店的标准。各地丽思－卡尔顿酒店的建筑有不少是当地的地标或历史悠久的老房子修缮改造的。1995年，丽嘉公司并入万豪集团旗下。

图1　丽思-卡尔顿的标志

丽嘉的信条、座右铭、三步服务构成了其"金牌标准"的核心，是经营理念的集中体现，尤其是"We are ladies and gentlemen serving ladies and gentlemen（我们是为所有淑女与绅士服务的淑女与绅士）"的座右铭，堪称典范。

三、工程概况

北京第一家丽思－卡尔顿酒店位于金融街中心区活力中心的F7/9大厦内。北京金融街中心区活力中心地处金融街心脏地带，涉及西达西二环路、北至武定侯街、东邻太平桥大街、南到广宁伯街和金城坊西街的广大范围。项目包括F区——F1~F10地块，B区——B1~B4、B7地块，是集合了写字楼、公寓、旅馆、商场、运动休闲的大型综合群体，总建筑面积约160万m²，为周围全球各大金融机构提供了完备的配套设施。其中，F5、F6地块是由北面的F1、F2，F4地块与南面的F7、F9地块围合而成的中央公共绿地。同时，在中心区地下，还开发了连接各个地块以及地面道路的地下交通系统，各地块地下二层通过地下交通相互联系（图2、图3）。

F7/9大厦是集超五星级丽思－卡尔顿酒店、四季商城、金融家俱乐部的综合楼，自西向东横跨F7、F9两个地块，总长约达300m²，占地33000多m²，总建筑面积20万m²，地下4层，地上18层，塔楼最高68.75m，地下停车900多辆。F7及F9西侧裙房地下一层至地上三层是四季商城，地上四至五层是运动休闲，包括洗浴、网球和游泳池；F9东侧裙房及18层的塔楼是丽思－卡尔顿酒店；F7与F9在地下室连成一片，地下四至地下二层为车库（地下四层和地下三层局部为六级人防）和机房。建筑的外观很现代，突出的标志是旅馆塔楼不规则的玻璃体以及商场部分巨大的月牙形玻璃顶。大厦北面是F5、F6中央绿地和步行道，北立面灵感来自中国的"多宝阁"，是四季商城开向中央庭院的"橱窗"。夜幕降临，大厦将被变幻的灯光点亮。长达200m的月牙形玻璃顶下是从地下一层直到地上四层的中庭。

金融街丽思－卡尔顿酒店在F9最东侧，总建筑面积40000m²。它独特之处在于不是独立的建筑，而是与其他公共空间共处一楼，既合又分。酒店公共部分在大厦裙房内，客房被安排在高层塔楼。酒店共有256套客房（291个自然间），3个行政层；3个餐厅，包括全天餐厅、

图2 金融街中心区规划

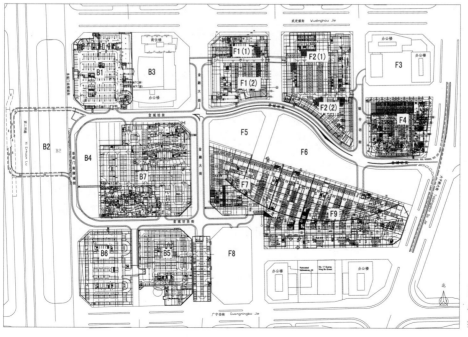

图3 金融街中心区地下交通系统

中餐厅和意大利餐厅；1000m² 的会议区包括 500 多 m² 的宴会厅（可分隔成 3 个小宴会厅）和 3 个会议室；地下一层设有 1500m² 的健身房及 SPA（水疗）。地下交通作为后勤的主要出入口。为配合建筑整体上的现代风格，室内设计也有别于欧洲的古典风格。北京现有的五星级旅馆多集中在 CBD 地区，地处西城金融机构核心的丽思－卡尔顿酒店将成为商务旅行的新宠，同时，从这里前往故宫、颐和园等旅游热点也很方便（图 4、图 5）。

图 4　金融街中心区模型

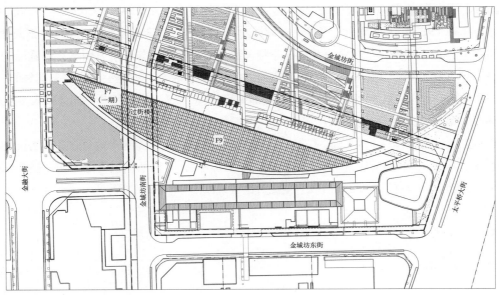

图 5　F7/9 大厦总平面

四、设计背景

金融街中心区的开发商是金融街控股股份有限公司。规划和各个单体建筑方案都由美国 SOM 公司设计,有的单体还进行到设计发展(Design Development)以及幕墙工程的施工图深度。丽思－卡尔顿酒店的管理公司全程参与了酒店设计的监督。建筑、景观、室内设计分别都有一中一外两个单位合作设计,此外,还有中外很多家专业顾问参与到这个庞大的项目,如钢结构、幕墙、照明、变形缝、厨房 / 洗衣房、SPA(水疗)等。

SOM 公司于 2003 年 3 月完成 F7/9 大厦的设计发展(100%DD),但并不是我们以为的初步设计,只是比方案"发展"了一些而已,其深度与我国的标准有很大差距;移交至我方后,我们重新作初步设计,尤其是为日后施工顺利,对地下室作了重大调整,于 2003 年 8 月完成各项初步设计报批手续;施工图阶段,应业主(包括酒店管理公司)要求,功能上又作了重大调整——取消原 F7 的剧场和地下一层溜冰场,旅馆大范围变动,重新进行竖向设计等,期间,与室内设计的配合一直贯穿始终;2004 年 5 月开始放线;2004 年 11 月基本完成施工图,此时,旅馆塔楼已施工至三层,裙房至地下一层;2005 年 3 月,旅馆塔楼结构封顶;2005 年底,幕墙基本完成,开始室内装修。

五、超五星级标准

丽嘉公司和丽思－卡尔顿酒店(文中或简称 RCH)曾获多种奖项,16 家酒店被 AAA 评为五钻石级,有的网站把 RCH 作为五星级旅馆的典型例子。前面提到,连锁式酒店管理公司都有自己一套规范管理,获得如此多肯定的丽嘉公司则拥有其"金牌标准"(Gold Standards)——《丽嘉标准》(THE RITZ–CARLTON HOTEL COMPANY, L.L.C.STANDARDS AND GUIDELINES),这是关于全世界所有丽思－卡尔顿酒店建筑和设施的标准(以下简称《丽嘉标准》)。开篇就明确了"制定这些标准与指南的目的是在设施与环境方面建立质量标准,使得丽思－卡尔顿酒店公司能够为客户提供优质服务"。——设施环境是手段,服务是目的。

虽然有统一的标准,但具体到每个个体却不尽相同,每一个项目多少都会"入乡随俗",力求体现地域特征以及更具竞争力,同时必须遵循丽嘉的基本设计思路。

超五星级的奢华旅馆,主语是"旅馆",所以首先必须遵循旅馆基本规律,在此基础上,再提高标准。通过金融街 RCH 这个实例,结合《丽嘉标准》,可以总结出哪些方面应提高标准和提高到什么程度才是"超五星级"。以下重点讨论城市旅馆"hotel"(相对于 motel、resort 而言):

1. 总体要求

(1) 前后有别

"RCH 的设计意图不是创建大型纪念碑式的空间,而是提供一系列能够关注个人需求的场所。这些场所将成为内部和外部工程设计理念整体的一部分。因此，后勤服务不得穿过宾客区域。来自后勤的通道口应小心遮蔽，防止景象、光线或噪声对公共空间产生影响。同样，机械、维修设备、系统或其接入区不得暴露于公共空间的视线之下。变形缝、应急硬件及类似或相关的装置，也不得出现在公共空间的视野内。应急系统和防火系统必须仔细协调，确保既给顾客提供适度的保护，又不会与宾客环境的设计发生冲突。"

这个要求可能就是 RCH 一直自称是"六星级"的理由。力图在每个细节上削弱旅馆的公共性，强调保护客人的隐私，正是 RCH 一直坚持的信条。万豪酒店对"视线"的要求就没有那么苛刻。其实作为住客，未必能察觉出丽嘉的用心，但作为建筑师，则必须充分领会丽嘉的精神，尤其是还要为装修做好铺垫，必须比室内设计师考虑得更细致，毕竟室内环境给客人最直接的感受。我们在设计的每个阶段和专业都要为这个最终的目标铺路。

前面介绍过，这个项目中酒店是与其他功能合并在一个建筑里，SOM 的 100%DD 图中对于丽嘉的上述要求并没有从一开始的方案阶段就给予充分考虑，甚至出现大量虚线，说明尚有大量未落实内容，酒店的进度要落后于其他功能。我方接手之后，在不改变格局、外轮廓的前提下，既要满足酒店的利益，又不能影响到其他功能的使用，更要符合我国的法规，可以说费尽周折。

(2) 无障碍

无论是客房、公共区域还是后勤区域，都要满足无障碍的要求，包括入口、客房、电梯等各个方面。

2. 外部环境与建筑

(1) 场地

场地竖向设计是本工程的一大难点，对酒店无障碍的影响也很大，原因就是 F7/9 大厦是一个整体，整体的合理才能保证酒店的品质。建筑东西方向总长 300m，高差 1.8m，南北也有 0.6m 左右高差。酒店被规划在最东边，也是地势最低处。SOM 只简单地标注了几个标高，我们的总工寿震华在我们刚从 SOM 接手该项目时就指出，必须先抓竖向设计。我仔细地画了一遍又一遍等高线，包括周围地块的衔接，决定把酒店的室内标高定为正负零，比 SOM 的低了 400mm。首层楼板根据室外地势分为几个标高，其他楼层都是平板。这样，首层和地下一层就出现了不同的层高，将 1.8m 的高差分散在不同功能分界处，这对于商场的影响不大，却保证了高品质的酒店有足够的高度，结构楼板标高变化不至于太复杂，所有入口都与室外有平缓过渡，尤其是酒店，不会出现"大台阶"——避免使人感觉不亲切，有悖于丽嘉的待客原则，同时也满足了无障碍要求。我们前后花了半年的时间说服业主，对开始的设计也修改和妥协了七八次，终于在地下室挖到离底板还有 1m 的时候，业主同意采用我们定的正负零标高（图 6、图 7）。

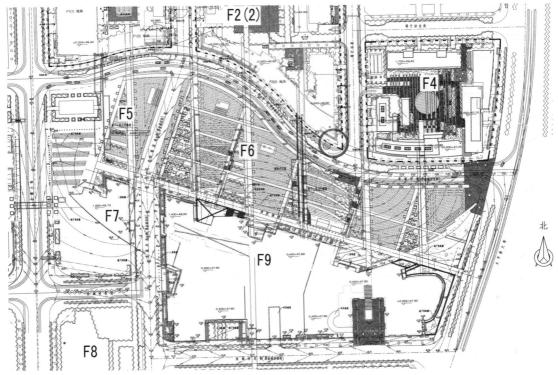

图6　F5/6/7/9地块竖向图：所有等高线都能交圈

　　a　东南角酒店入口　　　　　　　　　　　*b*　西北角商场入口

　　c　东北角商场入口　　　*d*　北面商场入口之一　　　*e*　南面商场入口之一（最大高差3步台阶）

图7　周圈入口：几乎都是无障碍入口

（2）外墙

酒店裙房主要使用石材墙面，高层塔楼为玻璃幕墙。由于塔楼平面是不规则的形状，SOM也将立面上的分格设计成无规律的，大小不等，有的格子还是不透明的——也就是说每间客房的外窗分格是不尽相同的，且玻璃的种类最少两种，和整个北立面的立意一致，个别处连续几个楼层间装有竖向的 LED 灯管，到了晚间能产生流水般的照明效果。SOM 的设计虽然颇具新意，但颇有历史渊源的丽嘉更注重品质的保障，不是外表的新奇。他们要求每间客房至少保证 50%以上的玻璃是透明的，对于灯光设计也一直有所保留。

（3）结构

酒店的客房塔楼采用钢筋混凝土框架 – 核心筒结构。由于外圈框架柱到核心筒的跨度较大——11m 左右，丽嘉又不允许房间内看到任何突出的结构梁，客房部分采用了预应力楼板，除了外圈保留框架梁，只在预应力楼板中设暗梁。层高 3.2m，预应力楼板厚 240mm，保证了房间睡眠区 2.6m 以上净高的要求。

3. 公共部分

（1）客房

客房是区别不同等级旅馆最主要的指标。随着等级提高，客房（包括卫生间）的面积也相应提高，所以五星级旅馆的开间应在 4.5m（轴线）以上。RCH 标准客房的开间净宽最小是 4.42m（14′6″），房间最小净面积是 42m²。《丽嘉标准》中的标准图开间为 4.8m。金融街 RCH 的标准客房开间达到 5.25m，净面积 50m²。RCH 的标准客房分为 Kings（单床）和 Doubles（双床），单床宽度是 1825mm（72″），双床宽度各是 1375mm（54″）（表 3）。房间的衣柜长度应在 1.5m以上，我们做到 1.6m，里面设有嵌入安装的保险柜（图 8）。

《丽嘉标准》中对客房面积的要求　　　　　　　　　　　表 3

Hotel 旅馆	Room Type 客房类型	Net 净面积		Room Width 客房开间	Net 净尺寸	
		m²	sq.ft.		m	ft.
Business 商务	Double 双床间	40.5	436	Clear inside 房内净宽	4.27	14′0″
	King 单床间	40.5	436			
International 国际	Double 双床间	42	452	Clear inside 房内净宽（假设石材墙面）	4.42	14′6″
	King 单床间	42	452			

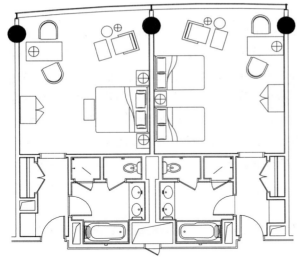

图 8　酒店标准客房平面

金融街 RCH 标准客房的卫生间完全按照《丽嘉标准》的标准图设计——两个脸盆、一个浴缸、一个淋浴间和一个带隔断的马桶是必备的，铸铁浴缸的长度应按照 1675（5′6″）以上预留。我们在调整卫生间详图时是按照科勒（Kohler）产品 1700mm×800mm 的最大尺寸考虑的。常有人误以为净身盆（Bidet，法语）是高档次象征，其实这完全是个地域性的卫生习惯问题，并不能用来作为判断档次高低的标志。那么卫生间面积大了该添些什么呢？首先应明确，添置洁具的目的是为了一个房间里的两个人能有更多的概率同时使用卫生间。脸盆的使用率是最高的，马桶加了隔断就不必锁卫生间的门了。

除标准客房外，RCH 一般还有行政套房（Executive Suites，2 开间）若干，一套丽思－卡尔顿套房（Ritz-Carlton Suite，5 开间）位于顶层。套房在各方面比标准间还要讲究些。在房型的安排上，通常单床间和双床间相邻，目的是考虑灵活套间（连通门是双重门），约占 10%；双床间与行政套房相邻；而丽思－卡尔顿套房与行政套房或双－双人床间（两个双人床的房间 double-double）相邻，并且在卧室开间一侧连接，以便扩展。

顶层及其下面的若干层一般是行政楼层，入住行政楼层的客人（比如 RCH 会员）能够享受 24 小时免费餐饮服务，使用 club lounge（行政酒廊），因此行政楼层当然在各方面档次更高。

在走廊、卫生间等有机电管线的部位，吊顶最小净高 2.35m，这样走廊的房间门、门洞、电梯门，包括房间内的卫生间门，所有高度可以统一在 2.3m。

除一般无障碍要求外，一定比例的无障碍客房也是必需的，但至少有一套是套房。金融街 RCH 共有 3 套，其中 2 套是套房，轮椅可进入淋浴间，被安排在最低的客房层，且距离电梯厅最近。

前文提到为行政层的客人特设了 club lounge，这是以往不常遇到的。它的作用可以简单地理解为行政层的"公共客厅"，当客人要在酒店会客访友时，既不会影响房间的私密性，也不必到人来人往的大堂，club lounge 就是一个"半公半私"的空间。这里提供 24 小时接待、免费饮料和点心，还有传真复印等商务服务。club lounge 的位置通常在几个行政层的最低或中间层，紧靠电梯厅，易找而且减少打扰其他客房的概率。除电梯外，行政层的客人还可以通过单独楼梯前往。club lounge 的面积，考虑服务约 15% 的行政客房，建筑面积 3.7m²/座，至少 1 个座位/间。club lounge 的地位仅次于 Ritz-Carlton Suite（丽思－卡尔顿套房），良好的视野景观不能忽略。RCH 最新的设计指南中收录的 club lounge 室内设计理想平面实际就来源于金融街 RCH，但是由于受建筑设计的限制，理想平面不可能完全实现。

丽思－卡尔顿套房是 RCH 最高级的套房，位于顶层景观最好的位置，在装修上，规格也是最高的。通常占据 5 开间——起居 2 开间、餐厅 1 开间、卧室 2 开间。主入口与厨房入口分开。房间净高要求 2.75m 以上，床宽 1930mm（76″），卫生间的浴缸为 1830mm（6′）长的铸铁按摩浴缸，地砖的分格和厚度都比一般客房要多。为不打扰客人，一切垃圾处理都不在厨房（备餐间）进行。金融街 RCH 的丽思－卡尔顿套房位于最高的 18 层，面向 F5F6 地块中央庭院，拥有最好的视野，虽然朝北，但有空调保证。

每个客房层应设一间服务间（housekeeping），在服务电梯附近。除了存放日常房间保洁整理用的织物和用具外，还有一个制冰机。一个投放待洗衣服的"污衣筒"应通到洗衣房。作为以优质服务闻名的酒店，自动贩卖机是不允许出现在客房层的（图 9）。

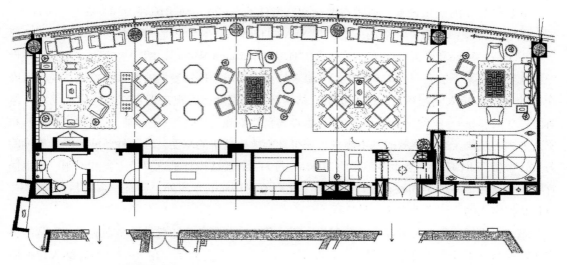

图 9　club lounge（行政酒廊）参考平面

（2）公共区域

客人活动的公共区域包括入口、大堂、餐饮、娱乐、零售、会议等。这些区域都应满足无障碍要求。从入口、停车、到通道、电话、卫生间、餐厅，以及娱乐会议设施的方方面面。丽嘉一向很重视消防安全，但是公共空间与客房不同，面积大必然要进行防火分区。SOM 提供的图纸在我国是绝对不可行的，我们必须重新划分，这就触及了丽嘉最敏感的神经——前后有别。防火门、防火卷帘、消火栓不可少，但位置要仔细研究。

由于是综合体的一部分，金融街 RCH 的出入汽车坡道被分开两处。鉴于酒店有代客停车的服务，进入地下车库的坡道与其他公共部分合用，而在酒店入口处只有一个车库出口，以方便客人等候。整个 F7F9 大厦占地很满，酒店的回车场地被安排在一个 3×3 跨约 1000m² 的正方形庭院内，庭院上方有一个四棱台玻璃顶作为雨篷，但上表面是漏空的，下方对着庭院的中心水景景观，周边的玻璃顶正好覆盖了几个主要出入口——客人主入口、行李入口、多功能厅入口及车库出口。

强调个人隐私的 RCH，大堂力图小巧，与其个性化的服务理念一致，比如不设转门，前台位置不过于显眼等，力图创造出家庭客厅的氛围。

超五星级旅馆的烹饪水平应该与其旅馆的名声相符，RCH 在餐饮上向来不含糊。一般包括大堂吧（Lobby Lounge）、餐厅（Dining Room）、餐馆（Restaurant）等，因当地习惯而异。金融街 RCH 设有大堂吧、供应正餐（午、晚）的中餐厅、提供三餐及下午茶的全天餐馆（Three Meals Restaurant），以及意大利餐馆，中餐厅还设有包房。室内设计师曾经考虑过将意大利餐馆地面设计成不同标高的几个区，有些变化，但是被丽嘉否定了，理由很简单，就是无障碍的原则。

五星级旅馆的娱乐设施，通常有健身房、游泳池、SPA、网球场等。SPA 最近十分流行，各种美容、健身、娱乐、洗浴场所都打出 SPA 的招牌，到底什么是 SPA？"SPA"一词来源于拉丁文——Salus Per Aqua，英文意思是"Health Through Water"，即"水疗"，起源于 15 世纪的比利时，某小镇因一个富含矿物质的温泉疗养区而成为达官贵族的度假疗养地。现在风靡全球的 SPA 是指人们利用天然的水资源，结合沐浴、按摩、香熏来促进新陈代谢，满足人体听觉（疗效音乐）、嗅觉（香熏）、视觉（色彩与自然景观）、味觉（花草茶）、触觉（香熏）和冥想（内心放松）六种感官的基本需求，获得身心放松畅快的享受，是一种新流行的贵族休闲方式。金融街 RCH 中当然也少不了约 1000m² 的 SPA。流线设计是这里最主要的课题，是根据疗程的需要由专业的公司配合设计的。除了几个不同功能的水池外，还有一系列私人理疗室，以便根据客人的不同需求安排各种疗程。

超五星级旅馆是各种重要集会的理想场所，承担这项任务的角色就是多功能厅，通常能够以隔断来分成几个部分单独使用，也可以整个作为一个大宴会厅。在 RCH，其容纳人数按照宴会的布置，可根据小于 1100m² 时 1.4m²/ 人和大于 1100m² 时 1.2m²/ 人来确定。但是计算疏散出口和宽度时，则要按照人员最密集的情况考虑，即 0.65m²/ 人。服务走廊是连接前台与后勤备餐的重要纽带，应沿多功能厅的长边布置，以保证能同时服务于每个隔间。多功能厅入口前走道的面积和宽度都要足够大，因为这里除了通道的功能外，还兼作接待厅和休息厅，面积要占到多功能厅的 35%，宽度最小 7.3m（2.4′），可考虑一跨柱距。应有存衣间，金融街 RCH 的宴会厅存衣间设在首层宴会厅入口处。应当注意，在吊顶以上的空间也要按照隔断的位置分隔，以满足隔声要求（图 10、图 11）。

4. 后勤部分

后勤部分包括行政办公及员工设施、采购储藏维修、厨房、洗衣房等。后勤部分也同样要满足无障碍要求。

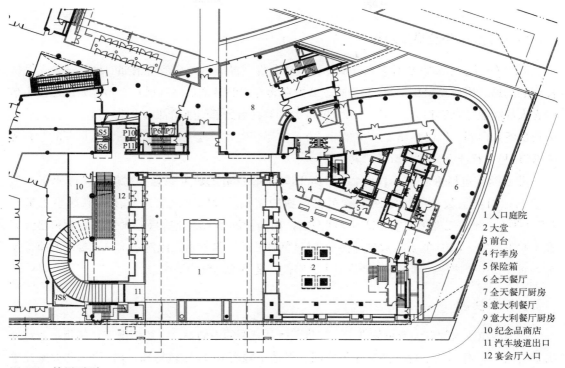

1 入口庭院
2 大堂
3 前台
4 行李房
5 保险箱
6 全天餐厅
7 全天餐厅厨房
8 意大利餐厅
9 意大利餐厅厨房
10 纪念品商店
11 汽车坡道出口
12 宴会厅入口

图 10　首层平面

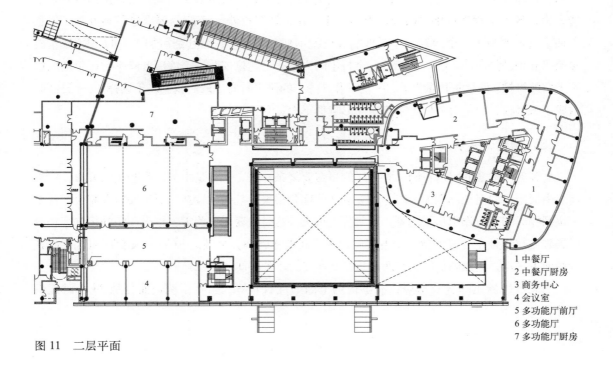

1 中餐厅
2 中餐厅厨房
3 商务中心
4 会议室
5 多功能厅前厅
6 多功能厅
7 多功能厅厨房

图 11　二层平面

（1）行政办公及员工设施

RCH 的行政办公室是对客人开放的，包括各部门经理，尤其是营销部门更要与客人保持良好的沟通。因此金融街 RCH 的行政办公设在客房楼的最低层（三层）一角，无论是否住宿的客人都能通过电梯到达。为保证客人的最大利益，后勤部门通常都被安排在地下，行政管理人员虽然是白领，但仍然属于后勤部门，办公室尽管搬到了地上，位置也一定是最差的。金融街 RCH 里，行政办公就利用了"黑房间"。

员工设施包括更衣室、自助餐厅、培训教室等。员工数量的多少与旅馆管理水平有很大关系，而员工数量的确定又影响员工设施的面积。国际著名管理集团的酒店员工都在 1.5~1.8 人/间，亚洲国家则在 2 人/间左右，因为亚洲国家旅馆的娱乐餐饮部分面积要大大多于欧美国家。RCH 的员工数量是按 1.5 人/间计算的，男女员工比例是 1:1，餐厅的座位是每 5 间客房 1 个座位，即每 7.5 个员工 1 个座位，是员工总数的 13%。

（2）卸货区

一个旅馆每天都有大量货物进出，卸货区就是重要的中转站。一般情况下，卸货是在室外的货物入口，有卸货平台、停车区等空间。但是金融街 RCH 比较特殊，由于 F7F9 大厦几乎占满了基地面积，而且每个立面都是主立面，没有后院。SOM 将一切后勤入口转入地下，货车只能从地下交通进入酒店。RCH 的习惯做法是"货车下沉"，与我们常见的"提高平台"正好相反，即卸货平台与地面保持同高，而让货车通过坡道下沉至规定高差。这样做的好处是节省人力，省掉了货物从平台搬到地上的工序。如果是在室外，RCH 的要求也不难办到，但是在地下二层要找出一个两辆卡车宽度的坡道就不那么容易了，而且是后加上去的。RCH 不能接受提高平台的做法，我们也想过一个折中的方案——建议安装一个液压升降平台，但是他们不太信赖机械，而且货物量很大，平台一升一降也的确费时间。最后我们终于选择了一跨柱网，做成了斜楼板，而且对前后上下的空间影响都不大。

（3）厨房，洗衣房

与各餐厅配套的厨房不同，宴会厅的厨房要复杂一些，尤其是中餐。有些规定要求，中餐厅与中餐厨房的面积比例为 1:1，而宴会厅的面积很大，且通常设在二层，要紧邻宴会厅找出一块同样大的地方作厨房很困难，运货量也很大。这时就要化整为零，把大面积的粗加工和冷库挪到底层或地下，仅保留一个备餐间，上下靠电梯联络。金融街 RCH 的宴会厅粗加工间就设在地下二层，紧靠卸货区，有两部货梯直通宴会厅备餐间。

超五星级旅馆的洗衣房应该能够提供全面的洗衣服务，包括干洗，而且是 24 小时提供服务。

（4）流线和走廊

　　后勤部分是旅馆正常运营的重要保证，看起来门类繁杂，其实是很有规律的：超豪华旅馆也同样是比较固定的那几个部门；流线安排上也有一定模式，主要分为两条线索，即员工和货物。后勤入口处是卸货区，进入大门后一条线是员工的一系列设施——保安、人事打卡、更衣、培训、总务、会计、餐厅等；另一条线是卸货、粗加工厨房、采购、库房、维修、洗衣房等。洗衣房的位置应方便接收客房楼传递来的待洗衣服，同时还要与更衣室联系密切，方便员工领取干净的制服。维修部最好单置一角，可以靠近机电用房，减少噪声和气味的影响。后勤大多是在地下室，而且多数情况下是地下二层，因为地下一层常用作公共活动区。然而员工餐厅要使用天然气，我国规定最低只能放在地下一层。

　　后勤部分的走廊具有双重作用，地面是疏散通道，吊顶内是机电管廊。因此，必须保证足够的宽度，一方面方便货物搬运，更重要的是提供管道通路。尤其是在RCH"前后有别"的前提下，为了给室内设计留有更多空间，在建筑设计初期就应给后勤留够面积。我们从SOM手中接过金融街RCH的设计发展后，将地下室后勤走廊一律加宽到3m，而且全部环通，双向疏散。后来证明，3m的宽度一点都不过分，而且与《丽嘉标准》一致，RCH也非常认可我们的修改（图12、图13）。

1 员工入口
2 货物入口
3 警卫室
4 人事部
5 男更衣室
6 女更衣室
7 采购部
8 培训教室
9 制服
10 鲜花
11 医务室
12 维修部
13 会计部
14 公关部
15 洗衣房
16 宴会厅粗加工
17 暂存间
18 卸货区
19 垃圾间

图12　地下二层平面

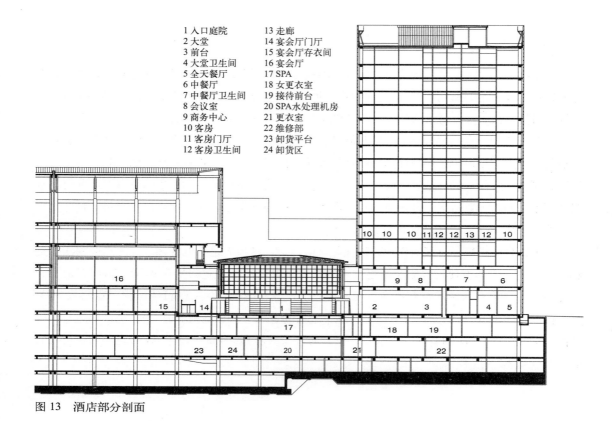

1 入口庭院   13 走廊
2 大堂   14 宴会厅门厅
3 前台   15 宴会厅存衣间
4 大堂卫生间   16 宴会厅
5 全天餐厅   17 SPA
6 中餐厅   18 女更衣室
7 中餐厅卫生间   19 接待前台
8 会议室   20 SPA水处理机房
9 商务中心   21 更衣室
10 客房   22 维修部
11 客房门厅   23 卸货平台
12 客房卫生间   24 卸货区

图 13　酒店部分剖面

5. 电梯

　　旅馆的电梯分为客梯和货梯（服务）兼消防梯，客梯中又有客房电梯和公共区电梯。旅馆设计常采用"每间指标"和"百间指标"，客房电梯的数量一般 1 台 1000 公斤 /100 间就够，RCH 要求是 1600kg（门宽 1100mm），其中包含豪华装修的重量。为保证客房的安全和安静，公共区域还要另外设电梯，供非住客使用旅馆的公共设施时使用，每处至少也要一对，载重不小于 1600kg。RCH 对高峰期客人等候时间的控制要求是 30 秒，客梯的人流高峰期是晚间，《丽嘉标准》中列出了此时等候时间与客流量的计算，但实际上只要同时满足了数量和速度的要求，等候时间自然就控制住了。速度是与层数成正比的。金融街 RCH 客房楼有近 300 间客房，三部高速电梯原本计划达到 3.5m/s 的速度，但后来考虑到客房楼只有 18 层，楼顶的缓冲高度不够，而且如果降到 3m/s 已经满足了流量要求，没必要增加过多的造价，于是就把速度降了下来，楼顶 6m 多一点的缓冲高度将将够用。RCH 凡是客人使用的空间都必须满足无障碍要求，前面已经多次提到，电梯作为最主要的垂直交通工具自然不例外。客梯轿厢和外观的设计都要特别定制，不使用标准配置，注重在细节上保有 RCH 的风格。包括轿厢高度（RCH 习惯在轿厢内安装吊灯，要求净高达到 3m）、按钮面板、灯具、门、通风口、电梯厅呼叫面板、楼层指示等。

货梯的数量与客梯的比例可按照1:3考虑，但最少也要一对。载重量一般要大于客梯，2000kg以上。速度的要求与客梯类似。服务电梯轿厢和门的尺寸一定要足够，以方便搬运家具等大件，RCH要求轿厢净高至少2.9m。RCH货梯的装修不如客梯那么讲究，但都要采用不锈钢表面。通常货梯要兼消防梯，要注意验证是否满足消防规范，比如数量、是否到顶、机房、集水坑等。

RCH标准客用电梯指标 表4

服务层数	速度（m/s）	曳引机类型
2~3	0.63	液压/无机房
3~7	1.0~1.75	曳引机
7~13	1.75	曳引机
13~15	1.75~2.50	曳引机
15+	2.50+	无齿轮

RCH标准服务电梯指标 表5

服务层数	速度（m/s）	曳引机类型
2~4	0.63	液压/无机房
4~7	1.00	曳引机
7~15	1.75	曳引机
15+	2.50	无齿轮

RCH使用自动扶梯非常慎重，除非宴会厅距离入口或客房楼较远，大概因为自动扶梯显得比较"商业"，而且有噪声，一般会以连接两层的"大楼梯"的形式出现在宴会厅入口。

金融街RCH的电梯各项指标都高于《丽嘉标准》的一般规定。在金融街F7F9大厦这样一个大型综合体中，各种性质的电梯达到30多部，RCH就占到13部，而且性质不同，规格变化比较多。为厘清繁杂的头绪，我们把所有的电梯分类编号，将各项指标列成表格，在对图、配合招标和与厂家合作中查找和变更就非常方便省时，大大提高了效率。

6. 消防与机电

在消防这个关系到住客安全的原则问题上，丽嘉十分重视。作为一家美国公司，丽嘉主要参考的是美国消防协会（NFPA）制定的规范，不过，当地方法规与《丽嘉标准》个别处存在出入时，丽嘉会按照更高更严的要求来执行。而且，验收和监督都不是走过场，必须保证一切消防设施随时可用。

记得在一次会议上，业主提出，楼梯间的灯是否可以按照目前国内的习惯做法，采用声控以达到节能的目的，丽嘉表示绝对不行，所有安全出口的照明必须常开。关于自然排烟和机械排烟的选择，丽嘉的做法是即使有开启面积达到自然排烟要求的窗，也要考虑机械排烟。因为一旦着火，客人的任务是疏散，没有义务去开窗。而机械排烟是酒店消防系统的一部分，酒店是可以控制的。旅馆不是住宅，对于住客来说完全是陌生的环境，什么是"以人为本"，关键时刻就体现出来了！

RCH对机电部分的总体要求是安全、高效、经济、易维护、隐蔽。在选择系统、计算参数和指标时首先考虑的是更安全和更舒适，设备的品质当然要过硬，除保证平时的正常运行和维护，应急情况下必须能发挥应有的作用。所谓"隐蔽"，指的是机房和设备检修口（板、门）都不能暴露于公共视线——前后有别。安排机电管线要多预留装修的空间——尤其是吊顶高度及管井位置、面积、形状。盘管、阀门等RCH习惯尽量不放在吊顶内，而是放在设备间，一来便于检修，二来有利于避开公众视线进行操作，因此小机房比较分散。为避免装修改动，位置选择很重要。这些都是建筑师需关注的（图14）。

a 酒店入口南立面（沿太平桥大街）

b F7/9大厦北立面（沿太平桥大街）

c 酒店主入口

d 酒店入口内庭

图14 F7/9大厦室外照片

f F7 与 F9 间过街楼南立面

e 酒店北立面

g F7/9 大厦北立面

h 商场北立面"多宝槅"一

i 商场北立面"多宝槅"二

j 从商场内看 F5/6 中央绿地

图 14 F7/9 大厦室外照片（续）

7. 室内装修

(1) RCH 部分房间装修表（表 6）

RCH 部分房间装修表　　　　　　　　　　　　表 6

ROOM NAME 房间名称	FLOOR 楼 / 地面	BASE 踢脚	WALLS 墙面	CEILING 吊顶	CEILING HEIGHT 吊顶高度
TYPICAL KINGS & DOUBLE/DOUBLES（BUSINESS HOTEL）GUESTROOMS 标准大型单床 / 中型双床间（商务酒店）客房					
ENTRY 小门厅	地毯	木	石膏板 / 涂料	石膏板 / 涂料	2600mm/2350mm
BATH 浴室	大理石	大理石	大理石	石膏板 / 涂料	2350mm
SLEEPING AREA 卧室	地毯	木	石膏板 / 涂料	石膏板 / 涂料 / 抹灰	2600mm
CLUB LOUNGE 贵宾廊休息室	地毯	木	木 / 石膏板 / 布艺	石膏板 / 涂料	2750mm
GUEST CORRIDORS & ELEVATOR LOBBY 客房走廊及电 梯厅	地毯 / 大理石	木	木镶板	木镶板	2350mm
GUEST ELEVATORS 客人电梯	大理石	木	木镶板	木镶板	3050mm
SERVICE ELEVATORS 服务电梯	地砖	—	不锈钢	不锈钢	2600mm
PUBLIC AREAS 公共区域					
PORTE COCHERE 雨棚	碎石	天然石料	天然石料	装饰抹灰	4250mm
RECEPTION LOBBY 接待大厅	大理石	大理石	木镶板	石膏板 / 木板	3650mm
GRAND STAIRS 大楼梯	木地板 / 地毯 / 大理石	木 / 大理石	木镶板	木镶板	—
PUBLIC TOILETS 公共卫生间	大理石	大理石	大理石	石膏板	2750mm
GUEST AMENITIES'/RECREATION 娱乐设施					
RECEPTION 接待处	地毯 / 大理石	木 / 大理石	石膏板 / 涂料 / 木镶板	石膏板 / 涂料	2750mm
CORRIDORS (dry areas) 走廊（干区）	地毯	木	石膏板 / 涂料	石膏板 / 涂料	2750mm

ROOM NAME 房间名称	FLOOR 楼 / 地面	BASE 踢脚	WALLS 墙面	CEILING 吊顶	CEILING HEIGHT 吊顶高度
CORRIDORS （wet areas）走廊（湿区）	石膏板 / 涂料	石膏板 / 涂料	石膏板 / 涂料	石膏板 / 乳胶漆	2750mm
LOCKERS 更衣室	瓷砖	瓷砖	石膏板 / 涂料	石膏板 / 乳胶漆	2750mm
MASSAGE/TREATMENT ROOMS 按摩室 / 理疗室	瓷砖	瓷砖	石膏板 / 涂料	石膏板 / 乳胶漆	2600mm
INDOOR POOL ROOM 室内游泳池	瓷砖	瓷砖 / 天然石料	瓷砖 / 涂料 / 装饰抹灰	石膏板 / 乳胶漆	3650mm

FOOD & BEVERAGE AREAS 餐饮区

ROOM NAME	FLOOR	BASE	WALLS	CEILING	CEILING HEIGHT
LOBBY LOUNGE 大堂酒吧	地毯 / 木地板 / 大理石	木	木镶板	石膏板 / 木板	可变化的，最低处 3650mm
RESTAURANT 餐厅	地毯 / 木地板 / 大理石	木	木镶板 / 布艺	石膏板 / 木板	最低处 3050mm
KITCHEN 厨房	缸砖	缸砖	瓷砖，高度 至 1800mm	石膏板 / 乳胶漆	2750mm
TOILETS 卫生间	瓷砖	瓷砖	瓷砖	石膏板 / 乳胶漆	2350mm

FUNCTION AREAS 多功能厅

ROOM NAME	FLOOR	BASE	WALLS	CEILING	CEILING HEIGHT
BALLROOM 宴会厅	地毯	木	木镶板 / 布艺	石膏板 / 木板	4250~5000mm
PREFUNCTION 宴会前厅	地毯	木	木镶板 / 布艺	石膏板 / 木板	最低处 3350mm
TOILETS 卫生间	大理石	大理石	大理石	石膏板	2750mm

BACK OF HOUSE AREAS 后勤区

ROOM NAME	FLOOR	BASE	WALLS	CEILING	CEILING HEIGHT
EXECUTIVE OFFICES 行政办公室	地毯	涂料	石膏板 / 涂料	吸音板	2750mm
LOCKER ROOM 更衣室	瓷砖	瓷砖	石膏板 / 乳胶漆	吸音板	2750mm

ROOM NAME 房间名称	FLOOR 楼/地面	BASE 踢脚	WALLS 墙面	CEILING 吊顶	CEILING HEIGHT 吊顶高度
CAFETERIA 自助餐厅	地砖	地砖	石膏板/ 乳胶漆	吸音板	3050mm
HOUSEKEEPING 客房服务间	地砖	涂料	涂料	吸音板	3050mm
LAUNDRY AREA/ VALET (dry cleaning) AREA 洗衣房	地砖	涂料	涂料	吸音板	3050mm
MEC & ELEC ROOMS 机房	涂料	—	结构面	结构面/涂料	—
CIRCULATION 通道					
PUBLIC 公共	地毯/大理石	木/大理石	木镶板/布艺	石膏板/木板	可变化
BACK OF HOUSE 后勤	地砖/地毯	涂料	石膏板/涂料	吸音板	2750mm
STAIRS (back of house) 楼梯 (后勤)	混凝土/钢	—	混凝土/石膏板/涂料	石膏板/涂料	—

（2）装修配合

RCH 对室内装修的要求相当高，"前后有别"最终集中体现在这里。与装修矛盾最多的是机电专业。尽管我们已经尽量考虑了装修，但多一种设计师的加入，就意味着改动，室内设计尤其如此。主要矛盾体现在：其他建筑中常见的机电的末端装置，在 RCH 不需要客人操作的都不能暴露于公共视线。然而，管道不能不检修，风口、消火栓、防火分隔不能没有，尤其是在金融街 RCH 里，我们不可能通过改变方案来满足 RCH 要求，怎么办？在现状上变形、拐弯、移位……比如将一些配电室的防火门"退"到室内，"藏"进阴影里，从走廊上看就不那么"醒目"了；有些空调风口或通风百叶采用条形的或改变方向，暗藏在吊顶边缘的凹槽里等。总之，采取不是一眼就能看穿的"含蓄"的方式出现。但是像客房的空调出风口这样隐藏会影响功能的就不能遮挡，还有管井的检修门等不可缺少的就必须保留。总之，前提是不能影响功能和违背法规，室内设计必须在建筑师的监督下进行。

RCH 对消防安全的重视绝不亚于美观，毕竟名誉是第一位的，好看难看只是见仁见智的问题。时间再紧，我们都严格审查装修图的消防问题。此时作为建筑师必须头脑清醒：消防规范是国家法律，是建筑师要负的责任；业主意见、管理公司要求、室内设计的想法都不能超越国家法律（图15）。

a 标准客房一　　　　　　　b 标准客房二　　　　　　　c 客房电梯厅

d 总统套房内景一　　　　　e 总统套房内景二　　　　　f 总统套房内景三

g 酒店大堂一　　　　　　　h 酒店大堂二　　　　　　　i 酒店大堂三

j 全天餐厅　　　　　k club lounge（行政酒廊）　　　l SPA 泳池区

m 会议区走廊　　　　　　　n 宴会厅前厅　　　　　　　o 宴会厅

图 15　酒店室内照片

六、定义"奢华"

"奢华"是服务——旅馆是具有居住功能的公共建筑，因此它具有半公半私的双重性。从这个角度来讲，私密性好是奢华旅馆的突出特征，它使客人感到"宾至如归"。丽思到丽思－卡尔顿就是最好的例子。奢华旅馆拥有奢华设施、奢华服务，必然价格也"奢华"，它的客户群非富则贵，所以价格不是他们主要的顾虑。一方面，作为公众人物，公共场所的私人空间对他们尤为珍贵；另一方面，他们所到之处，环境应该与其身份、地位和生活环境相符。一个世纪前，Cesar Ritz 心中理想的旅馆就是让当时的社会名流能够感觉像在自己家里一样自在。他的旅馆每个细节都要是最出色的，但首要的是服务，一切客人想到或想不到的愿望都能得到满足。今天，Cesar Ritz 的理想仍然是奢华旅馆追求的目标。

"奢华"是气质——所谓"外行看热闹，内行看门道"，从建筑的角度讲，奢华旅馆应该是"秀外慧中"："秀外"体现在内外装修上，奢华得典雅而精致，有特色和品位；"慧中"体现在内容上，五星级旅馆在面积指标、硬件设施、服务项目各方面都已经达到比较高的水准，超五星级旅馆起步更高，所以要做得更细致，更人性化、个性化，更有特色。

缔造"奢华"旅馆，显然需要一个庞大的团队。首先要有良好的品牌信誉和被肯定的经营理念作为统帅，还有巨额投资作为坚强的后盾，精品建筑作为最终服务的载体，装修、设备、材料为之锦上添花，所有环节一个都不能少。

七、反思

世界上最好的旅馆硬件设施在哪里？在瑞士学习酒店管理的学员都会被问到这个问题，正确答案是——亚洲！这个答案是否有些出乎你的意料？其实仔细想想也不奇怪，亚洲幅员辽阔，旅游资源丰富，比如东南亚的热带海岛，集中了诸如 RCH、万豪等众多顶级豪华度假酒店——客房宽大舒适，休闲设施一应俱全，服务热情周到，成为富豪们的度假天堂。我国的大城市越来越有国际大都会的派头，越来越多的"世界第一"出现在中国，出国旅游的人越来越多，他们发现，旅行社所称的"四星级"旅馆条件原来还不如国内——房间小，而且设施陈旧，于是大呼上当。

问题的根源就在于观念差异。东方人好面子，外国管理的旅馆正好借此提高硬件标准；国内自己管理的旅馆，徒有高档设施，而服务水平跟不上。无论哪种情况，都造成很大浪费。硬件标准"只求最贵"很容易，但管理和服务水平要做到最好就不是一朝一夕的事了。只有软件和硬件水平相配套的旅馆才能创造最大的效益，提高管理服务水平才能真正提高旅馆的档次。

参考文献

[1] THE RITZ-CARLTON HOTEL COMPANY, L.L.C.STANDARDS AND GUIDELINES

[2] THE RITZ-CARLTON HOTEL DESIGN STANDARDS

[3] http : //www.ritzcarlton.com

[4] http : //marriott.com

[5] 中华人民共和国旅游涉外饭店星级评定的规定

[6] 国家旅游局旅行社饭店管理司.GB/T14308—1997 旅游涉外饭店星级的划分及评定 [S].

文 / 沈东莓

原载于《建筑知识》2006 年 3 期

2011 年更新

揭"密"综合医院设计之入门篇
——医院设计的"奥秘"

一、质疑"专项设计"

最近发现建筑设计业内有一个趋势，就是"专项设计"，即一个单位只做一种类型建筑，企图占领一方市场。于是综合医院基本上被少数设计单位垄断，大多数建筑师因长期没机会接触，以为很神秘。然而我在第一次实践中却被专项设计院认为是行家里手，令我很意外。

记得一部电影中有句台词，我觉得用在这里非常合适："凡事都略懂一点，生活就多彩一些"。我们吃饭应当荤素搭配，营养均衡，如果只吃一种食物，人就会营养不良；一个演技派的优秀演员，总是追求拓宽戏路，挑战不同角色；翻开著名建筑大师或事务所的作品集，没有一个是只涉及一种类型建筑的。

所谓"功夫在戏外"，要想在某一领域取得建树，必须有其他领域知识提供"营养"。建筑设计来源于生活而服务于生活，生活是多元化的，只做一种建筑类型设计，时间长了难免"营养不良"。专项设计必然造成垄断，垄断就容易保守，保守则不能变革，不变革就无法提高，最终不进则退。

二、医院设计难在哪

1. 新旧三七开

有人说综合医院难的理由之一是流线复杂，实际上这是所有公共建筑都要面临的一个首要问题。当今中国，大型、超大型综合楼比比皆是，旅馆／商业／办公或住宅／公寓／商业，建筑面积动辄十几、几十甚至上百万平方米。其中每一种功能都不止一条流线，加上庞大的地下室，流线不可谓不复杂。

除了交通流线，综合医院要解决的场地规划、消防、人防、地下车库、设备用房、内外装修、保温防水等问题和其他房地产项目并无不同。

"知己知彼"，既然七成任务都是熟悉的，对少数新知识就可以"集中优势兵力逐个击破"了。

2. 旅馆的重要启示

由于曾经主持过一个超五星级旅馆项目，之后再做综合医院时，我发现可类比借鉴之处非常多：最突出地反映在客房与病房，两者都是占据了总建筑面积约一半的最主要的内容；其次在流线上，旅馆分为"前台"（客人活动区）与"后台"（服务人员活动区）两大基本类别，而医院的"患"与"医"也是两大基本要素；从功能分区上看，旅馆对外服务内容包括客房、餐饮、会议和娱乐，医院则是病房、门诊和医技……总之，我在旅馆设计方面的很多经验都能够轻而易举地嫁接到综合医院设计上。

于是我意识到，旅馆是非常"基础"的一种建筑类型——通过这一种建筑类型，能够扩展出很广泛的设计空间。原因在于旅馆恰好兼具了居住与公共活动两种使用性质，做一个旅馆设计等于同时可以接触到居住、餐饮、体育、观演、内部办公、后勤管理等多方面知识。因此，旅馆不仅对医院设计是重要参照，在目前的房地产市场中，住宅、办公、旅馆、商业是最主要的开发内容，这其中最复杂的是旅馆，精通旅馆设计就等于可以在这几种类型间游刃有余。

三、综合医院的特性

1. 管理方式决定设计模式

公立综合医院的一个突出特点就是管理方式决定设计模式。不同国家有不同的国情和社会医疗制度，因此，不能盲目照搬别国模式。

目前我国的大型综合医院管理方式取决于其独特的背景——人口多，医疗保险制度很不完善，公立医院垄断市场，医护服务意识较弱等。这些决定了老百姓的就医观念，也决定了我国综合医院设计的模式。

公立医院建设依靠国家投资，为保证资源有效利用，我国特制定了《综合医院建设标准》。审批程序繁复、周期长是我国公立医院建设的特点。

2. 陌生的医技

对于没有综合医院经验的建筑师而言，前文提到的"新知识"主要是指医技部分。以西医为主的现代综合医院，各种依赖医疗设备的检查是诊断的主要依据，手术、检验、放射是医技部分的核心。它们的确有自己一套操作流程，不过一旦了解一个，就明白了——其实核心思想还是"医患分流"，于是三成的新知又骤减一半。

另外，目前诸如手术室、中心供应、配液等都有专业厂家配合深化设计，所以，建筑师只要与厂家配合过一两次也就了解了来龙去脉。

医院项目中设备专业较其他项目要求更多，合理设置设备层很重要。还要特别关注医技用房之间以及医技用房与机电专业的矛盾和禁忌。这些细节即使是医疗专项设计院也容易忽略。例如 MRI（核磁共振）与 CT、冷冻机房、变配电间等不能毗邻（包括上下层或同层）。

3. 业主不是开发商

作为业主的医院方面与地产开发商不同——是物业的使用者而不是投资者。由于关系到自身的使用便利，医院各科主任都很喜欢同建筑师讨论细节的布局，但作为建筑师却不能因此而被动，必须明确原则，站在全局立场引导对方，才不会陷入无休止的修改中。

与此同时，公立医院是国家投资，院方很少考虑投资、回收的关系，在项目运作上不如开发商轻车熟路，反而需要建筑师主动提供支持。建筑师有责任站在国家立场，关注建筑的经济性，与业主沟通。

四、会者不难

俗话说，"难者不会，会者不难"。之所以难，是因为没有掌握方法，而如果懂得方法，举一反三，融会贯通，则能以不变应万变，就不难了。

公共建筑类型很多，表面看上去差异很大，但是建筑设计的原理没有变。在所有类型建筑中必须解决的大多数共性问题就是"一"，"三"就是各种特性问题。

要做到举一反三，平时积累、总结非常重要，唯有当个案被提炼为共性、经历被浓缩为经验时，才说明抓住了本质。

文 / 沈东莓

揭"密"综合医院设计之实战篇
——医院设计常见套路分析

一、半集中式门急诊医技病房综合楼流行设计套路剖析

"半集中式"是指高层病房结合低层门诊和医技的布局形式,"集中"是指病房楼采用高层建筑,"半"的意思是门诊和医技大多沿用低层建筑,布局较分散,占地面积较大。这种布局是为了适应医院规模不断扩大,但同时土地资源有限的形势,电梯的普及为高层病房楼提供了技术保证。不过实际上,"低层"门诊和医技楼很难将高度控制在24m以内,从消防的角度来看,整个综合楼都是高层建筑。

当前流行的设计套路主要有以下特点:门诊、急诊和医技放在低层部分,主要安排门诊各科室、急诊、放射、功能检查及检验、手术部、中心供应(有时放到地下室)以及学术会议;以医疗主街串联各个科室部门;以内天井来争取门诊科室的自然采光通风;病房楼采用高层建筑,多数采用南北向的板式高层,病房朝南,辅助用房朝北,只有少数采用塔式高层;因医院建筑容积率较低,停机动车主要考虑地上,地下室大多只有一层,主要安排设备用房、药库、人防和少量车库;依病房、门诊科室开间或地下停车需要,柱网为7.2~8.4m;门诊医技层高在4m以上,病房层高在3.6m以上。

笔者最近完成的某医院新建门急诊医技病房综合楼正是这类半集中式的典型代表,该医院为二甲医院,新建综合楼总建筑面积50820m²,设340床位(加上老病房楼改造160床,共500床),每层1个护理单元,日门诊量2000人次。以500床的规模和二甲医院的定位,此套路表面上看并无不妥。但随着设计逐渐深入,我开始感到任何一种模式都有一个适用范围,对比分析其他国内外的实例,更加意识到大有改进的空间。下面就以此为例,剖析其主要特征并探讨改进的方向和措施(表1、图1~图5)。

医院设计常见套路与改进方案 表1

部位	套路特征	套路局限性	改进方案
大厅 (图2)	多层共享大厅	有些实例中,大厅不兼做挂号、取药、收费的等候区,面积太浪费,有的甚至单独设置没人去的"四季厅"	①兼做挂号、取药、收费的等候区 ②结合室内中庭,为门诊科室提供采光 ③如果仅仅起到门厅的作用,必须严格控制面积

部位	套路特征	套路局限性	改进方案
主街（图3）	直线形，不环通，宽度为6m或1跨柱网	尺度把握不好时，交通线路过长，七八十米至一百七八十米长的实例都有	①把握尺度：当每层直线长度超过90m（袋形走廊两个疏散出口的最长距离）时，应考虑向垂直方向发展；宽度可比一般走廊适当加宽，不一定要1跨，不如把空荡荡的走廊面积分给拥挤的候诊区 ②环形主街或放射性平面有助于缩短主街长度
门诊科室（图1、图4~图6）	尽端式		
	进深为2跨柱网，二次候诊空间的中间经常有一排柱子	2跨柱网进深无法满足上层报告厅等大空间对面宽的要求；柱网布置不合理，二次候诊空间不经济，遮挡视线，阻碍交通，不够人性化	合理安排柱网，避免候诊区走廊出现柱子，首先考虑候诊区自然采光，体现以人为本
	采用内天井满足科室自然采光通风	内天井虽是室外，但当达到5层高时自然排烟几乎不可能；当内天井阴角两侧窗分属不同的防火分区时，距离通常不易满足防火规范要求，需设为防火窗；内天井没有为候诊区提供直接采光，不够人性化	以室内中庭取代过高的内天井，同时满足采光和机械排烟要求
病房楼（图1、图7）	层高3.6m以上，多为3.7~3.9m，要求走廊净高2.4m，病房内设吊顶	层高和走廊净高比超五星级旅馆还奢华，病房内设吊顶没必要	走廊净高按不低于2.2m考虑，反推层高3.3m足够了；病房内和旅馆一样采用侧喷，灯具结合装修设在床头上方的灯槽内，不刺眼又方便阅读，另外安装一个吸顶灯，医生检查时用
	多采用南北向板式	护理、行走交通线路长；无论白天黑夜，患者大部分时间都在睡眠状态，在强烈的阳光下无法很好休息；太阳辐射强，空调不节能	病房不一定朝南，鼓励多采用塔式病房楼，节能，人性化
	电梯设计无原则	电梯设计不合理造成大量资源浪费	电梯专题详见"超越篇"
医护辅助用房（图1、图8）	门诊每科室设一套更衣卫浴，约30mm²	分散设置不经济，无法完全回避患者视线，不雅观	在地下室设大型集中更衣卫浴，通过专门的竖向交通与门诊相连，门诊适当集中设置医护卫生间
门诊患者公共卫生间（图1、图4）	入口设在主街上	臭味全楼窜，视线遮挡不到位，成为最大败笔	①把握"易找又隐蔽"的原则，不从主街直接进入，通过走廊拐到侧面或背面再进入 ②无论明、暗厕，均设置强制机械排风，暗厕因无室外气流干扰，机械排风更有效

部位	套路特征	套路局限性	改进方案
地下室	多功能，层数少：医技（中心供应、药库、制剂、放疗等）、设备机房、车库等不同性质的内容均集中在同一层，并且兼做人防	层高、防火分区（疏散楼梯）布置不经济；与上层或同层的放射科、上下水易相互干扰；只有一层地下室时对变配电室不利；车库停车数量少，不经济	①走出地下室造价高的误区，地上面积的浪费才是造价升高的主要因素。尽可能将不同性质的房间分设在地下不同层 ②汽车库尽可能安排在地下室，以节约土地，增加地面绿化，改善环境，有利于城市医院的长期可持续发展 ③增加医护集中更衣卫浴
建筑形式（图9）	"高科技"作怪：大面积玻璃幕墙、"时髦"的曲线轮廓和上下层错乱的窗等使外形越来越像写字楼	建筑师关注外表"时尚"大大多于患者需求，将大笔国家资金投入在造型上	学习日本、中国台湾的公立医院立面：朴实、经济、实用

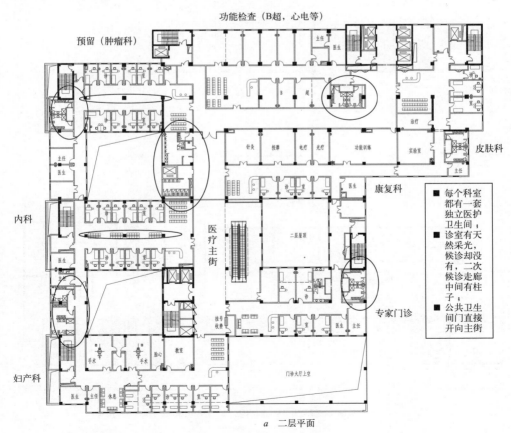

图 1　某 500 床医院门诊、急诊、医技、病房综合楼

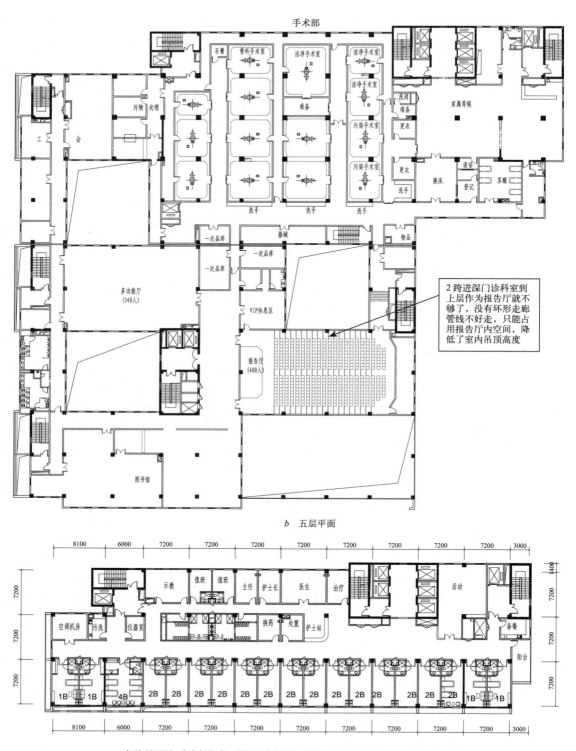

b 五层平面

c 标准层平面,病房都朝南,辅助用房都朝北(注:2B表示双床间,1B表示单床间)

图1 某500床医院门诊、急诊、医技、病房综合楼（续）

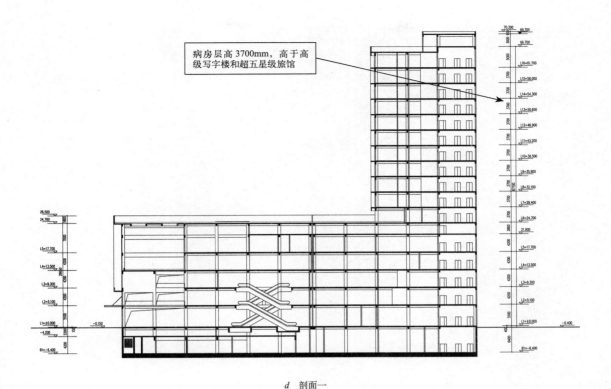

病房层高3700mm，高于高级写字楼和超五星级旅馆

d 剖面一

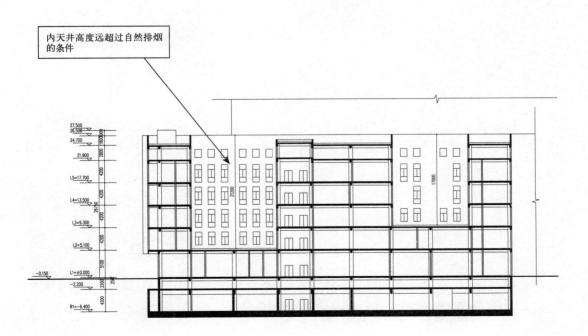

内天井高度远超过自然排烟的条件

e 剖面二

图1 某500床医院门诊、急诊、医技、病房综合楼（续）

a　多层共享大厅

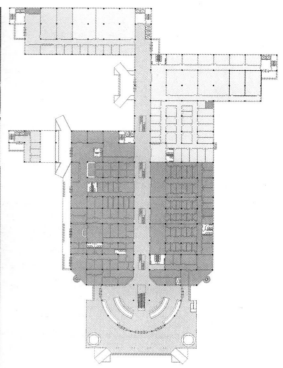

a　两个入口间的主街长达 16 跨

b　环形主街缩短往返路程

b　急诊面积不够，只好借用"四季厅"了

图 2　医院里的多层共享大厅

c　过宽的主街空空荡荡

图 3　主街实例

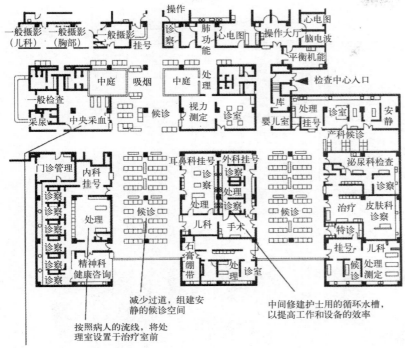

一般摄影（儿科）　一般摄影（胸部）　一般摄影　挂号　操作　诊察　肺功能　心电图　操作大厅　心电图　脑电波　平衡机能

一般检查　中庭　吸烟　中庭　处理　检查中心入口　库　处理　挂号　诊室　安静

采尿　中央采血　候诊　视力测定　诊室　婴儿室　产科候诊

门诊管理　内科挂号　耳鼻科挂号　外科挂号　诊察　处理　诊察　泌尿科检查　诊察

诊察　处理　候诊　儿科　手术　治疗　皮肤科诊察

诊察　精神科健康咨询　石膏绷带　处理　诊室　特诊　挂号　儿科　处理　测定　候诊

减少过道，组建安静的候诊空间

中间修建护士用的循环水槽，以提高工作和设备的效率

按照病人的流线，将处理室设置于治疗室前

采血后血样由专人送往二楼化验部进行化验

a　日本资料中的门诊部范例（门诊部门构成，根据 JlHa 基础讲座原文制成）

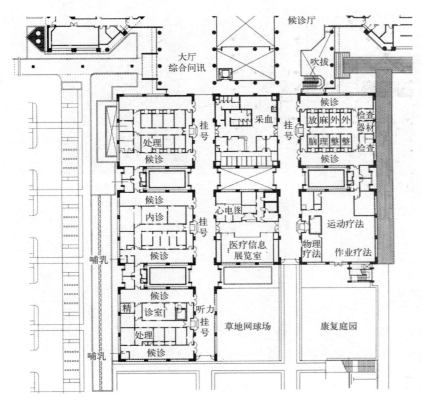

候诊厅　大厅综合问讯　吹拔

挂号　采血　挂号　处理　候诊　放麻脑整外整检查器材　检查

候诊　候诊　内诊　挂号　心电图　医疗信息展览室　物理疗法　运动疗法　作业疗法

哺乳　候诊　精诊室　处理　听力挂号　草地网球场　康复庭园

哺乳　候诊

b　优秀候诊区实例（日本）：天然采光，没有柱子，环境舒适

图 4　门诊科室布置实例

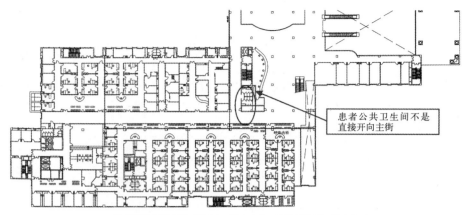

患者公共卫生间不是
直接开向主街

c　优秀门诊布置实例（国内）：医患分流，候诊环境好，没有柱子

图 4　门诊科室布置实例（续）

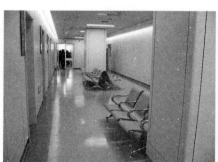

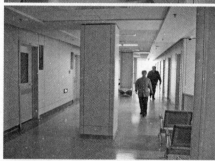

a　门诊内天井的高度过高，实际上无法满足自然排烟的条件

图 5　不好的二次候诊区实例：没有自
然采光，走廊中间有柱子，不够人性化

b　患者就医时无暇去门诊内天井休闲

图 6　门诊内天井实例

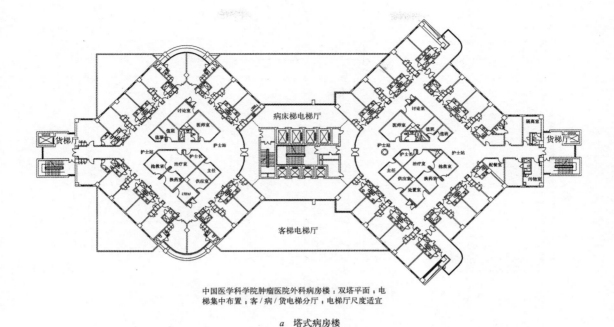

中国医学科学院肿瘤医院外科病房楼；双塔平面；电梯集中布置；客/病/货电梯分厅；电梯厅尺度适宜

a 塔式病房楼

1 护理站
2 日光室
3 服务性空间
4 病房

b 多肢板式病房

图 7 多种病房楼平面形式

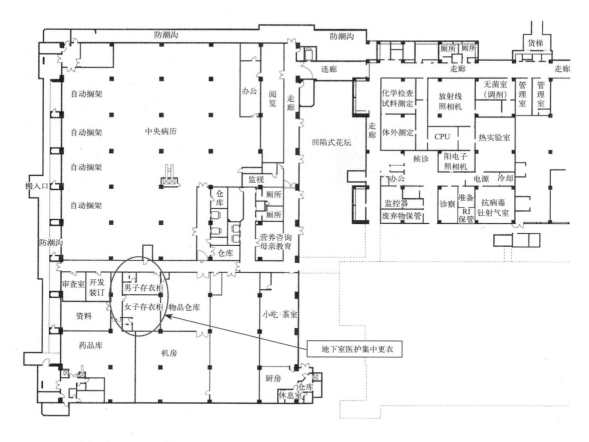

图8　地下室医护集中更衣实例

a　朴实的医院立面设计（日本）

b　奢华的医院立面设计（国内）

图9　不同风格的医院外形设计实例

二、"半集中"到"集中"

　　随着大型综合医院门诊量与日俱增，各大医院纷纷进行改扩建，门诊面积成倍增加。相应的，门诊楼的尺度也不断扩大，患者步行的距离已经大大超过了适宜的尺度。从挂号、候诊、就诊到检查、收费、取药，看一趟病下来，让人身心疲惫。再加上患者本身就行动不便、体力虚弱，根本经不起来来回回几公里的折腾！医院服务跟不上，年老体弱者看病往往需要两三人陪同跑前跑后，无形中反过来又增加了门诊楼的人流。量变到质变，分久必合，当水平距离过长时，向垂直发展是必然的趋势。

　　近几年来经济发展了，自动扶梯在新建的综合楼中日趋普遍。患者走楼梯多有不便，但是门诊、医技楼往往层数不多，电梯速度慢、等候时间长。与电梯相比，自动扶梯运输量大，速度快，为门诊、医技楼也向高层发展提供了有力支持。

　　穷则思变，由"半集中"向"集中"发展是未来城市大型综合医院可持续发展的趋势。

三、破除迷信

　　大家在设计说明里都说自己的设计是"以人为本"，何为"以人为本"？以谁人为本？"医院设计应该首先以患者的方便为本"，这样说大概不会有人反对，但前文的套路分析无不证明设计人的口号与行动南辕北辙。《综合医院建设标准》中明确了编制目的是："正确掌握建设标准，充分发挥投资效益"；综合医院设计"应坚持以人为本、方便病人的原则"。只有建筑师站在国家（投资者）和患者的角度做设计，才能真正做到以人为本。人都有生、老、病、死，希望医院的设计者们有一天作为患者走进自己设计的医院就医时，会因为自己用心的设计而感到欣慰和庆幸。

　　随着医疗保险制度的推广和深化，社区医院覆盖面逐渐扩大，同时私人诊所悄然兴起，医护人员的服务意识也在逐步提高，人们的就医观念正在转变，这些变化正在影响着综合医院的设计模式。没有什么模式能够通行于天下，我们不应迷信"专项设计"的习惯套路，与时俱进才能适应新的挑战。

　　上述套路因"专项设计"之故成为一种"样本"，曾被大量复制，造成不少遗憾，因此我提出来供大家参考。很高兴最近已经渐渐有不同的设计思路被应用在越来越多的实例中，希望百花齐放的设计环境能促进综合医院设计逐渐优化并日趋完善。

参考文献

［1］日本建筑学会.建筑设计资料集成——福利·医疗篇.重庆大学建筑城规学院译.天津：天津大学出版社，2006.

［2］于冬.世界医院建筑选编.北京：北京科学技术出版社，2003.

［3］王乙鲸.台湾医院建筑研究（一）.大将作建筑研究室，1991.

［4］中国卫生经济学会医疗卫生建筑专业委员会，中国建筑学会建筑师分会医院建筑专业委员会.中国医院建筑选编（第三辑）.北京：清华大学出版社，2004.

文／沈东莓

揭"密"综合医院设计之超越篇
——高层病房楼电梯研究

一、探索病房楼电梯指标

从功能和经济角度来讲，电梯对一栋高层建筑十分重要。旅馆、写字楼、住宅等的客梯数量都已经有人总结过，因此当我接触综合医院时，对于电梯的数量如何计算也非常关心。由于半集中式布局主要是病房"集中"，所以关注的重点是病房楼的客梯数量（包括普通客梯和病床梯，不包括货梯）。然而实践中却发现：第一，"专家"们不认为需要总结；第二，"专家"审图常有一条是"电梯数量不够"，但是多少够没人能给出一个肯定答复。我认为完全可以借鉴旅馆、写字楼的经验总结出病房楼的电梯指标，即"每电梯服务床位数"。至于这方面资料少的原因，仍然是医疗制度决定设计模式、公立医院业主不同于房地产开发商的结果。

1. 电梯指标探索方法和步骤

方法：统计→归纳→总结。

旅馆、写字楼的电梯指标都是从大量的实例中统计总结出来的，因此，统计数据是重头戏，统计哪些数据、如何统计，都关系到是否能找出规律，得出结论。

步骤：

第一步，限定条件；

第二步，确定相关因素；

第三步，统计数据，归纳总结；

第四步，参考、对比其他资料；

第五步，提出结论。

2. 详细过程

第一步，限定条件。研究对象为半集中式门（急）诊、医技、病房综合楼中专门为病房楼服务的客用电梯数量，包括普通客梯和病床梯，不包括货梯和杂物梯。

第二步，确定相关因素。有些专项设计院习惯用病房楼层数、每层护理单元数来评价电梯数量是否合适。我认为考虑到消防安全和病床梯的速度缘故，即使是高层病房楼也不过十几层，一栋病房楼一般不会超过 600 床，如果床位再增加，通常会考虑另建新的病房楼。护理单元最常见的是每层 2 个，这些数据基本是固定的，所以不会影响大局。所以，最根本的依据还是病床数和建筑面积。另外，电梯的布置方式也会有一定关系（后文详细讨论）。

第三步，统计数据，归纳总结。国内大陆方面，我主要搜集的是我国近年来各地已建成的半集中式门（急）诊、医技、病房综合楼或病房综合楼，共 25 个实例；为了便于对比，我还搜集了属于亚洲人口稠密地区的日本和中国台湾近年的 24 个实例（表 1）。

实例分类		表 1
医院规模	国内大陆实例数量	日本 / 中国台湾实例数量
300~400 床	4	6
500~600 床	8	12
700~900 床	8	2
1000 床以上	5	4

我的个案统计表中的数据包括：医院规模、总建筑面积、总床位数、病房楼客梯 / 病梯 / 货梯的数量、每梯服务床位（不含货梯）、建筑面积 / 床等主要指标（附录）。个案统计数据差距很大，国内的实例中，每梯服务床位范围为 62~160 个；日本、中国台湾的实例为 66.7~150 个，相差两倍半！规律不明显。

从表 1 可以看出，医院建设的规模呈"枣核型"，500~600 床规模的医院是最常见的，比较小和特别大型的医院不普遍。就我国而言，也许是由于人口数量特别多，500~900 床规模的医院是建设数量最多的。

规模	300~400 床		500~600 床		700~900 床		1000 床以上	
地区	国内大陆地区	日 / 台	国内大陆地区	日 / 台	国内大陆地区	日 / 台	国内大陆地区	日 / 台
客梯	0~2	2~5	0~4	2~4	2~6	3	4~10	4~8
病床梯	2~5	1~3	2~6	2~4	3~6	3	5~12	4~6
客病梯之和	4~5	3~8；4 台占 50%	4~8；8 台占 50%	4~8；8 台占 58%	5~9；6 台占 50%	6	12~22	8~12

分类小结　表 2

通过表 2 个案分类统计，可以得出一些规律：

（1）由于电梯适宜成对布置，因此，客梯与病床梯最少各 1 对，即 4 台；

（2）无论是大陆地区、台湾地区，还是日本，500~600 床的电梯数量偏多，而 700~900 床的电梯数量则偏少；

（3）当总床位数超过 1000 床时，国内大陆地区实例的电梯数量开始失去控制，中国台湾、日本实例基本上在 300~400 床规模基础上按比例增加；

（4）500~600 床规模的医院是建设数量最多的，这部分医院的电梯数量偏多将会造成大量的浪费，由此可见研究电梯指标的重要性；

（5）在客梯与病床梯的分配上，国内大陆实例中有好几个没有客梯，并且当床位数增加时，只增加病床梯数量。而日本和中国台湾的实例在这方面与大陆的情况完全不同，这显然是设计理念的差别造成的，此部分内容将在下一部分重点论述。

下面，再用另外一种形式图表来归纳以上的统计结果（图 1）：

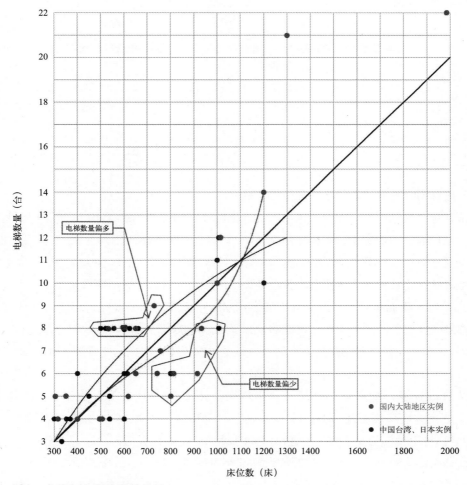

图 1　床位与电梯数量的关系

由于无论是电梯数量还是病床数量都必须是整数，因此，用表格统计的实际个体案例的电梯数量变化显得不那么"平滑"。通过图1的分析，将列表的统计内容更形象化，电梯数量与床位数的关系也就比较清晰了。图中的曲线能够很直观地反映出：电梯数量与病床数成正比；偏离曲线上方较多的点电梯数偏多，下方则偏少；曲线的斜率（曲线是上凸还是下凹）反映了电梯数量的增加随床位数增加的速度，中国台湾和日本实例的曲线斜率随床位数增加而减小，国内大陆实例曲线的斜率随床位数增加而变大，在大于1000床的时候陡然剧增，如果不加以控制，将会造成投资的大量浪费。

根据图1中各个点的大平均值，得出了黑色曲线，这条线就是电梯数量随病床数变化规律的一般性结论：大约每100床需要1台为患者服务的电梯，包括客梯和病床梯。

第四步，参考、对比其他资料。

（1）我从最新出版的《全国民用建筑工程技术措施2009》"规划／建筑／景观"分册中第179页中查到了相关的数据（表3），与我的分析结果是接近的。然而表中"常用级"、"舒适级"等分类概念含糊暧昧，不够有说服力，这引起了我进一步的思考。

《全国民用建筑工程技术措施2009》中医院住院部电梯数量指标　　　　表3

建筑类别 ＼ 标准	数量			
	经济级	常用级	舒适级	豪华级
医院住院部（床／台）	200	150	100	<100

（2）电梯指标与床位数和建筑面积的关系：

从前文统计数据中可以发现，国内大陆地区医院实例的"总建筑面积／床"指标明显高于中国台湾地区和日本的实例，个别达到150、160甚至200多m^2/床！而《综合医院建设标准》中规定的"建筑面积／床"指标中最高的900床的规模是$90m^2$/床！我认为一个主要原因是国内大陆地区实例建设时间比较接近，多数以2~3床带独立卫生间的小病房为主，而中国台湾和日本的实例建设要更早一些，以4~6床的大病房为主。然而即使如此，总建筑面积按$110m^2$/床也基本够了（过大的共享大厅、过宽的走廊等过分追求奢华的作风是致使总建筑面积过大的主要原因）。例如，我之前完成的天津的项目就是根据天津市卫生局规定的$110m^2$/床来确定的建筑规模。

因此可以推算，如果是小病房，总建筑面积按$110m^2$/床计算，根据《综合医院建设标准》中规定，病房楼占到38%，即$110m^2$/床×38%=$42m^2$/床，则1台电梯/100床=1台电梯/4200m^2。这个指标与写字楼1台客梯/4000~5000m^2的高值近似。

那么如果是大病房，说明医院的建设标准相对低于小病房，每床的建筑面积肯定要小于$110m^2$，可取$90m^2$/床，病房楼的建筑面积为$90m^2$/床×38%=34.2m^2/床，应取1台电梯/150床，于是电梯指标与建筑面积的关系就是：1台电梯服务 34.2m²/ 床 ×150 床 =5130m²。这个指标与写字楼 1 台客梯 /4000~5000m² 的低值近似。

再用人数来验证：按照 40 床 / 护理单元、42m²/ 床计算，每个病房楼标准层为 1680m²。如果是同样面积的写字楼，10m²/ 人，每个标准层共有 1680m²/10m²/ 人 =168 人；作为病房楼，每个护理单元有患者 40 人，假设每个患者有 2 个探视者，每个护理单元人数最多时就有 40×（1+2）=120 人＋医护人员，而医护人员的数量不会比患者总数的 40 还多，因此，每个护理单元人数最多时一定小于 160 人，也就是说比写字楼要少。所以病房楼的电梯指标要小于写字楼。

第五步，提出结论。

综合上述分析结果，我总结出以下病房楼电梯指标结论：

（1）电梯指标与床位数有关，并成正比；

（2）电梯指标与每床建筑面积指标有关，医院标准越高，则每床建筑面积越多，每台电梯服务的床位数越少；反之，医院标准越低，则每床建筑面积越少，每台电梯服务的床位数越多；

（3）对于 300 床以下规模的病房楼，至少需要客梯和病床梯各 1 对；

（4）对于小病房为主的病房楼，电梯指标可按照 1 台电梯 /100 床估算，以大病房为主的病房楼，可按照 1 台电梯 /150 床估算，包括客梯和病床梯；

（5）以上结论的电梯数量中，客梯以 1 吨为单位，而病床梯的载重量都是 1.6 吨，但是病床梯使用不便，效率不高，因此载重量的差异可以忽略。

二、病房楼电梯布置原则

1. 分散还是集中

我国大陆地区综合医院的电梯指标明显比中国台湾和日本偏高，究其原因，除了受大环境影响外，如果仅从设计本身来讲，电梯的布置方式不同是另一个直接的原因。国内病房楼长期以来习惯采用板式高层，每层 2 个护理单元，平面为一字形、L 形、Z 形等，这样一来两端距离很长，可达 100 多米，于是就把客梯分组设置，而每一组至少也要 2 台，无形中电梯数量就上去了。因为无论设计方和业主方都很少考虑电梯造价问题，认为这样能够缩短从电梯至尽端病房的距离，何乐而不为呢？但实际上，电梯分散布置无论从使用角度还是经济角度来讲恰恰是最不利的！分散设置大大降低了电梯使用效率。对于医院环境不熟悉的大多数探视者，不知道有"第二组"电梯的存在，还是会集中于离入口最近、最容易找到的电梯厅，直到无意中"发现"有第二组电梯。这是人的普遍心理。因此虽然电梯总数多了，但被利用的却不足，不是浪费吗？

再看中国台湾、日本的病房楼，无论标准层平面是什么形式，都只有一个集中的、位置明显的客梯厅。在房地产项目中，无论是写字楼、旅馆还是公寓，也无论是中国或西方，标准层

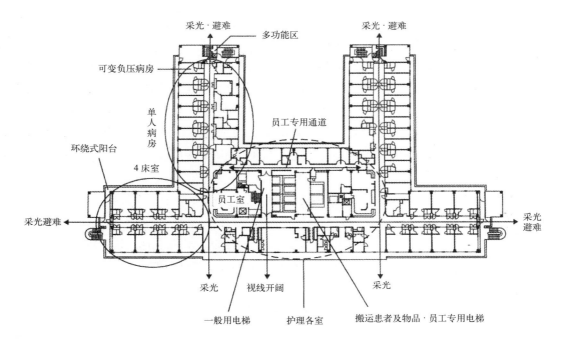

图2 日本资料中的病房楼范例

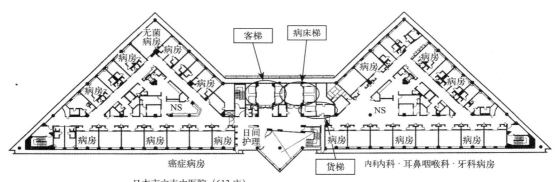

日本市立丰中医院（613床）：
双塔平面；电梯集中布置；客/病/货电梯分厅；电梯厅尺度适宜

图3 优秀病房楼电梯布置实例：集中，客、病、货梯分厅

客梯也都是集中在一起的。电梯集中布置能够提高电梯的利用率，这是一个普遍适用的电梯设计基本原理（图2、图3）。

2. 病床梯还是客梯

客梯分为普通客梯和病床梯两种是医院建筑与其他类型建筑的一个显著区别，二者该如何搭配呢？

首先，对比国内外的设计实例发现：我国台湾、日本 400 床以上的实例中，普通客梯大都多于病床梯，并且病床梯一般与普通客梯"背对背"或靠近护士站单独设置；我国大陆地区则相反，病床梯占据绝对优势，与普通客梯混用。

两种思路哪个更合理呢？我们必须从了解两种电梯各自的特点开始（表 4）。

普通客梯与病床梯对比 表 4

	载重量（吨）	速度（m/s）	轿厢类型	机房
普通客梯	无限制	无限制	宽型	无限制
病床梯	1.6	0.6 居多，1.75 以下	深型	没有"无机房"标准产品

第一，从轿厢形式上看，病床梯更接近货梯，货梯轿厢为深型，目的是为了方便推车，这也是推病床的需求；而客梯轿厢为宽型是为了使人进出更迅速。不知读者去医院时是否留意过：乘病床梯时大家都挤在门口，不到不得已不愿意往里走。尤其在门诊，这个现象更突出。第二，考虑到患者的舒适，病床梯的速度不能太快，近几年已经达到 1.75m/s。对于 60m 以上的高层病房楼，为行动自如的健康探视者服务，就显得力不从心了。第三，作为建筑师，如果换位思考一下，想象自己浑身缠满绷带插着各种管子躺在病床上被推进电梯，目光与好奇的健康探视者相遇，心里将会做何感受？

分析结果很明显：从使用角度看，病床梯是专门为推病床设计的，适用范围很有限，而病房楼中除了一小部分行动不便的患者，其余的患者和探视者都能够自己"走"进电梯，完全可以乘更方便的普通客梯。因此，普通客梯多于病床梯是合理的；从服务角度看，患者躺在床上一定是由护士推进电梯，这样的患者往往形象比较狼狈，不愿被周围好奇的目光所关注，病床梯独立设置并略微"隐蔽"是合理的，正是医院替患者着想的体现，"以人为本"——以患者为本的标志。目前国内公立医院的服务意识还不强，但如果建筑师生活中留意观察，则不难发现问题（图 2、图 3）。

3. 电梯厅尺度

我看到不少实例中，病床梯的电梯厅都达到 1 跨柱网，即七八米宽，的确够气派，但真正使用起来必然造成人未到门先关的尴尬场面，很容易出事故。病床梯不过才 1.6t，病床还不到 2m 长，既然从病房到走廊能拐过弯，在电梯厅怎么会拐不过弯？就算是对面两个病床梯同时推床出来，两张病床长度加起来才不过 4m，也用不着七八米宽的电梯厅呀！一般的货梯怎么也要 2t 以上，货车也不比病床小，却从未见过货梯厅做这么宽的电梯厅。这说明什么问题？专项设计带来的营养不良（图 4）。

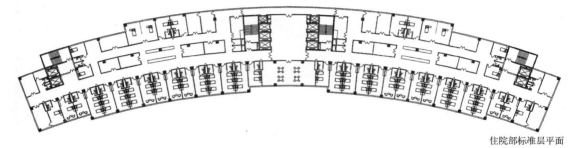

住院部标准层平面

图4 电梯厅过宽的实例

三、学而不思则罔

子曰："学而不思则罔"。勤于思考、能够提出问题，才能想办法解决问题，问题解决了，水平就提高了。

"专项设计"往往被当做权威，但是垄断必然带来保守，在学习的同时也不可拘泥其中，被其束缚，仍然要保持客观清醒的头脑，敢于探索，才能不断进步和超越。

参考文献

［1］日本建筑学会.建筑设计资料集成——福利·医疗篇.重庆大学建筑城规学院译.天津：天津大学出版社，2006.4.

［2］于冬.世界医院建筑选编.北京：北京科学技术出版社，2003.

［3］王乙鲸.台湾医院建筑研究（一）.大将作建筑研究室，1991.

［4］住房和城乡建设部工程质量安全监管司，中国建筑标准设计研究院.全国民用建筑工程技术措施：2009年版——规划、建筑、景观.北京：中国计划出版社，2010.

［5］中国卫生经济学会医疗卫生建筑专业委员会，中国建筑学会建筑师分会医院建筑专业委员会.中国医院建筑选编（第三辑）.北京：清华大学出版社，2004.

文／沈东莓

附录 医院实例电梯指标统计表

国内近期已建成实例

附表 1

病房规模（床）	序号/选例名称/竣工时间/（建设地点）	总建筑面积（m²）	总床位数（床）	病房楼客梯/病梯/货梯（台）	每梯服务床位（不含货梯）	建筑面积/床（m²/床）	是否客病梯分厅	病房电梯是否兼门诊医技用	备注
300~400	①山东省东营市鸿港医院/2004	96816	400	2/2/3	100	242	否	否	护理单元辅助面积过多，门诊大厅过大
	②北京朝阳医院（改扩建一期）/2008	82306	314（新增）	2/2/1	78.5	（注2）	否	否	
	③河北医科大学第四医院门急诊医技病房综合楼/2001/河北省石家庄市	41180	350	0/5/2	70	117	否	否	病房楼与门诊医技有隔墙分隔
	④北京安贞医院外科综合楼/2003	34422	308	2/3/3（1台消防专用梯）	62	（注2）	否	否	塔式病房综合楼
500~600	①江苏省苏州市九龙医院/2004	107041	650	4/4/2	81	165	否	否	病房以1~2床间为主；门诊、医技、病房以连廊相通；门诊设计较好
	②浙江省浦江县人民医院/2004	46975	500	1/3/2	125	94	否	否	
	③天津泰达国际心血管医院综合楼/2003	70489	600	4/4/3	75	117	是	否	台湾事务所设计
	④北京北大医院第二住院部干部外科病房楼/2002	62000	531	2+2/2+2/3	66	（注2）	否	否	病房楼分为2栋
	⑤浙江省富阳市人民医院病房楼/2003	30600	500	2/2/1	125	（注2）	否	否	病房楼为塔式三角形平面
	⑥浙江省宁波市医疗中心李惠利医院扩建住院楼/2004	38657	650	0/6/6（其中1台手术专梯）	108	（注2）	是	否	货梯过多
	⑦上海长海医院胸心疾病诊治中心楼/2004	28145	611	0/5/3	122	（注2）	否	否	
	⑧中国医学科学院肿瘤医院外科病房楼扩建工程/2004/北京	41706	600	4/4/2	75	（注2）	是	否	台湾事务所设计；双塔式平面
700~900	①广东省东莞市东华医院医技病房综合楼及门急诊楼/2003	106182	810	2/4/3	135	131	否	否	电梯厅过宽（1跨柱距）；医技病房楼与门急诊楼以通道连接
	②广东省佛山市第一人民医院一期/1998	143000	930	2/6/2	116	154	否	否	电梯厅过宽；病房辅助面积几乎占到一半
	③浙江省义乌市中心医院/2003	110000	910	2/4/2	152	121	否	否	分为门急诊楼、医技楼和病房楼
	④天津人民医院/2004	78000	800	2/3/4	160	97.5	是	否	客梯兼做消防梯
	⑤浙江省宁波市明州医院/2004	89826	766	2/5/5	109	117	否	部分兼	货梯过多
	⑥河北省石家庄市白求恩国际和平医院病房楼/2003	34167	742	2/4/2	123	（注2）	否	否	
	⑦中南大学湘雅三医院外科病房楼/2004以后/湖南省长沙市	68732	731	2+4/3/3	81	（注2）	否	否	客梯分为3厅

病房规模（床）	序号/选例名称/竣工时间/（建设地点）	总建筑面积（m²）	总床位数（床）	病房楼客梯/病梯/货梯（台）	每梯服务床位（不含货梯）	建筑面积/床（m²/床）	是否客病梯分厅	病房电梯是否兼门诊医技用	备注
700~900	⑧河南省中医学院第一附属医院新建病房楼/2003/郑州市	39215	807（注3）	3/3/2	134	（注2）	否	否	塔式平面
1000以上	①解放军总医院外科大楼/2005/北京	117950	1300	4（观光）+5/12/7	62	（注2）	是	否	
	②天津第五中心医院/2007	95000	1000	2/8/4	100	95	否	是	
	③中南大学湘雅二医院第二住院大楼/2001/湖南省长沙市	95359	1025	6/6/4	85	（注2）	否	否	电梯厅过宽（1跨柱距）
	④中南大学湘雅医院新医疗区医疗大楼/2004/湖南省长沙市	262960	1920	10/10+2/3+1	87	137	是	否	分为普通（Ⅱ区）和干部（Ⅰ区）病房楼；门诊设计较好；台湾事务所设计
	⑤重庆第三军医大学西南医院外科综合楼	91701	1200	6+3/5/2	86	（注2）	是	否	客梯分为2组；台湾事务所设计

注：1. 所选实例出自全国各地，均为半集中式门急诊、医技、病房综合楼或病房综合楼，病房均带有独立卫生间，绝大多数以2~3床间为主；

2. 该指标只统计门急诊医技病房综合楼；

3. 该数据不确切。

日本及我国台湾近期已建成实例（注1） 附表2

病房规模（床）	序号/选例名称/竣工时间/（建设地点）	总建筑面积（m²）	总床位数（床）	病房楼客梯/病梯/货梯（台）	每梯服务床位（不含货梯）	建筑面积/床（m²/床）	是否客病梯分厅	病房电梯是否兼门诊医技用	备注
300~400	①三田市民医院/1995/日本	21230	300	2/2/1	75	70	是	是	门诊只有一层
	②高砂市民医院/1990/日本	21043	350	2/2/1	87.5	60	是	是	门诊只有两层
	③碧南市民医院/1988/日本	21847	330	2/1/1	110	66.2	否	是	"医院街"概念
	④高知县立幡多见民医院/1999/日本	25739	374	2/2/1	93.5	68.8	是	是	病房楼层高3.2m
	⑤都立丰岛医院/1999/日本	48260	458	3+2/2/2	91.6	105	是	是	医护地下室集中更衣
	⑥东京临海医院/2001/日本	42025	400	3/3/2+1+1	66.7	105	是	是	三角形平面，单廊病房
500~600	①川口市立医疗中心/1994/日本	51501	532	2/2/3	133	97	否	否	
	②山形县日本海医院/1993/日本	38337	530	3/2/1？	106	72	是	是	医护地下室集中更衣
	③横滨劳灾医院/1992/日本	68588	650	4/4/4	81.25	105	是	是	将发展到880床
	④横滨市立大学医学部附属医院/1991/日本	54043	623	4/4/3	78	87	是	是	
	⑤圣路加国际医院/1992/日本	60729	520	4/4/3	65	117	是	是	单人病房

病房规模（床）	序号/选例名称/竣工时间/(建设地点)	总建筑面积(m²)	总床位数(床)	病房楼客梯/病梯/货梯(台)	每梯服务床位(不含货梯)	建筑面积/床(m²/床)	是否客病梯分厅	病房电梯是否兼门诊医技用	备注
500~600	⑥ NTT 东日本关东医院/2000/日本	75311	556	4/4/2	69.5	135	是	是	信息化的典型
	⑦市立丰中医院/1997/日本	66383	613	4/2/1	102	108	是	是	塔式病房楼
	⑧新光吴火狮纪念医院/1992/中国台湾	77667	600	4/4/4	75	129	是	是	
	⑨台北忠孝医院/1983/中国 台湾	56100(注2)	600	4/4/1	75	93.5	不详	不详	
	⑩亚东医院/中国台湾	不详	500	2/2/2	125	不详	是	(注2)	
	⑪阳明医院/中国台湾	不详	600	3/3/1	100	不详	是	(注2)	塔式三角形平面
	⑫北港妈祖医院/中国台湾	不详	600	2/2/2	150	不详	否	(注2)	
700~800	富山县立中央医院/日本	65705	800	3/3/2	133	82	否	是 (注2)	
1000以上	①大阪市立综合医疗中心/1993/日本	89000	1063	8/4/6	88	84	是	是	客梯分为2厅
	②国立大学医院/2001/日本	65638	1046	4/4/3	130.5	62.7	是	否	独立病房楼；医护地下室集中更衣
	③佛教慈济大林综合医院/2000/中国台湾	132302	1200	6/4/2	120	110	是	否	
	④成大附设教学医院	不详	1000	6/5/3	91	不详	是	(注2)	

注 1. 所选实例均为半集中式门（急）诊、医技、病房综合楼，建设年代比国内大陆地区实例早。日本实例病房以 4 床间为主，个别带独立卫生间，门诊较小，以两层居多，多设有自动扶梯；我国台湾实例与日本的设计思路相近，但病房以 2~3 床间为主，从公共卫生间向独立卫生间发展；

2. 该数据不确切。

市场经济下的商业建筑

1. 历史背景

我出生于 20 世纪 30 年代的上海，经历了从新中国成立前半资本主义的商业，到新中国成立后公私合营后社会主义的商业，以及改革开放后社会主义市场经济下的商业发展历程。

新中国成立前上海的商业建筑大多是沿街商铺，只有少数几个百货公司（永安、先施、新新、大新四大公司），商业区沿街几乎每一开间都是个体户的商店，在闹市区甚至里弄口也要被占据 3/4 的宽度作为纸烟店、早餐店等小商店。

新中国成立后的首都北京在苏联专家的指导下做了城市规划。在公私合营后，一夜之间，所有私营的大小商店全变成国营商业，纷纷成立上级单位，从社会主义的概念出发，逐步将沿街的商店关闭。在新规划的居民小区中心规划并建设了商场，根据"各尽所能、按劳分配"社会主义原则并考虑将来发展成"各尽所能、按需分配"的共产主义理想而布局，很多原先沿街的商店变成了住家。由于沿街不需要商店，所以道路间距从过去约 100m 规划成了 300m 左右。

改革开放后，实行了社会主义市场经济，我们开始看到小区内的商场慢慢地关闭了，过去沿街的由商店改成住房的门面又变回了商店，并且，随着经济的发展，沿街的建筑纷纷开设成了商铺。但由于城市规划不容易一下改变，道路间距过大，三十多年来，沿街的商店门面房一直不能满足需求，即使很多沿街的住家将窗口打开改成橱窗发展成了商店，商店门面还是不够用，有些商业、服务业不得已只能开到小区内。

2. 商店的形式

纵观商店的形式，无外乎是两种，一种是一家一户的个体商店，俗称"夫妻店"，实际上是个体私人经营的商店，如小超市，小吃店，以及糕点、理发、烟酒、礼品、服装鞋帽、洗衣、房屋租售、票务代理、复印、鲜花、彩票、药房、银行、快递、牙医诊所等门面商店。

另一种是大型商场，如现在的大超市，大百货商店，大型家电、家居、建材市场，小商品批发市场等。即使是大型商场，实际也是大资本建设商场后，再分隔出租，相当于将沿街的商店开在了大楼里，只是每个商户根据需求承租的面积不同而已。只有大型超市看似是独资，但也不是所有商品及行业都能包括，例如快餐、茶叶、高档酒、补品、钟表修理等，总有一些他们不想自己经营，但希望能够成为补充的内容，所以会留出一些面积来出租。

计划经济的时代已经过去，小资产阶级性质的个体商店一定是当今社会的主流。记得改革开放初期，我到资本主义国家参观，看到满街都是大小不等的个体商店，即使有的商店很少有顾客。当时因为习惯于我国国营垄断的商业模式，曾感到很不理解。

3. 沿街商店

既然个体商业、服务业会占城市的绝大多数，所以为了服务好居民并创造最大的利益，沿街商店是最好的选择，这就对城市规划提出了清晰的要求。前文所说，新中国成立前道路间距是100m，对商业发展很理想，但到了汽车时代，红绿灯太多，就造成交通堵塞。反之，改革开放前300m左右的道路间距，虽然对汽车的交通有利，但沿街的商店又不容易安排。所以，采取折中的办法，将道路间距设置在100~300m之间，是解决现在建筑沿街长度不足，以致沿街商店供不应求的最好办法。这在各地新的城市规划中已逐步在体现了。

4. 买"东西"

购物为什么叫"买东西"呢？以老北京为例，北京的主要商业街都是南北向的，如鼓楼大街，是前朝后市的典型代表，还有王府井大街，东单、西单北大街，东四、西四北大街，前门大街，东、西两边的南、北小街等也都是南北向的。既然街道是南北向的，商店肯定是在东面及西面，"买东、买西"就变成"买东西"了。

那么，街道有南北向、东西向，为什么商业街会以南北向街道为主呢？从历史上看，很多朝代建都在北方，但北方的冬天时间很长，会刮风、下雪甚至结冰。如果街道是东西向的，商店面南还好，面北的商店遇到结冰及刮风，人流就会减少，生意就会受影响。人们传说的风水不好，实际是指环境不好。而面东、面西的商店就不同了，太阳一出，马上会使冰雪化尽，商业气氛自然要比面南、面北的好。

另外，中国人习惯居住南北向的住宅，所以北方的胡同是以东西向为主的，人们下班先进入南北向的街道，再转到东西向的胡同里。如果商业以东西向的道路为主的话，人们到达商店的行走路线要长得多，比较不方便。所以，从行为规律来说，商业布置在南北向的街道也是很合理的（图1）。

5. 小区的东西沿街做商业可增加合理的容积

前文提到，中国人（尤其北方人）喜欢居住南北向的住宅，其中南北通透的板式住宅最受欢迎。一排排板式住宅之间的空间，东西两头必然是对外开敞的，既然沿街商店深受居民的喜

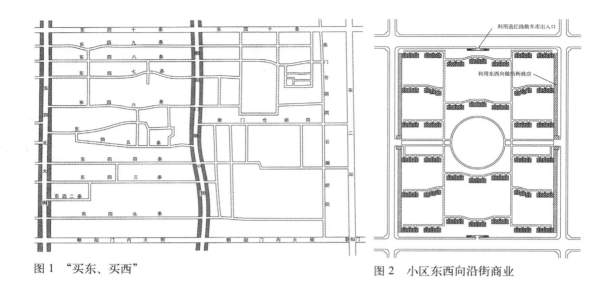

图 1 "买东、买西"　　　　　　　　　　　　　　　　　图 2　小区东西向沿街商业

欢，何不在东西两边规划低层的商业建筑呢？同时，还可当作小区的围墙。开发商常常为解决不了所申请到的容积率而头疼，而这些商店正好可以满足容积率的要求。东西向的低层建筑是商家最喜欢的、开发商最容易销售的开发面积，既节省了围墙，又使居住小区得到安静的居住环境，何乐而不为呢（图2）！

6. 沿街商业合理的开间

新中国成立前的上海是英、法殖民者规划的城市，我在当时的工部局（相当于规划局）里看到过很详细的规划图。道路的格局与现在欧美的城市基本一样，道路的间距在100m左右，有趣的是每13英尺（接近4m）有一小格，图纸标上门牌号，道路两边一边是单号，另一边是双号，说明当时规划者认为4m是商店理想的门面开间。我记得小时候，我家附近有开水店、早点铺、文具店、修汽车店、理发店、药店、棉布店，甚至有棺材店等，都能适应这个尺寸。两层的门面房，楼上老板一家住，楼下晚上关了门，店员就在店场里搭了铺睡，是很有意思的紧凑的开间，非常适合"夫妻店"的营业需要。

我当时因为学了建筑专业，所以比较重视数字。这个规划100m一个街区，差不多50个门牌号，300m左右一个公交车站。想找一个新的地址，就根据每150号一站来计算。比如，想找的门牌号是1000号，而所在的地点是100号左右的话，差900号，即900/150，相当于6站路。这个规划使我对4m开间的印象非常深刻。

7. 大型商场需要策划吗?

房地产商在设想大型商场时，常常被一些策划公司"忽悠"得很厉害。

但商业策划的文本出来之后发现：无非是要求"两头安排主力店，首层是化妆品、珠宝、名表等高档商品，二层是女装，三层男装，四层为运动服装、鞋帽、床上用品、厨房用品（早期还有大家电，现在家电被国美、大中、苏宁等垄断之后，大家电就很少了），五层是餐饮、娱乐，地下室安排大型超市"，几乎千篇一律。

策划书厚厚一本，每一种内容都附有大批照片加以说明，而这些照片都是从杂志上复印下来的。因为还没有做设计，示例看起来都形象良好，再加上策划公司打着境外公司的旗号，先来一个老外演讲，肯定用的是外语，接着当然是中文翻译，而中文翻译也往往用港式普通话，将会议时间拉得很长，但人们始终听得不太明白，几十万美元的费用就这样花完了。

我遇到过北京一个10多万平方米的大型商场项目，甲方请了策划专家，设计方一开始就按照策划书做了设计，完成施工图开工了。这时，甲方腾出时间进行了招商，来了一家美国的知名品牌公司，看了图纸之后，提出了一些修改意见：要求将有些不适用的多层空间填平，改变自动扶梯的位置，将每层的空调机房全部搬到屋顶层内，尽量增加营业面积。谈判得很顺利，所以甲方根据美方的要求一一修改了图纸，正当建设顺畅并快要完工时，美方提出"要用此品牌，头两年不付房租"，甲方迫于资金周转的原因无法满足，导致招商失败。后来，又与另一家公司商谈招商，对方却又要求将有些填平的空间打开，将空调机房搬到每一层，只好修改立面，在外墙出挑1m，做广告架子进行遮挡。

再举一个例子。设计单位为甲方一个4层的裙房做了非常详细的策划，但甲方单位内部在讨论这个策划时，观点不一致，迟迟不能做决定，导致无法开工。后来他们找我咨询，我就举了上面的例子，并告诉他们，凡是商场，只要是框架结构，没有必要策划，只要留有一定的烟囱，便于必要时能做餐饮，其他内容都好解决。上下水比较简单，随时都能修改。其他无非是在某个地方增加自动扶梯；如果原设计位置不符合新业主要求的话，必要时锯掉一根梁就可以，不会影响结构的。因为是老甲方，就听从了我的建议，毫不犹豫地开工了，现在已建成4年。这个面积并不大的4层裙房，只有一层租给了两家银行、地下一层租给了超市、上面租给了两家饭店，其他到现在还没有租出去。已租出去的部分与当初设计单位策划的完全不同。由此可见，用很多时间去策划大型商场没有必要！

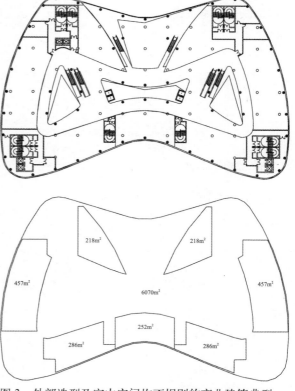

图3　外部造型及室内空间均不规则的商业建筑典型

8. 多层共享空间（吹拔、挑空、中庭）不宜太多

我看到很多甲方兴致勃勃地确定了一些很"振奋人心"的商业建筑方案，但等到方案再进一步发展的时候发现，经济指标实在无法忍受。这些方案往往外形是不规则的，里面有很多的多层空间，效果图看起来非常丰富。可以想象：一个不规则的造型，当然是很有创意的，可是这也会在室内形成很多不能用的空间。多层共享空间确实比普通单层平面在视觉效果上要丰富，但不规则的平面再加上多层空间，问题就大得多：其一，防火卷帘往往很难随形布置，只能浪费很多可以营业的面积；其二，空调费用要增加；其三，过多的挑空面积造成可用的营业面积减少。最终导致甲方无法忍受，只能修改。下面这个实例因为多层空间太多，导致营业面积只有35.8%，而这个35.8%的面积由于很不规则，如果要加辅助通道的话，实际能出租的营业面积比35.8%还要少（图3）。

9. 不规则的柱网可以通过梁转换

这些不规则的方案，柱网肯定也不规则，如果直接往地下延伸的话，地下室会乱七八糟，无法使用。还好这种不规则的商业建筑，一般都不高，最多也是4~5层裙房建筑，所以在地下室完全可以用规则的柱网，以适应地下室超市及车库的功能需要。地上的结构荷载没有多少，用梁托完全没有问题（图4）。

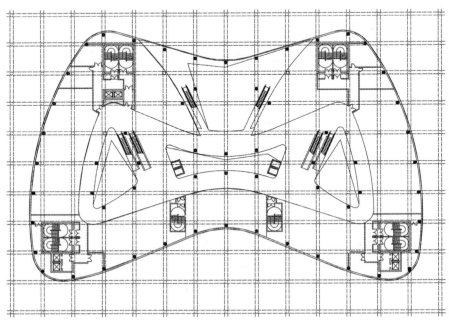

图4　地下室梁托柱

10. 商场不宜做袋形走道（即"死胡同"）

我接到过一个商场的咨询工作，他们希望我能为他们优化空间。我本以为商场就是大空间，可能没有什么可优化的地方，但仔细看了以后，发现这个设计做了很多尽端走道（即死胡同）。我只是将袋形走道改成环形走道，消灭了袋形走道，就盘活了死胡同的商铺单位（图5）。该项目的甲方看到后十分满意，当场表示方案成熟了，可以支付这个阶段的设计费了。那天大家都很高兴，而我也总结出了这条商业建筑的平面规律：修改袋形走道成环形走道后，会多出很多"街角"，而这些街角正是商家最喜欢的，对开发商来容易租出去，还能增值。

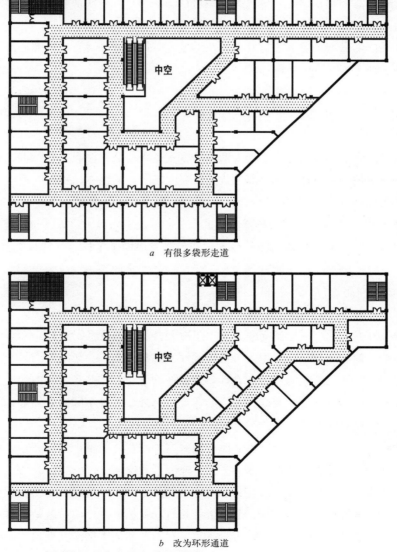

a 有很多袋形走道

b 改为环形通道

图 5　商场的袋形走道改为环形通道

11. 自动扶梯该设多少

商业建筑用自动扶梯已不稀奇，但用多少，没有一个定额。有的商场用了很多自动扶梯，是气派了，但人数寥寥，实在浪费。自动扶梯早在20世纪30年代在上海的大新公司（现在的第一百货公司）就开始使用。自动扶梯效率奇高，一对自动扶梯每小时可通过8000人，那么多人流的地铁站，一般也不过一对自动扶梯，甚至为了省钱只做半对，只上不下（不提倡），所以自动扶梯不该设置太多。我认为可参考地下车库"最远一点到疏散楼梯的距离为60m"这条规定，一般商场每60m有一对足够了。另外一个指标是：2500m² 或一个防火分区用一对。

上文介绍的不规则的商场平面，一共只有2400m² 的营业面积，却用了三对自动扶梯。即使没有货柜，每平方米站3个人，也只需要一对自动扶梯。自动扶梯明显太多了。所以研究一点数字还是有用的。

另外，如果店铺通道是袋形走道的话，在尽端处应该设置一对自动扶梯，这样，楼层之间就实现了环通，顾客不必走回头路。

12. 无障碍电梯及垂直电梯

商场应该考虑无障碍电梯，但残疾人逛商场毕竟是极少数，没有必要单设。德国建筑师设计的北京燕莎商城就是用货梯兼用，只是货梯设在比较明显的地方，残疾人不至于找不到。

如果商场超过3层的话，用一组垂直直梯兼货梯及无障碍电梯，对有目标购物的顾客而言也是比较方便的。北京西直门的华堂商场共有5层，在主入口附近设了一组3台1.6t直梯，也是货梯兼残疾人梯，内设残疾人用的按钮，并可以直通地下车库。这样设置也是很合理的。

13. 综合体商场的垂直交通

最近有一位开发商提出一个新问题。他不想做大型商场的投资，怕投资不容易回收。为此，他想在已审定的一般商场建筑方案中安排各种餐厅、健身、康乐、影院等内容，一、二层还想出租给银行等很快能回收资金的商铺。设计单位按他的意思，划分了各种内容，却发现原来按商场设计的中庭、自动扶梯等，变成很奇怪的布局，另外，各种不同商业内容如何在一栋建筑中解决不同上、下班时间的问题呢？

凡是综合建筑，在一个"地盘"里必然会遇到这种问题。我就把当年在写大百科全书时总结思考的一个结论——"各行其道"告诉了他，他听了后说，"这个难题在理论上解决了"。

这个问题，肯定不是放在中心位置的自动扶梯能解决的，一定是外围的垂直交通来解决。我在香港见到过日本设计的百货商店，基本上都将自动扶梯设在外墙，就是将自动扶梯自上而下设计成交通厅，这样，在商场清场时可以一层一层地关闭而不影响其他层的使用，也有利于有目标购物的顾客。

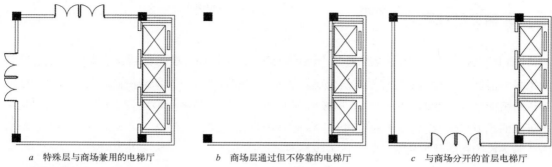

a 特殊层与商场兼用的电梯厅   b 商场层通过但不停靠的电梯厅   c 与商场分开的首层电梯厅

图 6   商场电梯厅

　　但垂直交通不等于一定要用自动扶梯来解决，也可以用客梯来解决。这要看这种垂直厅的使用内容、使用面积以及营业时间是否能错开（图 6）。

　　我认为可以参考写字楼使用电梯的数据，采用 5000m²/t 来解决，如果标准高一点的话，可以用 10000m²/3t。客梯不要用普通的 1t 一台，因为 1t 的梯门比较窄，所以可用 1.35t 以上的客梯，梯门比较宽，再加上里面做装修会窄一圈，宽的客梯对高档餐饮比较合适。

14. 步行街与容积率

　　近几年来在开发综合体建筑的时候，开发商常常提出规划步行街的要求，这一要求印证了我上文所说的沿街商店不够的情况。

　　虽然有步行街的要求，但一两层的步行街容积率并不高，建筑师也没有太多办法把这个问题解决，只能在一个容积率很高的综合体里，勉强地安排一段步行街（图 7）。

　　我认识一个资深的房地产商，他从不做复杂的造型，只做符合收益的造型，因此增加了尽可能多的步行街，既符合了开发商的利益，又满足了个体户、小业主的希望，同时也满足逛街的顾客要求，一举数得（图 8）。

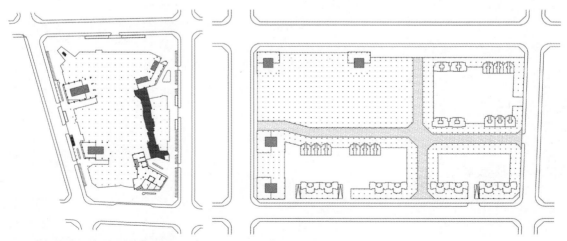

图 7   高层建筑中勉强安排的步行街   图 8   增加步行街是共识

15. 商业贴线率

"商业贴线率"这个名称是最近从上海项目的规划条件里发现的新名词（图9），是在退红线不多的情况下，对用地范围内建筑外墙轮廓线提出的规划要求，即沿街商店的外墙长度要占到该沿街面红线长度的 50%~70%，即贴线率 50%~70%。当然各个地块肯定是不一样的，但从中可以看出 60 年前沿街商业的规律。从原市场经济变更到计划经济，又转回市场经济，对沿街商场态度的转变是很有意思的，值得我们深思。

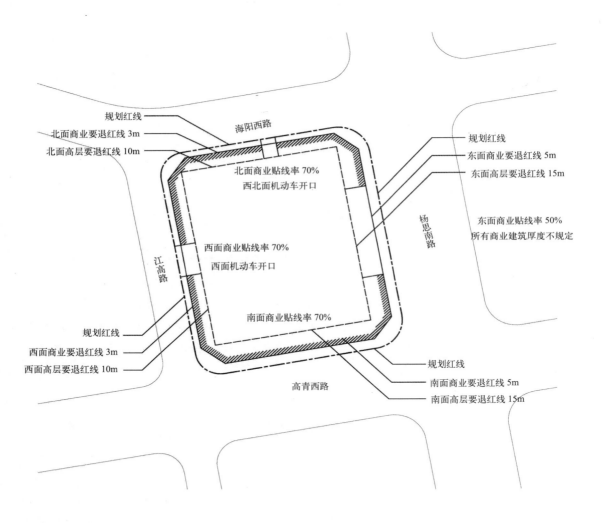

图 9　商业贴线率

文 / 寿震华

2014 年

剧院厅堂设计的突破与创新

1. 国家大剧院——规模与标准的冲突

在国家大剧院正式开放前，我作为项目评审专家应邀参观和观演，歌剧院是重点。我们上上下下看了个遍，当看到三楼最后一排时吓了一跳，从最后一排过道往前看的时候，会有要"栽"下去并冲出第一排栏杆的感觉。剧院方面也发现了这个问题，于是开演前在三楼的第一排安排了一位服务员，以使上面的观众有点安全感。后来又在这个服务员站的位置加高了栏杆。

造成这种现象的原因是：三层楼座严格按 C 值为 120mm 来设计（C 值，即每排升起），所以，累计下来到了三层，每排之间就有三个踏步，连续数排，就像没有休息平台却超过 18 步的连续楼梯，确实很恐怖。到最后几排时，由于步高很大，以致后排观众的膝盖已碰到前排的头顶了。虽然视线没有遮挡，但心里感觉非常不舒服，不知腿是向左好还是向右好（图 1）。

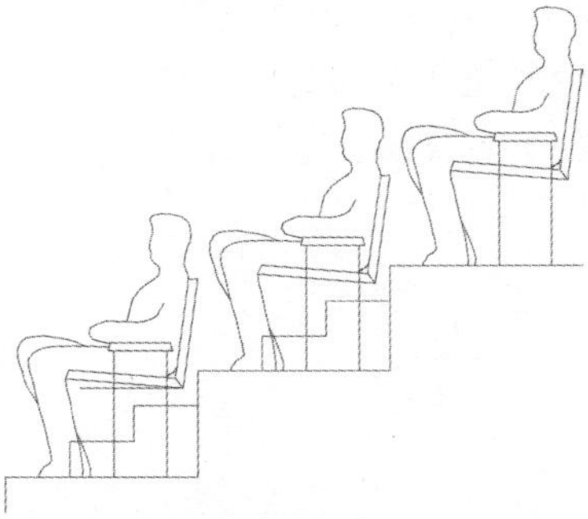

出现这个问题是一些"学术权威"坚持台口尺寸一定要与维也纳金色大厅尺寸一样（18m 宽，C 值一定取 120mm）

图 1　座椅俯角过大

的结果。但金色大厅的观众席只有 1658 座，国家大剧院却要求 2700 座！在评审方案时，由于甲方与设计师双方想法无法统一，尽管设计人安德鲁非常生气，但最后还是被迫设计了 200 多个站席来凑数，实是一桩大笑话。

当时审查国家大剧院初步设计时，重点是这个方案能不能建。反对的一方认为必须有"民族形式"。赞成的一方认为中国有 56 个民族，不是单一民族，根本不存在唯一的中国民族形式，过去讨论的所谓"民族形式"是个"伪命题"，所以讨论了 60 多年没有结论；至于现代建筑，肯定是过去没有见过的，出来一些新形式，没有什么大惊小怪的。于是，规模与标准冲突的这个功能性问题却没有被重点研究，被遗留到了今天。

2. 北京展览馆剧场改造——突破标准更实用

北京展览馆剧场改造后（图 2）有 2700 个座位，我加宽了台口，没有受制于 C 值 120mm，台口距最后一排的高差只有 5m，投入使用后观众没有不良反映。新中国走的是人民大众的文艺路线，北京展览馆剧场台口达到 27m，观众厅宽度达到 64m，特别适合大型剧团演出。当时苏联芭蕾舞团这样的大型剧团特别喜欢北京展览馆剧场，因为可以有那么多观众来欣赏，并能与观众近距离互动，这是他们最满意的地方。

我在北京展览馆剧场设计中还进行了一个小尝试。当时，一位扫地的工人提出一个问题：展览馆剧场与新街口电影院很近，本可以用跑片的方式用同一卷电影片子，但由于场子太大，扫地时间长，来不及送片子，无法合用而增加了成本。为此，在改造时我特意设计了一种椅子腿，架在回风口的突槽上（图3）。由于前后两排之间形成同宽的有挡通道，可以用定制的等宽拖把将排间通道上的垃圾推到主通道，因主通道也是两边有挡，可以再用主通道宽度的拖把，自上而下将垃圾一次性推向台口。观众厅的卫生很快就搞定了。

3. 林百欣国际会展中心——贵宾包厢的创新

多年前我设计的广东汕头林百欣国际会展中心，是由香港的林百欣捐赠 4000 万港币建设的，为回报捐款者，我特别设计了一条捐款人入场路线，从六层高的会展大厅进入贵宾专用电梯，直接进入贵宾包厢。该包厢在观众厅的第 15 排（图 4）。这个位置在设计界被公认为是声音最不好的区域，但我认为声音对贵宾来讲不是重点，重点在于给贵宾的政治待遇。设计时，声学

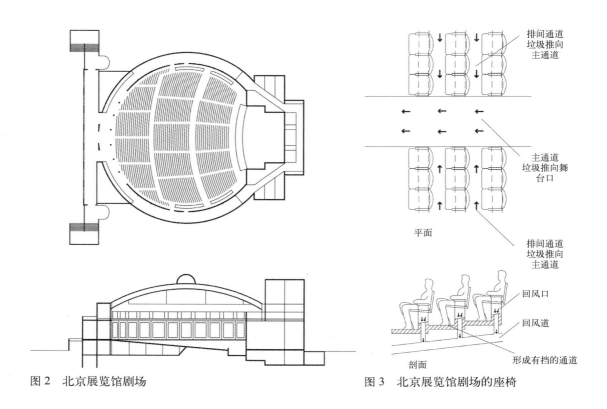

图 2 北京展览馆剧场

图 3 北京展览馆剧场的座椅

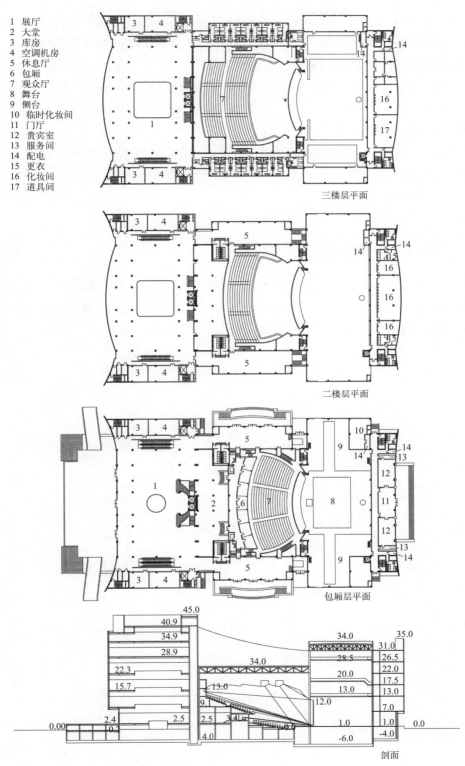

1 展厅
2 大堂
3 库房
4 空调机房
5 休息厅
6 包厢
7 观众厅
8 舞台
9 侧台
10 临时化妆间
11 门厅
12 贵宾室
13 服务间
14 配电
15 更衣
16 化妆间
17 道具间

三楼层平面

二楼层平面

包厢层平面

剖面

图4 广东汕头林百欣国际会展中心

专家接受了这个挑战。我们研究后决定，在包厢的上空采用透明有机玻璃作为反射板，在装修上还起了点睛的作用，加上电声处理，声学问题解决了，突破了这个区域的声学难题。

这个包厢位置既能安排专用卫生间、服务间，还得到当时首长警卫的高度赞扬。因为他们最怕首长们坐在观众厅中间，既要注意首长的前面又要注意后面，需要很多人手，却还要受到演员的指责，因为他们的行为影响了演出。想象一下：有一些观众专门背对舞台，不看演出，很容易被认为是不尊重演员而引起矛盾。

那位贵宾林百欣对我们为他设计的贵宾室以及会展中心特别满意，当场决定再捐 4000 万港币，宾主双方都特别高兴。由此我们认识到，设计也要讲政治。

4. 台口宽度大胆突破

（1）北京中山公园音乐堂改建

继林百欣会展中心贵宾包厢的设计成功后，我在北京中山公园音乐堂的改建时也使用了这种包厢设计方法（图 5），因为市政府接待室不够用，当时的北京市市长要求在音乐堂里安排 2 个贵宾室，而中山公园音乐堂的东面正好有一片很好的停车场。

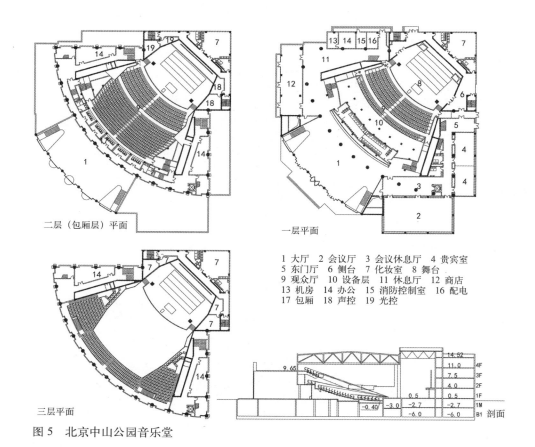

二层（包厢层）平面

一层平面

三层平面

1 大厅　2 会议厅　3 会议休息厅　4 贵宾室
5 东门厅　6 侧台　7 化妆室　8 舞台
9 观众厅　10 设备层　11 休息厅　12 商店
13 机房　14 办公　15 消防控制室　16 配电
17 包厢　18 声控　19 光控

图 5　北京中山公园音乐堂

当时首都规划委员会认为音乐堂是文物，强烈要求改建时外形不能变，在这种情况下，改建变得相当复杂。我们采取了特殊的工程技术，先将2个柱子打在原有柱子两侧，横向加固后，再向下开挖一个完整的地下室，作为新的机房空间。虽然冒了很大的风险，但最后还是圆满完成了任务。

由于增加了2间贵宾室，所以也相应增加了专用的客梯，从观众厅一侧直接上到包厢的楼层，同样解决了首长的安保问题。

由于声学方面的要求，台口原有的2个柱子不能动，于是我就将墙体设在原有柱子外侧，尽量拓宽台口的宽度，所以，改建后的舞台不是传统的框式台口。

为满足声学上人均 $10m^3$ 以上空间的要求，在设计吊顶时，不能动原来的屋架，只能利用其造型，设计成通透的形式，勉强解决了观众厅的装修。由于音乐堂是专用的音乐厅，如此处理后音响效果还是不错的，指挥家们都比较满意。

（2）人民大会堂舞台改造

在改建人民大会堂舞台的时候，我发现其台口达到32m宽，几乎是一般剧院台口宽度的两倍，观众厅的宽度更达到76m！如果没有那么大的宽度，要容纳10000人，简直是不可能的（图6）。

在改造舞台的时候我们遇到一个特殊问题。消防局的领导提出，消防规范里要求剧院的台口应设防火幕，我不同意设，理由是：人民大会堂不是剧院，规范里没有"人民大会堂"的章节，这是一个政治活动的场所，如果设置防火幕，谁能保证它的永久安全？何况防火幕的正下方是国家主要领导的主席台位置，防火幕正像一把铡刀悬在主席台的上空……人民大会堂有一

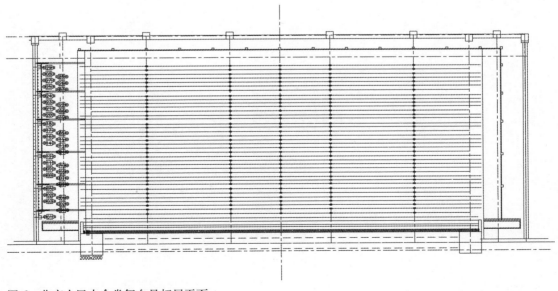

图6　北京人民大会堂舞台吊杆层平面

个制度，不管是何种形式的演出，舞台上的所有道具布景，在当天演出后必须全部清空，即使第二天还有演出。总之，在消防问题上是特别小心。我问起，在改造前，没有防火幕是如何解决消防问题的？消防局说，我们派消防人员值班，防止一切火灾发生的可能。于是我们就商量，凡是有重要活动及演出时，继续派人来值班，维持过去的制度，防火幕就不做了，采取加强水幕等措施。

5. 总结

本文涉及的剧院厅堂参数统计　　　　　　　　　表1

名称	座位数（座）	台口宽度（m）	观众厅宽度（m）
维也纳金色大厅	1658（550站席）	18	
北京国家大剧院	2398（200站席）	18	
北京展览馆剧场	2700	27	64（俯角6.3°）
广东汕头林百欣会展中心	1997	22	36
北京中山公园音乐堂	1800	24	30
北京人民大会堂	10000	32	76（南北）/60（东西）

建筑设计不是写八股文，规范、参数都有局限性，只能参考，不能生搬硬套。随着社会和技术的发展，建筑的规模和使用性质在不断变化，建筑师要迅速适应新的实际情况，做出变通和调整。突破和创新不是灵感的闪现，而是对变化的适应和对策。

文 / 寿震华

美学与细部

回归经典
——"天狮国际健康产业园工程小会议 3 号楼"模数设计

一、前言

大学时学习中外建筑史，讲到西方古典建筑中的柱式，其各部分都有固定的比例关系；讲到中国的古典建筑有以"材"、"斗口"为模数的制度。在设计院实习时，有幸参与了中国银行总部大厦工程，亲身感受到贝聿铭先生在现代建筑中运用模数设计所产生的强烈效果。我并不擅长数学，但是这次经历使我深切感到模数这个"数学游戏"有着以不变应万变的神奇魔力。多年后，天狮国际健康产业园工程小会议 3 号楼终于给了我亲自实践的机会。虽然很多客观条件限制而不能完全控制最终效果，但是已然再次验证了模数设计这个经典的方法在今天仍然具有很强的实用性和适用性。适宜的尺度和比例永远是建筑美学的基本规律之一。

二、中外古建筑中的模数

1. 我国古代木构架建筑模数制度

在我国，唐代建筑已经有了用材制度，反映出施工管理水平的进步，解决了力学与建筑艺术的统一，也便于提高速度，控制用料，掌握质量，同时对设计也起到促进的作用。

到了宋代，木构架建筑普遍采用古典模数制。北宋时，政府颁布建筑预算定额《营造法式》（作者李诫），规定把"材"作为造屋标准。"材"是栱的断面尺寸（高和厚），用"材"尺寸分为大小八等，按屋宇大小、主次量屋用"材"。"材"一经选定，木构架部件的尺寸就都能确定下来，设计省时，工料估算标准统一，施工方便。这是首次用文字确定下来并作为政府规范公布的模数制度，此后各朝代木架建筑都沿用相当于以"材"为模数的方法，直到清代。《营造法式》是王安石推行政治改革的产物，目的是掌握设计施工标准，节制国家财政支出，保证质量。

清朝初期，为节约财政开支、提高设计技法，颁布了工部《工程做法则例》，使清朝官式建筑在明代定型化的基础上，用官方规定的形式固定下来。书中列举了有斗栱和无斗栱两大类单体建筑，采用斗口、面阔以及檐柱径等不同模数。有斗栱的重要大式建筑以斗口为模数，而无斗栱的小式建筑则以明间面阔来推算其他尺寸。

以斗口型为例，斗栱大小依斗口宽窄分为十一等，首先根据建筑类型选定斗口尺寸，然后得到斗栱间距"攒"，再推出面阔、进深、出廊、檐柱柱径和柱高、步架、梁长等。一旦选定了一种斗口尺寸，建筑物的各部分尺寸就都有了。清代模数制呈现出彻底性、完整性和体系化，对加快设计施工进度以及掌握工料都有很大帮助，可以集中精力于提高整体布局和装修大样的质量（图1）。

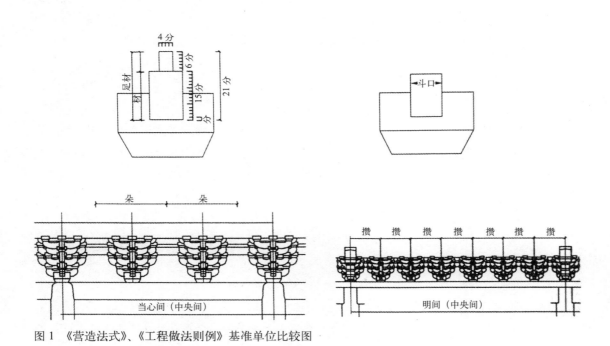

图1 《营造法式》、《工程做法则例》基准单位比较图

2. 欧洲古典建筑的模数运用

受到人本主义世界观和自然科学理性思维的影响，古希腊人很早就把美学与数学结合起来。亚里士多德（Aristotle，公元前384~前322年）认为：美是由度量和秩序组成的。哲学家毕达哥拉斯（Pythagoras，公元前580~前500年）认为：人体的美也由和谐的数的原则统辖着，当客体的和谐与人体和谐相契合时，人就会觉得客体是美的。这使我联想到物理上"共振"的概念，在声学上叫做"共鸣"。我们也用它形容人的思想感情。它说明了人的主观意识是以客观规律为基础的这个真理。

作为欧洲古典建筑中最重要的元素——柱式（Order），从发展初期就以人体的比例为蓝本，多立克柱式（Doric）刚毅雄伟，是男体的象征，爱奥尼柱式（Ionic）则如女体般柔和秀丽。两种柱式在古希腊时期经过不断推敲逐渐定型，形成了成熟的风格，从开间比例到每一条线脚都分别具有鲜明的性格和严格的模数关系。多立克柱子较粗壮（1:5.5~1:5.75），开间较小（1.2~1.5个柱径），檐部较重（柱高的1/3），柱头简单刚挺，没有柱础，收分明显且极少线脚；爱奥尼柱子修长（1:9~1:10），开间较宽（约2个柱径），檐部较轻（小于柱高的1/4），柱头具有精巧的涡卷，柱础复杂，收分不明显，多种曲面线脚。两种柱式典型地概括了男女的体态和性格，却不是简单模仿，体现着严谨的构造逻辑：承重与非承重构件、水平与垂直构件层次分明，柱头作为上下交接点，是处理重点。

古希腊柱式后来被罗马人继承并发展传播，罗马柱式的规范化程度已经很高，被当做建筑艺术最基本的问题进行深入研究，制定了详尽规则。维特鲁威的《建筑十书》就用很大篇幅研究了柱式。以柱式为基本要素的罗马建筑后来影响了全世界。

3. 小结

无论出于何种原因，中西方的古人不约而同地运用了模数的设计方法。实践证明这种方法在经济上和美学上都有重要的意义，更进一步说，数学与美学、科学与艺术、客观与主观是密切联系的。在古典建筑中，人们运用的是一种通用模数，基本上是"官式"建筑都遵循的规则，也因此使建筑造型变化受到一定限制。

三、影响深远的实习——中国银行总部大厦与现代建筑模数设计

大学四年级的施工图实习，我有幸参与了贝聿铭的中国银行总部大厦工程——一个170000m² 的大型公共建筑，随着逐步深入整个工程，我理解了设计者的思路和原则，进而能够从设计者的角度深化设计，最后吸收为我所用。而这个工程最精彩之处是现代模数设计。

前文所说的古典建筑，无论是中国的还是欧洲的，共同特点是结构和装修材料合而为一，外形尺寸基本等于结构尺寸。具体地说，欧洲古典建筑多为石结构，装饰雕刻直接在结构上进行，石材既是承重材料又是装饰材料；中国古典建筑多为木结构，木材为承重构件，装修面为油漆，其厚度很薄。因此，中西方的古典建筑都是以结构构件标准化作为模数的基础。

现代建筑则不同，因为现代建筑的材料种类太多了，以钢筋混凝土结构来说，内外装饰材料可选择余地很大，做法也很多，造成了外形尺寸并非结构尺寸的情况，而且还有各种管线穿插，所以采用模数设计要考虑的因素更多，复杂程度也高得多。贝先生的做法是：根据每个建筑的条件确定不同的模数体系，出发点是建筑装修面。这样做除了具有传统的优势，更重要的作用是控制建筑各个可视面的尺寸关系，即通过模数体系把所有外墙面和内墙面都纳入统一的秩序中，从而在视觉上产生强烈的韵律美。

具体到中国银行总部这个工程，首先根据总图条件和平、剖面的使用要求来确定柱网和层高，主要柱网为6900mm，层高是3450mm，正好是6900mm的一半，同时平面上3450mm作为办公室开间尺寸也是合适的；再看立面分格，立面石材基本单元为1150mm×575mm，

而 1150mm×3=3450mm，575mm×2=1150mm；门高是 575mm×4=2300mm，地面分格也是 575mm×575mm 或扩大模数 1150mm×1150mm。这样整个建筑的基本模数体系就确立了，但在深入过程中要始终贯彻这个体系却绝非易事。当我自己有了实践机会时，更深刻体会到，这种设计方法的工作量比通常做法要大得多，似乎在自找麻烦，但是施工交圈之后就特别有成就感。

四、我的模数设计实践

1. 项目概况

天狮集团是涉足零售、旅游、金融、国际贸易、电子商务等诸多领域，融产业资本、商业资本和金融资本于一身的跨国企业集团。天狮国际健康产业园位于天津武清开发区内，园区北邻京津塘高速公路，西侧为京福高速公路，南侧为新源道，东侧为泉和路。建设用地东西长约950m，南北长约620m，总用地面积478600m²（折合 718 亩；48hm）。产业园是天狮集团按现代化、国际化标准建设的一个集行政办公、科研、生产、物流、培训、康复、酒店公寓为一体的综合园区（图 2）。

2. 工程任务特点

小会议 3 号楼是园区三栋专家公寓之一，位于园区北侧，国际生命研究中心的东北面，东面是员工宿舍及研发所，西面与办公接待 2 号楼毗邻，是三栋专家公寓中面积最大、功能最全

图 2　天狮国际健康产业园鸟瞰图

的，计划总建筑面积约 4000m²。我将其定位为官邸式豪华旅馆，根据业主要求，造型为美式新古典主义风格。

这个任务是工作量与面积极不相称的典型案例，面积虽不大，但是相当具有挑战性。其一，没有任务书。建筑师作为业主的专业顾问，理应为其提供专业咨询。无论面积如何大、装修如何豪华，其使用者的根本需求并没有变化，所以关键不是增加很多小房间，而是放大每个房间的尺度，同时适当增加辅助功能，规格和管理应高于我之前主持过的超五星级旅馆。其二，新古典造型。俗话说，书到用时方恨少。和父辈们相比，我们这一代建筑师的古建基础实在不够扎实，但出于对模数设计实践的渴望，我把这次机会当作一个最好的结合点。

3. 工程概况

小会议 3 号楼内部功能包括公共活动、客房、娱乐、后勤服务几部分。平面布局上，进入大门后，由坡道直接送入位于二层北侧的主入口，在入口层布置有主要公共活动房间，包括客厅、书房、宴会厅、起居室、餐厅等。入口层的上层为客房居住部分，客房全部为套房，包括 1 套主套房以及 3 套布局相同的套房。其中主套房由 1 间起居室、2 间卧室组成，每间卧室中包含有 2 个进入式衣橱和 2 个卫生间。底层为娱乐及后勤部分，后勤入口设在厨房。娱乐部分包括健身房、游泳池、视听室、珍品展室等，后勤部分包括厨房、洗衣房、储藏、工人房、机电用房、汽车库等。业主对上述内容及面积分配十分满意，因此内部功能从方案到施工图没什么大变化，使得我有更多精力投入到模数研究上。

主要指标：
总建筑面积：4767m²
建筑高度：20.15m
建筑层数：3 层
客房数：4 套，全部为套房

4. 模数体系的确定

(1) 基本模数

为满足建筑整体造型的比例和使用需求，我首先确定了开间为 3900mm，并将 1300mm 作为基本模数。接下来确定层高：入口层是公共活动空间，层高定为 1300mm×5=6500mm，上层是居住空间，层高定为 1300mm×4=5200mm，底层为娱乐和后勤部分，层高可略低，但也要给内装修留够余地，定为 1300mm×3.5=4550mm。建筑进深为 1 个 5200mm 和 4 个 4875mm，其中 5200mm 是走廊的宽度。前面提到放大尺度，所以基本房间的尺寸是 2 个开间×2 个进深，即 7.8m×9.75m=76m²，已经可以当做一套二居室住宅了。如此总体尺度和外形比例就把握住了。

真正的新古典建筑是墙承重结构，厚达1m左右的石墙既是承重结构又是维护结构，这种做法今天不大可能采用。由于跨度较大，宜采用框架结构承重，薄墙加外保温作为维护结构，同时又要保证新古典造型，于是外墙与外圈的柱子必须留有一段较大的距离才能保证外墙的线脚交圈。其原理就是，之前所确定的开间进深为框架柱轴线尺寸，为使外墙装饰构件定位与内部结构发生对应关系，就要"模仿"厚墙承重结构，即造成外墙外皮到外圈框架柱内皮的距离约等于厚墙的厚度，才能满足外墙装饰构件所需要的尺寸。明白这个道理是整体能够交圈的关键。

从提升内部空间的舒适度角度来看，因业主不希望做地下室，我又在底层下部采用"地垄墙"做法，相当于增加了一个无人地下室，其深度等于游泳池深度，既防潮，又方便泳池检修；同时，在上层上部，也设置了高1300mm的闷顶——保温防水，同时也为檐口部分造型提供结构支撑（图3）。

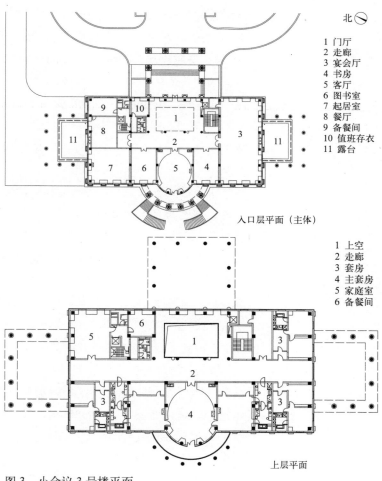

图3　小会议3号楼平面

（2）造型线脚

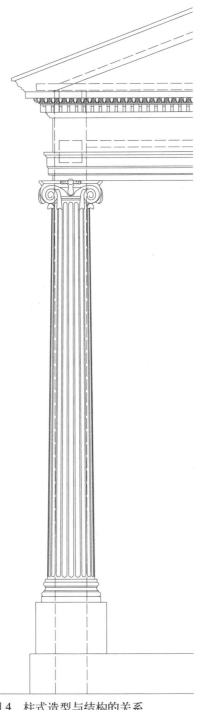

图 4　柱式造型与结构的关系

欲将造型线脚纳入同一模数体系，立面上必须先确定好外装修的材料和做法，才能提供结构专业所需构件尺寸，正如贝先生在中国银行总部大厦中实践的一样。因此材料做法表是根本的依据。本工程外墙采用外保温和涂料，装饰线脚采用GRC。由于柱式、窗套等部位线脚尺寸较小，于是就采用130mm的基本模数。以柱式为例，我把主入口门廊的柱子作为标准，首先确定底柱径装修面尺寸为1040mm，根据柱式的比例和立面效果，底柱径与柱高之比定为1:9.25，接着一系列细节尺寸如柱头、檐部、柱础等就自动产生了，只要一个典型柱子完成，其他大小柱子就只是按比例缩放的问题。但是必须注意，外轮廓尺寸减去装修尺寸后混凝土柱子的结构尺寸也要能满足承载要求。其他外墙部位如正门入口台阶，踏步采用130mm×390mm，而不是习惯的150mm×300mm，在室外也是合理的尺寸；门廊栏杆高采用130mm×9=1040mm；底层室内外高差为130mm×3=390mm，入口层底层室内外高差为130mm×5=650mm等（图4）。

实行模数体系之后，装修面和结构面尺寸有较大的出入，因此所有图纸上的外墙屋顶部分必须准确反映两种尺寸，增加了很多工作量。但是只有这样才能控制住整体，要和厂家配合了解做法，不能完全甩给厂家，否则建筑师自己就心里没数了。

新古典装饰在今天看来是十分繁复的，对于习惯了现代简洁直线条的年轻建筑师来说是个不小的挑战。遇到复杂问题，就要想办法简化，抓住主要矛盾——"势"。通俗地说就是保证整体的"神似"，简化细节线脚并且尽量标准化。一定要避免陷入局部而失去整体把握，徒增很多工作量却事倍功半。何为"神"？就是前文所讲的比例和谐，所以运用模数设计正是对症下药（图5、图6）。

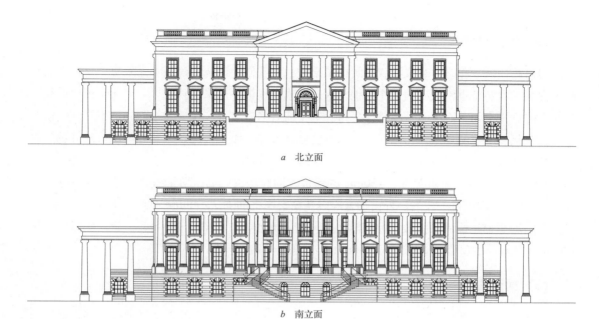

a 北立面

b 南立面

图 5　小会议 3 号楼立面

图 6　小会议 3 号楼南立面效果图

5. 深入贯彻模数体系

（1）特殊部位

　　虽然采用新古典造型，但毕竟要包含现代的功能，比如汽车库，这是古典建筑不具备的。于是我在本来完整的矩形平面的底层对称地增加了两个"耳房"，西侧靠近后勤部分就作为车库，东侧属于娱乐区安排健身房。同时两部分的屋顶又可作为入口层起居室和宴会厅的露台。这是功能的需要。形式上业主又提出在东西两侧增加柱廊的要求，这些主体之外的"零碎"如何与主体交接，颇费周折。一方面，其尺度仍然要纳入统一的模数体系；另一方面是与主体立面的衔接，要处理线脚的矛盾，必然牵扯出一系列调整。

(2) 细部尺寸

门窗洞口尺寸和室内装修让我感到很无奈，根据我们的国情，建筑师无权决定材料，而且此工程的室内装修也不是我的工作范围，因此很难把握最终效果，只能尽一切力量留给后续工作较大的创作空间，而又不破坏整体思路。本来所有模数应该应用于装修面的，但是在门窗尺寸上，我只能确定洞口尺寸，好在这些部分的装修厚度不需要很大，因此门窗洞口尺寸仍然符合模数，这样至少能控制基本尺度。比如常用的 1000mm×2100mm 的单扇平开门，在这里是 1040mm×2340mm，宽和高都是 130mm 的倍数，同时增大门高以协调整体尺度，并且除了特殊外门，所有门高都是一致的。外窗的宽高以及窗台高也都满足 130mm 模数。室内方面，吊顶、走廊、门垛等也尽量满足模数，并同时放大尺度。例如入口层层高 6500mm，给结构设备留出 1300mm 空间，吊顶最高能达到 5200mm，仍然满足模数。

(3) 剖面的重要性

使这样一个建筑的立面看来"神似"，我已经下了很多功夫，并且初见成效。然而要让所有细节最终能够交圈，我知道还有很长一段路要走，下面的重头戏在于剖面。剖面关系到外墙构造，关系到给结构专业的条件，关系到可能出现之前没考虑到的问题，我丝毫不敢怠慢，确保在设计中反映每个关键部位。事实证明，随着剖面的深入，果然不断出现新课题。比如厨房、露台的出口应有雨篷，但是我在关注总体风格时忽略了。与主入口的门廊不同，无论是伸出一块很大的悬挑板还是做个时髦的玻璃顶与主体造型都十分不协调。最后我决定采用凹入式，所幸结构尚有实现可能。

对于本工程，如果到了画外墙大样时再考虑节点构造就晚了。充分发挥电脑的优势，外装修（包括屋顶）所需厚度尺寸都反映在剖面图上，可以说是外墙大样的半成品，这样就能在外墙大样未完成时给结构专业提供条件，争取了时间（图7、图8）。

在这里，我要特别感谢我唯一的助手郭文卿，他帮我完成了全部详图。

6. 成果和局限性

当全套施工图出来时，我终于可以大松一口气了，之前的目标基本实现：统一的模数体系；新古典造型比例协调；内部功能尺度合理。当然，受到客观条件的制约，我还不能控制最终效果：室内设计不是我的任务范围；材料也不由我决定；规划条件变化；等等。但是，在职责权限内，我已经尽了全力，因此我感到十分满足和欣慰。

五、后记

今天的亚洲处在一个追求"出位"的时代，建筑师在激烈的市场竞争下，千方百计吸引眼球，

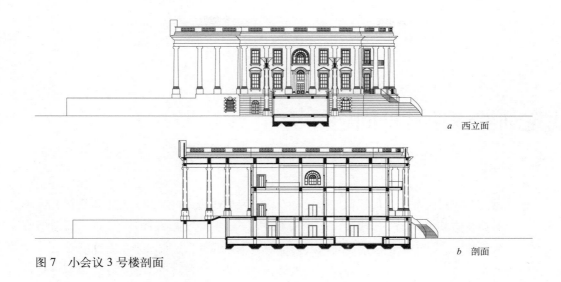

a 西立面

b 剖面

图7 小会议3号楼剖面

包括国际著名建筑师和事务所也不能免俗地改变风格。我突然发现，建筑也
跻身于时尚行业了。但泡沫过后需冷静思考，建筑永远不能脱离其客观本质，
艺术审美的规律其实也没有变过，因为人没有变！主观与客观的和谐才产生
美。创作很难但不是没有规律，要想以不变应万变，还是得靠扎实的基本功
和正确的方法。所谓"内行看门道"，一个成熟的建筑师应该懂得去了解建筑
产生背后的"所以然"，才能真正有所提高，每个大师都是经过了长期脚踏实
地的钻研才有成就的。我相信，我国的建筑市场也必将逐渐成熟。

参考文献

[1]《中国建筑史》编写组.中国建筑史（第三版）.北京：中国建筑工业出版社，
　　1993.

[2]陈志华.外国建筑史（十九世纪末叶以前）.北京：中国建筑工业出版社，
　　1979.

[3]蔡军，张健.《工程做法则例》中的大木设计体系.北京：中国建筑工业出版社，
　　2004.

[4]马炳坚.中国古建筑木作营造技术（第二版）.北京：科学出版社，2003.

[5]薛明.寓技术于艺术——北京中银大厦设计回顾[J].建筑创作，2003（1）.

文 / 沈东莓

原载于《建筑知识》2008年2期

2011年更新

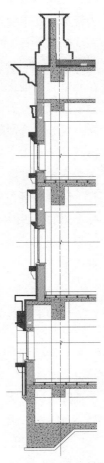

图8 小会议3号
楼典型墙身详图

建筑细部设计常见问题分析

我们在前一个阶段研究了如何轻松地做建筑设计，我们还研究过一些住宅户型设计。但建筑设计不仅是做了方案就算完了，接着要一步一步深入下去，一直做到施工图完成，接着还要负责到整个建筑竣工，甚至竣工以后还要修改，说明建筑师的工作是很细致很全面的。

但随着改革开放前的老一代建筑师们纷纷退休，有一些好的传统逐渐遗失了。例如，当年没有什么标准详图，建筑师要设计全部详图。当年市场上也没有那么多类型的产品，当遇到稍为特殊的要求时，建筑师就自己设计产品。我们要到工厂去，与工厂的同志们一起研究，以求完成加工订货。我们甚至还设计过灯具、门锁、舞台机械、浇花龙头、卫生器具及其零件、雕塑作品、建筑五金、铁艺、石膏产品等。我们当年设计的内容，很多被收录到各地的标准图集——在北京习惯地称为88J（华北地区的标准图集）里面。久而久之，好像这些内容就不需要再进一步设计与发展，并逐步认为这不是建筑师工作的重要组成部分了。当业主提出要求时，我们新一代的建筑师还"理直气壮"地认为应该由二次设计的人去做，室内装修也不该做，以至于空间设计毫无章法，让后面的室内外二次设计师很难办。虽然二次设计师下了很大工夫，弥补了一些缺点，但毕竟还是留下不少遗憾。

在这种新的状态下，业主们不得不用重金去请境外的设计师们来设计。但他们又认为境外设计费用太高，后面的施工图还是由境内设计公司完成。然而一些问题还是存在，有些很简单的细部甚至于连基本的物理常识都违背了。我现在将一些常见的问题写出来，以资借鉴。

一、与排水有关的

1. 屋面坡度

我见过的屋面施工图坡度大多注的是2%，有的是两个方向的坡度，两坡面居然相交不是45°（图1a）；还有一个方向是2%，另一方向是1%，分水线倾角的正切值却不是1/2（图1a）。此外，很大的屋面也一律用2%的坡度（图1b），这些设计人也许不知道，很大的屋面如果用2%坡度，其坡度的垫层有多厚。屋面上垫层超过了标准图所规定的厚度，会造成结构不安全。记得在10多年以前，深圳一个大跨度的屋顶，由于垫层过厚，又凑巧来了一场大雨，偏偏雨水口被树叶子覆盖，一下整个屋顶就被压塌了。

水平是物理概念，水是平的，不管屋面有多大，只要有一个窟窿，水肯定从窟窿里下去，那为什么屋面非要 2% 的坡度呢？

设计院最早设计平屋面的时候，当时用的是油毡。这种建材比较落后，怕太阳晒，晒了要起鼓，容易张口，所以要设计较大的坡度，避免反坡积水。而且，当时的多层住宅一般是 10m 左右进深，办公楼是 14m 进深，2% 坡度造成的垫层最多 140mm。这就是当年设计的依据，用到现在已有 40 多年的历史。

根据普通物理学的原理以及常识，我们完全没有必要全用 2% 的坡度，最多在下水口的一定范围内用较大的坡度，例如在 1m 范围内用 2%，其他位置最多用不超过 140mm 的厚度，其排水肯定没有问题（图 1b），正像道路在雨水口附近坡度较大，而其他路段就没有那么大的坡度一样。我们可以看一看，自家的大门口只有 10~20mm 的高差，而外面的平台、人行道等高差不大也都不会进水，那么我们的屋面为什么一定要 2% 呢？所以屋面坡度的设计，应该根据各自的情况，不应一味地套用 88J，即使用，也应该想一想它的道理。

2. 地下车库的坡度及地沟

这几年，随着汽车的发展，地下车库出现了，由于车库往往在最下层，将处理一旦起火造成积水的集水井设在地下车库里，就有了地下车库最低层要做排水沟的规定。既然有规定，施工图中又出现了 2% 的坡度，坡线应指向集水井。但很多坡线箭头离集水井的距离长达 20m，设计人没有想到，20m 的坡长，其高差可达到 400mm，而车库的地面是斜的话，那么分隔防火分区的防火卷帘处的高度是多少，坡道口的高度是多少，楼电梯口的高度又是多少？但图上不管在哪里，都是统一的标高（图 2），本身的图纸无法交圈，实际设计的坡度根本无法实现。

问题又要回到普通的物理概念，水是平的，而集水井肯定比地面低，如果有水的话，水往低处流，肯定能流到井里去。从原理及常识来讲，地面坡度实际是没有用处的。

更有甚者，除地面坡度外，还做了不少地沟，地沟上还要装上篦子，为此，结构地面还要下降很多，当然花费不少。我们有没有想一想，道路上接纳很大的雨水，也不过 50m 左右一个雨水篦子，难道地下车库可能的水比道路上的雨水还多吗？

我们分析一下这些投资有没有必要：

（1）为什么同样是地下室，不是车库的话，就不要地面坡度。

（2）如果说为了起火后救火，那救火的水究竟有多少，即使全部消防水池的水都流向地下室最下一层，能有多少呢？

（3）地下室所有集水井能不能将消防水池的水都集起来？

（4）在万一起火的时候，有没有必要当场将集水井里的水排到室外？

（5）在起火的时候这样排水，是不是忙中添乱？

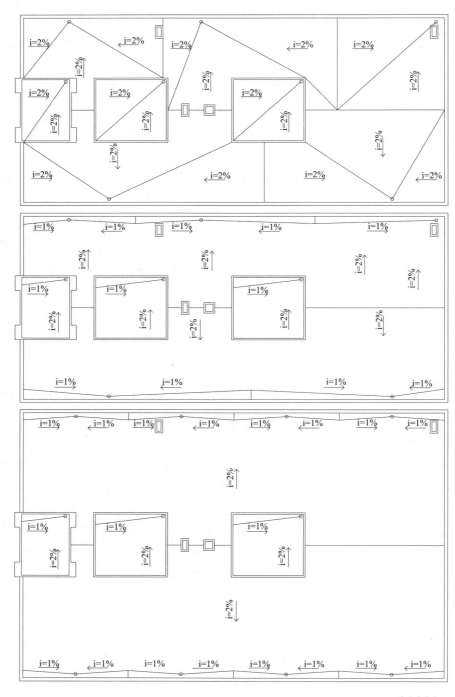

0 1 2 3 4m

上：两个方向都是 2% 坡度，相交不是 45°的屋顶平面
中：一个方向 2% 坡度，另一方向 1%，分水线倾角正切值不等于 1/2
下：远远超过 7m 坡长的屋面，也用的是 2% 坡度

a　错误的屋面排水坡度画法

图 1　屋面排水坡度

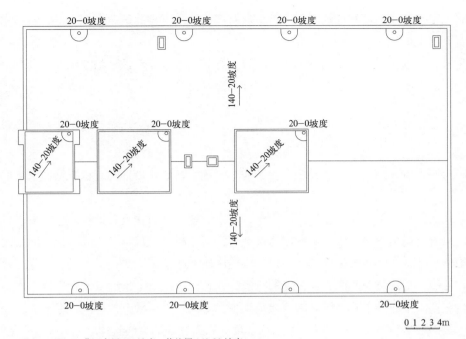

雨水口四周 1m 范围内用 2% 坡度，其他用 140-20 坡度

b 正确的屋面排水坡度画法

图 1 屋面排水坡度（续）

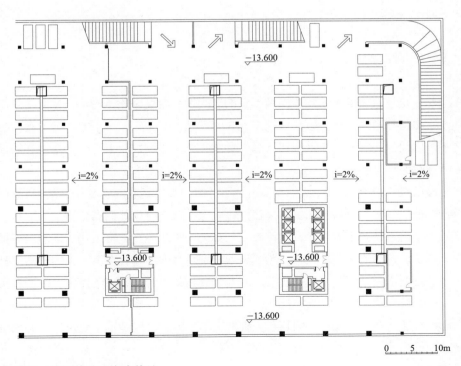

图 2 错误的地下车库找坡

（6）有人说是为了清洗车库的需要。就拿我自己住的住宅楼的地下车库来说，也已用了八年多，没有见清洗过一次。

由此种种，可以看出，车库的地沟及坡度，百弊无一利。经我设计的车库，没有一个设地沟、做坡度，没有出过任何问题，相对来讲，没有浪费投资。

3. 厨房地沟

很多厨房要求设计地沟，当然在职工食堂的年代确实是如此设计的，也看见过厨工们用水冲厨房。

但改革开放以来，情况发生了变化。当年，北京的建国饭店就没有地沟，也没有看见大师傅做卫生，只看见清洁工趴在地上用抹布清洗地面，很干净。记得当时我问了他们的厨房管理员，得到的信息是：大师傅的工资那么贵，怎么能让他洗地呢。

最近，兰州一个四星级的酒店在改建的时候，本想请一位上下水的专家做咨询，不巧，请错了人，将我请去了。结果发现拆开的厨房地沟脏得要命，害虫横生，由此，更使我下决心不做地沟。过去只是从普通物理角度看问题，认为地面水通过地沟最终到达地漏，有点劳民伤财，不必要做，但现在有了新的体会：做了地沟，不但造成结构麻烦，地沟的水最终也只流向一个地漏，并不能解决痛快排水的问题。最重要的是，由于地沟不是每天清理，所以反而变成了重要的污染源，这是星级酒店的厨房绝不能允许的。所以我的观点很鲜明，就是坚决不做地沟。我们不能为过时的规定来束缚真理。

4. 旅馆卫生间地漏

也是在兰州，也是遇到卫生间的地漏做不做的老问题。我住进旅馆的第一件事，就是在地漏里灌一杯水，然后开窗通通风，以解决地漏返味的问题。如果在发达国家，就不会产生这种事。为什么呢，因为他们就是不装地漏。试想，如果一个星级旅馆，卫生间老是漏水的话，还能称为星级酒店吗？

因为我是他们经理的客人，所以经理又接又送，每天都要到我的客房来。后来我就问他，我的房间怎样，他说好像是没有异味。后来在讨论会上，我就建议他们在新增加的客房里不做地漏，最多做一个通塞。至于老客房，建议封上，如果一时想不开，可以让值班的服务员每天在地漏里灌一杯水，待想通之后再封堵。为此，这位副总经理还请我在第二天的班会上与各部门经理讲一讲，就是讲经过实践发现问题后，敢不敢改正。不管是哪一条规定，只要有错，就要改正。

为什么已经有那么多人发现的小问题，一直解决不了呢？原因是上了规范！"如果错，那是规范的错，与己无关，除非规范修改，否则就不是自己的错"——这不是一个敬业、专业的建筑师应有的想法。

二、门的设计

1. 1200mm 宽的双扇门

1200mm 宽的双扇门毛病挺多，但是我们用得非常普遍。如果使用的时候，开一半的话，我们可以想一想，去掉门框 50mm，去掉门厚 40mm（减企口 = 30mm），还去掉后塞口的 10mm 宽，以及企口和门锁，最多只剩 505mm 宽（图3），再加上人们总要躲一躲，以免刮坏衣服，实际能用的宽度小于 500mm，比飞机、火车卫生间的门宽还要窄。反过来如果双扇全开的话，宽度也不到 1100mm，一个人走宽了一点，两个人同时走，还不到 1200mm 楼梯的宽度，走的时候会有一种为什么非要一起挤进去的感觉。

1200mm 宽的双扇门，用在疏散楼梯间时，从图面上看，往往要挡住楼梯净宽的 1/3 还要多（图4），真要起火的时候，问题可大了，疏散宽度受影响，在紧急情况下可能挤伤人，甚至造成更大的次生灾害。如果调查这种次生灾害，建筑师是否也应负法律上的责任？

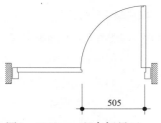

图3　1200mm 双扇门只开一扇的情况

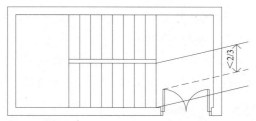

图4　1200mm 双扇门用在楼梯间的情况

1200mm 宽双扇门用在公用厨房的时候，问题也很大，厨房进出不像一般的空手进出，而是手里拿了东西（图5），试想双手拿了东西，如何把门打开？打开一半肯定不行，要打开两边的话，几乎没有可能，再遇到设计成弹簧门的时候，恐怕只能将手里的东西放在地上了。所以在现实生活中，我们看到的是——门永远开着，变成了一个花了钱的门洞，起不到分隔不同性质房间的作用。

1200mm 宽的双扇门用在公寓的单元门上也有类似的问题，因为单元门也是要拿了东西进出的，再加上有门禁系统，所以这种门一定是弹簧门。我们大家都会碰上这种尴尬的情况，从超市回来，两手拿着不少东西，用一个手去按门禁密码很不容易，有时只好将手里的东西放在地上，好不容易打开门，只能用身体去挤住一扇 505mm 的门，另一只手还要将地上的东西拿起来，勉强挤进那 505mm 宽的空间，而自动关闭的门还可能紧紧地夹住你双手拿着的东西，有时还有一半在门外，再遇上冬天及北门风大时，我想，其狼狈相（图5）恐怕大家都遇到过（只是没有联想到自己的设计上）。

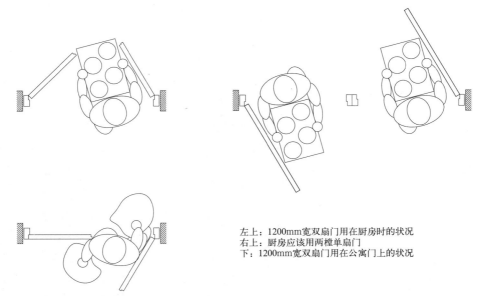

左上：1200mm宽双扇门用在厨房时的状况
右上：厨房应该用两樘单扇门
下：1200mm宽双扇门用在公寓门上的状况

图5　双扇门与单扇门使用时的不同情景

那么，为什么这种1200mm宽的门会进入我们的标准图集里面去呢？回忆起来，还是20世纪50年代苏联援助我们的时候，来了一批苏联专家带来的。那时以工业设计为主，推广的是3模制，门窗都是600mm、900mm、1200mm、1500mm……一直使用了50年。现在改革开放了，我们没有必要非用这种模数不可，那就太教条了。当然，现在已经有了别的尺寸，如750mm、800mm等，再加上讲究的门窗，都有专业工厂加工，一樘一樘地量尺寸，一樘一樘地加工，不需要什么模数。

对于上述情况，我建议：

一般的使用，可以做一扇大一扇小的双开门（是否可称子母门），大的可以做900mm宽，小的可以做300~400mm，为搬东西及双人走的时候使用。公寓的单元门上也可这样用，如果一定想用双扇门的话，至少1500mm宽以上才合适。

在厨房进出时，最好不用1200mm宽，而用两樘单扇900mm或1000mm，一门进，一门出（图5），即使双手端了东西，也很容易用手臂顶了进去和出来，进出不会有冲突。

用在公寓疏散楼梯时，大多数情况可以做1000mm宽的单扇防火弹簧门，因为公寓的人数不多，即使高层，两个1100mm宽的楼梯也可以应付220人的疏散。公寓平面中，最多人数的楼层，无论是塔式、板式或过道式，几乎没有可能超过220人。所以，1000mm宽的门非常好用。此外，因为弹簧门的弹簧强度基本上是对付750mm以上到1000mm宽度的门的，所以用1000mm宽的门，其弹力不会太大。而双扇门还有上面两扇门间的五金，往往还碰不上。

用在高层写字楼的时候也如此，楼层面积一般在 1000~2000m² 之间，即使达到 3000m²，每层也不过 200 人，两个楼梯，每个用 1000mm 宽的门也足够了。

2. 奇怪的装修中转门

最近两三年，出现了一种被装修公司推崇设计的中转门（图 6），他们很得意地宣传，好像是一种新的发明，最近更为一些设计单位所接受，甚至还在设计单位自身的会议室里出现。

中转门用的时候实际只能开一半

图 6　中转门

这种门一般较宽，约 1000~1200mm，看上去很壮观，因为要装出气派，往往房间多宽，门列多宽，因为一扇两扇不好看，总是一大排。

我们来分析一下：就算是较宽的门扇，只开一扇时，宽度也只有门洞的一半，不足 600mm，与上述 1200mm 的门犯了同一个毛病。非但是同一毛病，还增加了一个新毛病，门要重一倍以上，为什么呢？因为要讲究气派，门要做到吊顶一样高。人在这边推门，那边还会不小心打着人（图 6）。

这种门还无法上锁，只能用插销插在地上，为迎接贵宾，只能事先把门全开了，各走各的门洞。

我看这种门是一种不合格的"创意"，建议大家不要盲目采用。

3. 开敞阳台上的推拉门

最近，经常看到设计图上在公寓的开敞阳台上用推拉门，设计师没想到的最大缺点是没法装纱窗，而这种门往往用在小卧室里，没有纱窗怎么用？两扇推拉门，在天冷想通一点风的时候，门缝是上下贯通的，冷风从脚底下钻过来是很难受的。房间里放家具也不方便，至少损失了半扇门的宽度，多害无一利，所以，不应该设计这种无窗明阳台的推拉门。如果设计成连窗门，那扇窗可以解决上面讲的通风问题，还可多出放家具的空间（图 7）。

当然，如果阳台是有窗封闭的，另当别论。

4. 厨房双开推拉门

最近，我还看到有设计图将公寓厨房单扇门宽的门洞，也做成双开推拉门（图 8），大概是用天正软件画的图，没经过大脑，试想 350~400mm 宽能进出吗？

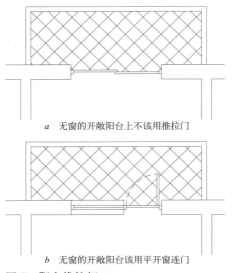

a 无窗的开敞阳台上不该用推拉门

b 无窗的开敞阳台该用平开窗连门

图 7 阳台推拉门

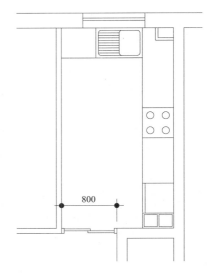

800

图 8 800mm 宽的门洞上设计推拉门,无法使用

三、视线遮挡

在设计图里,卫生间的视线遮挡常不为人们所重视。过去计划经济年代,生活水平不高,大家也就不在乎,有时遇到"外宾"的时候,洒上一点香水来过关。

如今,还有不少新设计的厕所没有考虑视线遮挡,使用单位不得不挂上半截白布帘(图9),而且相当统一,都是白布。这种白布帘子挂上没几天就变成灰的"花布"了,而且还是半湿状态,手摸上去很难受,有时还要碰上头,非常尴尬。

除厕所外,还有不少游泳池、健身房、更衣室也是如此,而且往往还是门对门的,如双方同时推门,里面有人在换衣服,该是什么情景?

这种设计所占比重还很大,很多有名的设计院也是如此,在文明程度不断提高的今天,这个问题也该重视了。其实只要重视,要解决这个问题应该不难。只要当门开直的时候,里面什么也看不见就成功了。插图中同样面积的两张图,一张是普遍见到的图,另一张是我常用的图(图9),是不是很好解决。

有人为了挡视线,设计成两道门,其实没有必要,因为有时有人在手没有擦干的时候碰了门把,第二个人用就难受了。我记得在20年前去新加坡,看到贝聿铭设计的旅馆公用卫生间就没装门,但视线绝对挡得住,负压也做得很好,在过道里闻不到味。我看见有些新机场已注意了这个问题,设计得很好。

此外,在图上可以看到,厕所隔断往往是1200mm深加向外开的小门,平时那些门,半开着甚是难看,占面积还多,如果改成1500mm深加向里开小门,看起来整齐,还省地方(图9)。

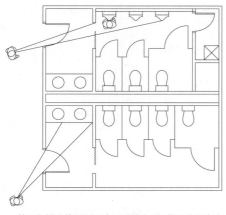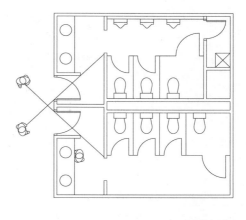

a 挡不住视线的厕所设计，隔断外开门影响走道宽度   b 能挡住视线的厕所设计，隔断里开门不影响走道宽度

图 9 卫生间设计

四、电梯厅

有关电梯的数量及荷载多少，是与人数有关的，我将人数转化为建筑面积，已在前面的论文里说明，这里就不重复了，但有些细部尚未提及：

1. 首层电梯厅口的问题

高层住宅的上层电梯厅，由于消防规范的要求，电梯厅的两边设计成防火门，但往往在首层也是如此。我们应该想一想，首层的人数是上面人数的总和，有时是 20 层，有时是 30 层，最多时首层人数是上面每层的 20~30 倍，所以要注意尽量在首层放宽该洞口。如有可能的话，可以扩大前室，取消该防火门，使通过顺畅。

遇到商住楼时，首层电梯厅口更要注意，因为商住楼看来与住宅类同，但人数却与写字楼相同，甚至比写字楼的人数还要多，因为租商住楼的单位偏小，经济也偏差，人均面积小，人数就更多，因此，首层的门洞尽可能放大是很重要的。

高层乃至超高层写字楼的首层电梯厅口更为重要，因为中外设计人都将电梯数量的计算推给电梯商。我在最近几年发现，世界大牌设计公司也经常出现上述问题。还有将一组电梯设计成 7~8 台，其单梯的荷载用 1600kg，经计算，在首层的电梯厅口要经过的总人数高达2200~2500 人，试想在上班的高峰时候，这个问题有多严重。首层电梯厅人数最好控制在1500 人以内，一组电梯 4 台较好。如果遇到困难的话，电梯厅能两面进出，以免一个口部太紧张。

此外，高层或超高层的电梯很多是分组的，经常分成高、中、低三组，因而低、中层的上左下：电梯门洞用抗震墙看不到第3个电梯门；
右下：电梯门洞用填充墙可以看到第3个电梯门；
右上：电梯门洞用填充墙，上空可以得到大空间

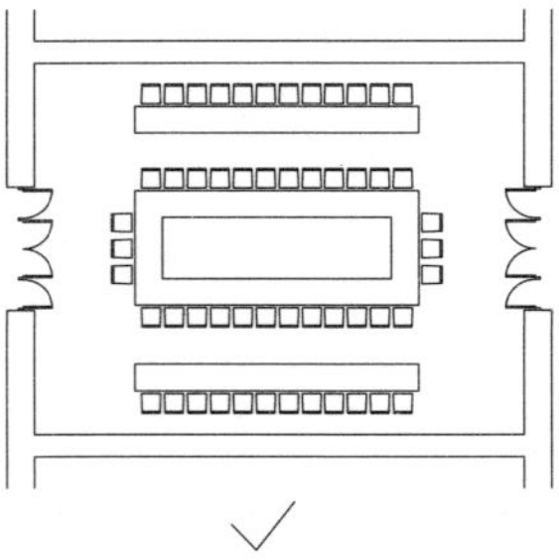

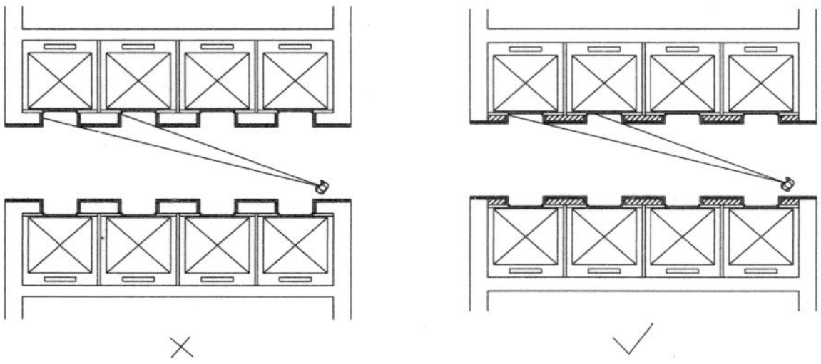

图 10　电梯门洞墙

空可以利用，所以结构的配合特别重要。如果电梯门的位置用结构梁跨过的话，两台电梯之间可用填充墙，好处是上面有很大的空间可以利用。也许有人认为对抗震不利，事实上可以加强电梯井背后墙的厚度来代替，总厚度并不损失。例如，前面的短墙是 400mm，若改为 200mm 填充墙的话，后面的墙只需要增加 100mm 厚度，对于抗震墙的总厚度是合算的。用填充墙还带来其他的收获，例如，由于该墙上空用了大梁，对订货也有利。因为设计时，一般还没到订货的时间，而装修也还没做，且各电梯厂的埋件以及留洞位置不同，采用这种做法，什么时候订了货，再砌上这些短墙还来得及。这就是顺便带来的好处（图 10）。

另外，将短墙减薄的话，对观察电梯是否来到很有利，一般情况能见到第三台电梯的门，但如果用抗震墙的话，第三台的门就看不见了（图 10）。

所以如果注意这些细节的话，非但对使用有利，对经济还有利，一举数得。横向四台很不理想，除非特大的高层，我还是建议一个电梯厅里不该超过 6 台。

2. "扩大电梯厅"

改革开放很多年了，用空调、大进深的写字楼设计，好像很多设计单位都能做了，中间一个核心筒，外面一圈大空间，客梯有相对封闭的电梯厅（图 11），好像是天经地义的。但有一次我遇到一个特殊情况：一个境外工程，设计已经完成，建筑物已经动工，但由于形势发展，业主希望在已开工的旅馆塔楼里增加几层写字空间，业主认为是小事，应该办得到，但问题是已经开工，而又在寒冷地区，每年施工的工期很短，容不得耽误。设计方面解决基础好办，但整体重新设计，问题就大了。在这种情况下，总面积大了，要加电梯，设计人认为必须放大核心筒才能增加电梯，可护坡已做，外轮廓最好不动，在没办法之下，派人来找我。我看了以后，改了一下图，就将这个问题解决了。问题在于要灵活设计，因为电梯不一定非要封闭式的电梯厅，半尽端式的"扩大电梯厅"也不是不可以的，就像"扩大前室"一样。后来，我国领导人访问该国，该国领导人认为最好把该建筑定为两国关系上的里程碑，最好能成为标致性建筑，为此，又要有所变动，这回好办了，全部做"扩大电梯厅"也就可以了（图 11）。

如果我们想一想，在走廊式的写字楼里，照高层的消防规范规定，房间门到楼梯间的

距离是 40m，即两个楼梯间之间的最大距离接近于 80m，在板式建筑平面里，从房间到交通口为 40m，为什么塔式建筑里就不可以呢？另外，在板式建筑平面里的电梯可以放在过道里，塔式平面又为什么不可以呢？所以我们不一定什么事都要求十分理想，九分又有什么关系呢？

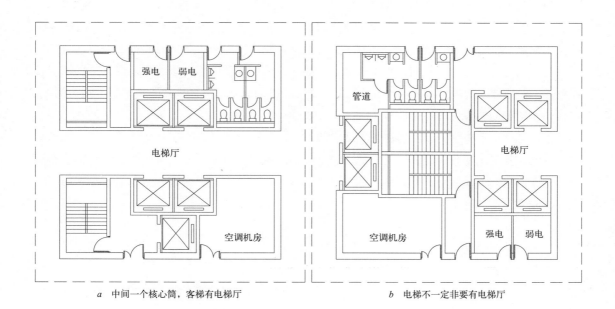

a 中间一个核心筒，客梯有电梯厅　　　　　　　　　b 电梯不一定非要有电梯厅

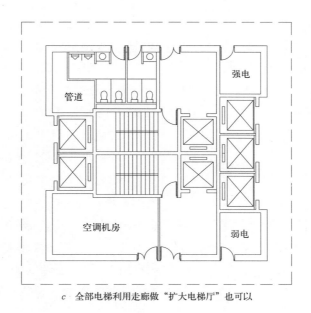

c 全部电梯利用走廊做"扩大电梯厅"也可以

图 11 电梯厅

五、专业协调

1. 强、弱电箱、分水器

强、弱电箱、分水器等专业的零件，在我们的设计中往往不被重视。例如在公寓设计里，由于公共的垂直管线在楼、电梯厅里，在接进单元的时候离公寓的客厅最近，往往就近在客厅墙上安置了，造成户型里最重要的房间里无法做装修，花了毕生积蓄买这样的房子，有苦说不出。不得已，只能让装修公司重新接到别的地方，而原箱的位置只能作为接线盒处理，事后就被装修封死，天长日久就被忘记了，当技术发展了要更换的时候，那个接线盒连找都找不到。此外，这样的处理在弱电方面还会使信号减弱，十分被动。

我还见过一个分水器装在连排住宅楼梯的下跑处，影响了楼梯的疏散宽度。

总之，我提出这些小问题，是想提醒建筑师们注意，在做施工图的时候要关心一下这类细节，与专业同志一起核对户型，确定原则，再由各专业自行核对，将这些影响主厅美观的问题消灭在施工之前就好了。

2. 分格与喷淋头

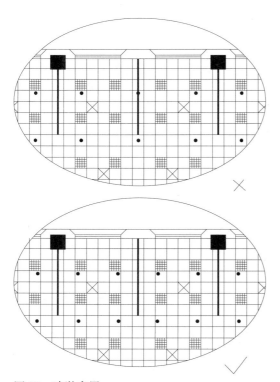

图 12 喷淋布置

不知读者有没有注意到，写字楼的喷淋头常常在隔断墙的中间，因为写字楼的合理开间是 8~9m，而喷淋头的合理尺寸是 3m 左右，因此绝大多数水专业设计时很自然地在一开间里设计了 3 个喷淋头（图 12）。

当用户搬进去后，又在绝大多数情况下将一个大开间分成了两个小开间，所以隔断墙就与喷淋头发生了矛盾。

如果在设计时事先想到，在一个大开间里设计 4 个喷淋头就可以解决这个矛盾（图 12）。

为什么我比较重视喷淋头的设计呢？因为喷淋系统各公司标准是不同的，每一组的数量也不同，但有一点是相同的，即增加 1/3 的可能性不大，而一栋写字楼，由于结构至少可用 50 年，也有用 100 年甚至更多的，在这 50 年中，写字楼的使用人群变化太频繁了，隔断的变化也是必然的，所以，这是我重视喷淋系统的原因。

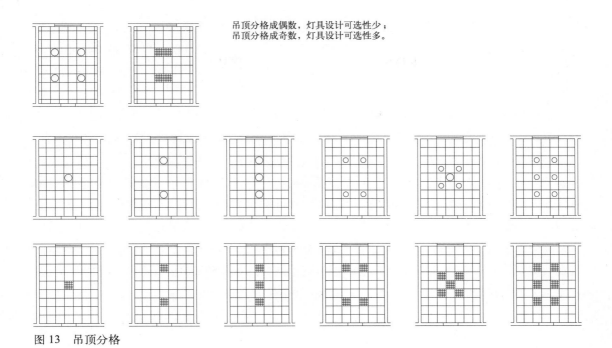

吊顶分格成偶数，灯具设计可选性少；
吊顶分格成奇数，灯具设计可选性多。

图 13　吊顶分格

至于吊顶，分格或不分格都有可能，由于不分格的设计改成分格的设计比较难，所以先做分格也是以不变应万变的工作方法。

有人认为在设计早期，没有时间去做吊顶。其实不然，建筑物的标准层大多基本相同，建筑师在早期只不过先多做一张图，不可能挤不出时间，早做了这个工作，各专业才能及早动手，使整个设计顺利，免得后期各专业对不上时全面翻工，这是事半功倍的效果，何乐不为呢？

还有很多设计人不愿意早做吊顶设计的理由是将来装修时还会有二次设计，早做会损失工作量。其实建筑师不早做的话，各专业就没有根据，要么不做，要么随便做，正是上面问题形成的原因。

另外，一般建筑的房间吊顶分格设计，往往采用最简单的办法，先确定中心点，然后向四周做 600mm×600mm 的分格，当电气专业拿到条件图时，对灯具设计的可选性很少。如果我们将分格分为奇数，则对灯具设计的可选性就很多（图 13）。可以中间放一个灯，或成"四盆子一汤"式的五个灯，既可以做单排，也可以做双排，这种分格可以为电气专业准备多种灵活设计的可能性。

六、外墙

1. 窗台与幕墙

在外墙设计方面，问题常常出在窗台，窗台内漏水是很多见的现象，这是由于我们在设计外墙节点时不重视的缘故。由于窗框下皮与混凝土间尺寸太小，造成窗台外装修与窗框相交缝开口向上。自从用了混凝土结构后，这个问题就产生了，88J 的标准图上也是这样的。也许有人认为可以用密封胶来解决，但事实上，在环境污染比较严重的时代，密封胶是靠不住的（图 14）。

问题是从砖石结构转向混凝土结构时产生的。砖石结构时的窗台节点，由于窗框下皮距砖墙尺寸较大，可以使窗台外装修与窗框相交时逢口朝向为水平，即使施工粗糙，由于缝在侧面，其进水的可能性较小。在早期，德国的窗台节点还有止水条。但为什么现在大多数人做出上述漏水的窗台节点呢？由于当年规定的窗洞口不是实际的洞口，实际洞口还要看大样，而大样中通常会表明实际洞口要下降 60mm，而现在我们看到的窗大样则只画立面，只画洞口，没有大样、详图，一切都推到工厂的二次设计，结果建筑的洞口尺寸就成了结构混凝土的尺寸，等到工厂生产的窗框送到现场，一切都晚了。混凝土不容易剔凿，设计图上又没表达清楚，所以滴水被埋在后抹的外装修里，漏水就开始了。如果将混凝土洞口向下降 50mm（混凝土的习惯是 50 进位，图 14），与过去砖墙的节点 60mm 接近，漏水的可能性就会减少了。

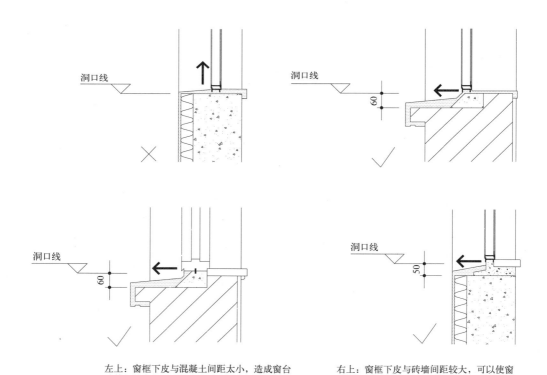

左上：窗框下皮与混凝土间距太小，造成窗台外装修与窗框相交的接缝是向上的"朝天缝"
左下：过去见到的德国详图，窗台外装修与窗框相交的接缝也是向侧面的

右上：窗框下皮与砖墙间距较大，可以使窗台外装修与窗框相交的接缝是朝向侧面的
右下：窗框下皮与混凝土间距加大，可以使窗台外装修与窗框相交的接缝是朝向侧面的

图 14　窗台构造

另一个问题是窗洞与幕墙的关系。由于现在图纸表达粗糙,在立面及大样上表示得不清楚。例如,洞口的窗尺寸,标注的是洞口尺寸,而对于幕墙,标注的是框料的中-中尺寸,窗洞的窗与幕墙只有上下是对上的,中间的框料对不上,以致有的房间里,一边是幕墙,一边是洞口窗,这样就在室内外尤其是室内,造成窗台的高度不一致。若要对得上,必须将洞口的尺寸改变,才能使里外交上圈(图15)。这些细致的工作,只有下工夫才能做到,要知道数百年以前,建筑师连壁画都要自己画,所以,这是建筑师的天职,只有做到了,才是一名真正的专业建筑师。

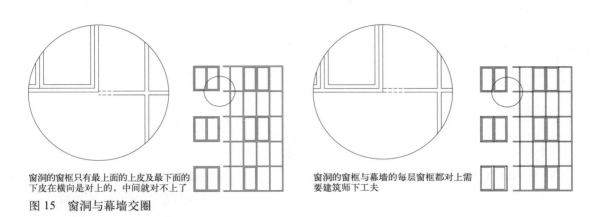

窗洞的窗框只有最上面的上皮及最下面的
下皮在横向是对上的,中间就对不上了

窗洞的窗框与幕墙的每层窗框都对上需
要建筑师下工夫

图15 窗洞与幕墙交圈

2. 室外踏步口

室外的踏步口,往往在最后一步时,出现深入到冻线下的基础墙,而承托在墙上的踏步混凝土没有配钢筋,表面上好像挺讲究,实际上是好心做了坏事,因为做基础墙的目的是让整个踏步用基础墙及结构墙托起钢筋混凝土的踏步结构,由于这些墙都在冻土层下,使踏步不致产生冻胀而引起开裂。但不配钢筋的设计,反而造成两种不同的受力,有墙的部分不会受冻胀的影响,而在冻线以上的部分会受冻胀影响,因此,会在其交接部分造成开裂,见图16中箭头位置(图16)。

还有一种踏步口,在最后一步下面伸长了半步,在图中,这半步又是简单的混凝土垫层的延伸,接着是土层的表示符号,使得踏步外的路面无法接建。这半步是没事找事,老老实实做到踏步口,而且应将最后的一个踏步向下延伸才对,这样有利于路面的接建,也有利于为路面的可能沉降预留余量(图16)。

更有一种石材台阶,好像是为了讲究,在踏步的最后一步下面又增加了一步与路面齐平的石材(以前名为台明)(图16)。这种设计也是多余的,而基层做法也常常与台阶不同,这样做有时会产生积水,有时会增加裂缝。所以室外踏步的设计还是做到踏步口好,以免产生意外。

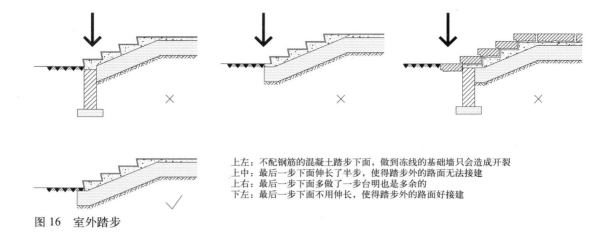

上左：不配钢筋的混凝土踏步下面，做到冻线的基础墙只会造成开裂
上中：最后一步下面伸长了半步，使得踏步外的路面无法接建
上右：最后一步下面多做了一步台明也是多余的
下左：最后一步下面不用伸长，使得踏步外的路面好接建

图 16　室外踏步

3. 散水

在北京，凡外墙设计必做散水，但究竟散水有多大用，好像没有人发表过意见。我也是 50 多年以前到北京的时候才发现有散水这个构造。上海是明沟，压红线建的房子是直接与人行道相接的，人行道就是散水。但 50 年来，北京的设计单位，不管什么建筑，一律设计散水，而且奇怪的是，不管建筑的层数以及建筑装修水平的高低，都设计成水泥散水。

我们分析一下，为什么北京建筑用散水？

当我刚到北京的时候，北京绝大多数是平房，即使第一个五年计划中完成的建筑也不高，而北京的平房是瓦顶，一般挑出 300~400mm，檐口不做雨水沟及落水管，所以檐口的水就自由落水下来，而平房的基础很浅，不做散水会影响基础安全。当时结构设计没有现在科学，建筑师将基础设计在冻线以下，用一步灰土，放一下方脚，就完成了结构，好在建筑不高，跨度不大。即使混合结构，有些钢筋混凝土计算也是建筑师查查表，在图上一注就完成了，甚至我们的结构工程师计算，也同样只是查查表。记得有一次与结构工程师一起下工地，他发现已绑上的楼板钢筋太密了，就在现场每三根中抽掉一根，也许现在看来是笑话，但这的确就是当时的情况。

结合上海与北京的历史，再看看现实，我们在 40 年以前就有建筑设计了内排水，也用了落水管，当时我们区别对待，有落水管的，做了"水簸箕"，因为水流集中；而内排水已用了暗雨水系统，散水早已不做了，只需在各自的勒脚部分收口即可。该与路面相接就与路面相接，该与室外的绿地相接就与绿地相接。现在建筑的基础都很深，我已经设计过地下负 24m 深的，不做散水肯定不会对基础造成威胁。所以我们应该因时因地，具体情况具体分析，不能简单地照抄照用。尤其是很讲究的建筑，简单地用水泥散水，而水泥散水又是落在冻线以上的，过不了几年就会被冻土拱得乱七八糟。由此看来，散水问题该思考了。

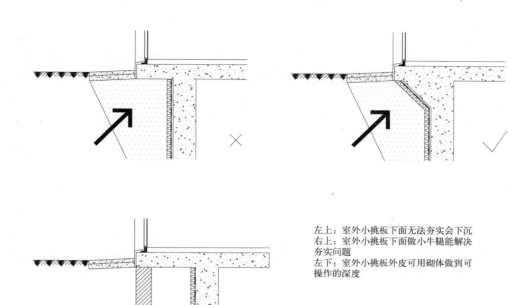

左上：室外小挑板下面无法夯实会下沉
右上：室外小挑板下面做小牛腿能解决
夯实问题
左下：室外小挑板外皮可用砌体做到可
操作的深度

图 17   回填土

4. 不理想的回填土

同样在散水的位置，经常看到有些回填土被安排在挑板下面（图 17），有的挑板还挑出近
1m，这种情况挑板下的回填土无法夯实，遇到雨季就会造成塌方。这种问题在刚建成时感觉
不出来，一旦人们住进去后，首先是散水下沉，而塌方是最终结果。

很多这种设计出现在境外设计、境内做施工图的项目里，因为他们的方案凹凸变化较多，
双方无法交接，草草了事。现在已没有知识分子到工地劳动的制度，但这不是不懂夯土的理由。
我们可以在地下室外墙用一些斜挑墙，或干脆做挑空的窗井墙（图 17），使所有回填土都有夯
实的可能，才不会造成塌方。

七、地下室、游泳池、水箱防水

防水问题从油毡年代到现在的无机材料，变化很大。过去怕地下室做油毡不保险，又增加
了一个架空层；过去怕桩基的地下室底板防水层不交圈，还要将底板做成防渗混凝土；过去怕
地下室侧墙防水不保险，除了油毡防水外还要加上 2：8 的灰土；过去怕在游泳池里用油毡沾
不上瓷砖，在中间甩麻刀；过去怕水箱水池漏水，还要套一层玻璃钢；为了解决这些不保险，
有关部门还出台规范确定防水的几个等级。如果说等级低的做法能防水的话，就没必要多做几
层，好像等级低的建筑物，漏点水没关系。说到底，还是防水材料不过关。

自从我在北京的中国银行总部大楼的地下室用了贝聿铭事务所推荐的"水泥基渗透结晶型防水材料"后，上述的很多问题就不难解决了。水泥基渗透结晶型防水材料是由水泥、硅砂及多种性质活泼的化学材料组成的刚性材料，既可掺在混凝土里，又可涂在混凝土表面，外面或里面，用以渗透到混凝土微孔及毛细管中，产生一种不可溶的结晶，堵住孔隙和毛细孔的渗透通道，来达到防水的目的。中国银行地下室负 24m 深，至今干燥。当时因为建筑是压红线设计的，地下室的护坡桩就是建筑的外墙，而红线外的管线已经施工完成，做外防水已没有可能，虽然当时不了解这种材料的性能，但已没有后路，不做也得做，事后才发现这种材料的好处。

这种材料可以掺在混凝土里，变成自防水，可以解决桩基防水交圈的问题。也可以做内防水，省了外防水的保护层，也省了灰土，又省了工期。万一漏水了，这种材料还有配套的堵漏料。可以一个单位施工，责任清楚，好处多多。

此外，这种材料是绿色的，很环保，做游泳池最好，粘块料面层很好用，现在有些游泳池及水箱坏了、漏了，都是用这种材料修补的，目前已编入国家规范，试用的风险没有了。

八、北方游泳池的玻璃天窗及侧窗

最近两年，有好几个游泳池的设计人，要我去帮助他们解决玻璃天窗及侧窗凝结水的问题。这些游泳池从外表看确实好看，如果没有凝结水，在室内能看到天空及室外的绿化，确是很美的事。但若看到由于凝结水造成的玻璃天窗滴水以及墙面发霉的情况，就是一副惨相了。

巧的是，几位设计人都是南方人，出问题的几个游泳池却都是建在北方的。

我出的修补意见很简单，有条件的话，将那些玻璃统统拆掉，加上合格的保温材料，里外一封，问题就解决了。

那么，北方为什么不该用玻璃作为游泳池外墙和屋顶的材料呢？

根据我近几年来在北方室内游泳池游泳的体会，大多数室内游泳池的室内温度在 27~28℃间，水温在 25~26℃间。大多数游泳者在泳池里待约 1 小时，因为是室内，不因季节变化而改变游泳的时间。泳池边也设了一些躺椅，但使用者很少，最多 2~3 人，而且时间很短，因为在27~28℃是感觉很冷的。何况绝大多数的泳者用的是蛙式，只有极少量的泳者偶然玩一下仰泳，看天窗的机会并不多，大多数人匆匆地来，匆匆地走。所以，认为天窗及侧面大玻璃对泳者休闲享受是建筑师的一种假设，完全没有必要。我建议千万不要再做有玻璃的游泳池，包括联络泳池的玻璃走廊都不要做。因此，将游泳池设在地下室也是很好的选项。

以上是我多年来看图、审图发现的问题，以及解决问题的办法。时代在前进，也许某些已经落后，写出来仅供参考。

文／寿震华

原载于《建筑知识》2005 年 6 期／ 2006 年 1、2 期

2011 年更新

附　录

附录一

重新教育我们自己

　　我们中国最近 20 年城乡建设的规模和建设速度是全世界所公认的，但我们规划师、建筑师们的规划和设计却往往令人担心，错误的理论和错误的实践还在继续，造成这些问题的根源在什么地方呢？恐怕要从我们建筑界新中国成立以来的发展历史来看。

　　1949 年开始的中国建筑教材，是由极少数从西方留学回来的建筑师根据当时大量建设需要紧急编制的。很快，随着 1953 年苏联的援助，我们又全盘学习苏联，否定了前几年的教材，生搬全部苏联的教材，如果我们还记得的话，那时的中国到处是小窗户、欧式造型、大距离路网、单位所有制等。由于大量建设，很多城市建设就定型在那个时代，虽然 1957 年"大跃进"时代根据中国的经济现实，改变了一些，但很快又遇到三年困难，建设基本停止，好不容易克服了困难，建设了两三年，又遇上 1966 年"文化大革命"，从此停止建设了十多年，1978 年改革开放又引进了特区、开发区概念，大量东南亚的泡沫经济发展经验充满了我们大江南北。加上我们不习惯的市场经济房地产，使我们习惯于计划经济的规划部门很难管理规划，以致我们现在的城市、我们的教材，成为这么"多变"的社会的一种混合产物。且看：

- 我们的城市路网是根据共产主义理论来规划的，假设的人口密度很低，房子不高，基本是 300m 距离的路网。但现在人口大量增加，容积率成倍增长，建筑物越拔越高，汽车已是国家发展的重点，简单地加宽路面，问题还是解决不了。
- 我们的工作单位是办公、居住、食堂、托幼等组成的一个大型街区，一个单位像是一个小城市。父母是这个专业，但子女多数已不是，孙子辈在本单位的就更是极少数了。从此造成交通、住房等一系列问题的混乱。加上各单位卖地合建，单位变成地主，建设与城市已呈现出貌似的无政府状态。
- 我们的领导随便修改建筑称谓，以致旅馆称为"宾馆"，公寓称为"住宅"，住宅又称为"别墅"，公款建的疗养院称为"培训中心"，这些名词甚至已经上了政府文件，使教材也盲目地随之改变，大学毕业的学生也跟着糊涂了。
- 由于经济发展不平衡，我们的卫星城是没有快速交通相连的，城市不是延伸，而是到处建飞地，为市民造成许多不必要的麻烦。
- 改革开放又建了大批开发区、保税区、科技园，将公路开向无人区，甚至搞了一个没有高等科技人才，脱离大陆，交通不便的高科技城市——海口。
- 我们行业的设计方案竞赛已经变成了骗取知识产权的设计招标了。最近还遇到用极少的时间、极少的设计费搞初步设计招标，把建筑设计庸俗到何等地步。

- 我们的建筑设计行业已经采用类似工业产品复制的承包制度，几乎是全行业范围。以致学校毕业的学生，只研究哪一笔图可以少画，至于一个职业建筑师应该做什么却根本不知道。

- 由于计划经济的长期习惯，如果业主没有任务书，多数建筑师就不会做设计。

- 有的设计单位的领导不明白建筑师是做什么的，居然不允许总建筑师做设计。

- 我们的施工单位被安排总承包，但重要的建材由业主订货，实际上，施工单位近乎只能承包劳动力。

- 我们的建筑师决定色彩和建材的权力，不知何时几乎被剥夺了，现在，又冒出一个"二次设计"的名称，室内设计由很多没有设计资格的装饰公司做去了。我们建筑师的职责，又削去了一大半。

现在我们规划管理和建设方面的领导，就是在这种复杂的历史条件下从各地学校毕业的，我们的学生也是在这种条件下成长的。这些年来，我们接收了近十几届的各校毕业生，大体对上述情况没有感觉，好像觉得理该如此。

2001 年就要来临，21 世纪中国将会有哪种建筑学，21 世纪我们将会出现什么样的教材，培养出什么样的新型建筑师和懂得真正建筑学的新型领导，应当是我国当代建筑师和建筑学教育家共同关心的问题，我们希望，2001 年以前在建筑实践中发现的问题，应进行比较广泛、充分地讨论，也许需要三年五年，也许需要八年十年，我们应该重新教育自己，用实事求是、老老实实的态度，总结经验和教训，至少在理论上认清什么是对的，那么我们的建筑事业才有可能朝着正确的方向前进，我们的城市问题将会逐步解决。这些问题出现在中国，但是，类似中国这段历史的国家也还有一些，我们希望通过广泛的讨论，使我们建筑界得到共识，让社会进步快一点，人民生活得好一点。

文 / 寿震华

1999 年国际建协论文

分题六：建筑教育与青年建筑师

建筑教育的回顾与发展趋势

附录二

设计，房地产开发之本
——中国建筑科学研究院副总建筑师寿震华谈住房设计

寿震华副总建筑师是 60 年代就曾为大使馆设计过住所的老建筑师，在住房设计方面有着丰富的经验。在改革开放的年代，他将实践所得与时代需要结合在一起，对当前的住房设计形成了一套独特的看法。记者有幸与寿总当面交流，将其一些观点整理记录于此，以飨读者（■寿震华　□记者）。

"别野土"与住宅

□ 请您谈谈对当前住宅设计的看法。

■ 我曾于 1997 年写过一篇《一些住房问题的探讨》的文章（编者注：即本书中《北京一些住房问题的探讨》），后来编辑改成了"住宅"，我认为不太妥当。关于"住宅"的解释是"独门独院"，因此，我认为用"住房"一词更准确一些，包括了住宅、别墅、公寓多种类型。

□ 那么，"住宅"与"别墅"、"公寓"区别何在？

■ "别墅"，所谓"别野土"，词面非常清楚，在野外的地方有一座别的房子。也就是说，这座住房可能用于度假、观光、休闲，不是长期用来居住的房屋。而"公寓"，应该是指使用公共楼道的房子，有高级公寓与低级公寓之分，不能把低级公寓叫成"住宅"，把高级公寓看成外销的专用词。

□ 这听起来像文字游戏。

■ 不然。概念的混乱是当前很多房子卖不出去的根源。房地产商们往往把独立式住宅错叫为"别墅"，想当然地建在毫无特色的远郊区。他们没有一个明确的概念：这房是给哪一个阶层盖的？具有什么样的购买特征？中产阶级不可能住在一个公路正在建设、行程需要一个小时以上的未建成的卫星城，他们需要商业活动、社交和娱乐，需要与圈子里的人保持联系。

对于有钱阶层，这种住房的设计标准又太低：离城区太远、户型也偏小。他们更希望拥有一幢使用面积在 234~301m² 之间，车库里能容下 2~3 辆车，地理位置靠近商业中心区的豪宅。而且，谁会在没有风景、没有海水、没有特别气候的地方买"别墅"？并不是便宜就一定有人要。

客厅越大越好卖？

□ 现在的设计潮流似乎是越大越好，有的客厅大到 70m² 以上，号称别墅式公寓，您认为如何？

■ 报纸上还登过有着 100m² 客厅的房型图，这种大客厅仅仅是将过去在卧室里的起居空间拿出来，以至于卧室小到 10m² 左右。这种设计从生活经验上来看是很奇怪的。设想一下 100m² 的客厅宽度得有多少米？即使是目前最大的 33 英寸电视机，也只需要 3~4 米的观看距离。住宅的放大不应该是某个功能空间的单独放大，而应该是随着使用功能增加即出现的级数放大。20m² 左右的卧室已十分好用，若要单独辟出一个相应的衣物间，要增加 10~20m²。如果把书房、工作室、娱乐室、客房等功能一一解放出去，户型总面积就会数倍地上涨，比如设计卧室，4m × 4m 的规格上一级是 5m × 5m，而不是 16m² → 17m² → 18m² 这样简单递增的；又比如卧室为 25m² 的套间，总面积是几百平方米，如果设计成 8m × 8m，卧室总面积则要以上千平方米来计算。

因此，户型设计中各功能空间的协调是最重要的，也是合理利用空间的关键。

□ 现在国外户型设计趋势如何？

■ 最近我分析了一批美国豪华住宅的平面，起居室面积在 19~38m² 之间，但是 80% 在 20~31m² 之间，即使加上餐厅 15m² 左右，也不过 60m²。有的家庭愿意另设一个家庭团聚室，面积在 15~50m² 之间，近年来还出现一种名为"GREAT ROOM"的设计，又高又大，用作家庭社交活动之用，面积在 50~56m² 之间。可见即使是豪宅，每一种功能空间的尺寸也有一定规律，不能随意而为之。

来自生活，超越生活

□ 根据这么多年住房设计的经验，您认为最重要的是什么？

■ 住房设计不能靠凭空想象，纸上谈兵容易，使用时就会发现不方便。比如说现在的主卧室都会套一个卫生间，但洗脸盆还是立式的，没有台面。这恐怕不够放当前那么多的化妆品。再者，浴盆总被认为是身份的象征，其实我调查过大量的用户，95% 以上仅用来做淋浴接水。因为浴盆清洗困难，爬进爬出困难，因此在现代人们生活中，淋浴仍然是最卫生、安全的方式。现在已有淋浴专用的浴盆，价格也比一般浴盆便宜。如果能适当采用这些来自生活的经验，可使设计更趋于完美。

□ 生活经验对设计是至关重要的，对吗？

■ 可以这么说。但是生活经验也来自博闻强识，而不是拘泥于设计师本人所处的生活环境。(20 世纪)80 年代有一位清华大学的研究生做设计方案,客厅只有卧室一半那么大。他说，我们家就是这样的，现在听起来很可笑。简单地认同自己的生活环境就会犯这种错误。

现在这种现象不是越来越少，而是越来越多。举个小例子，80年代，大多数家庭把冰箱和洗衣机放在客厅里，后来冰箱进了厨房，洗衣机进了卫生间。但卫生间里潮气重，不利于洗衣机的保养，只好勉强放在卫生间的外面。习惯了以后，以至于现在即使很体面的住宅也是如此。美国住宅的洗衣机有专门的小房间，或者在杂物间里设了专门的上、下水，非常整齐美观。面积只有4~5m²，最大也不10m²。有时设计不仅仅是来自于生活经验，更应该是对生活的改进。

□ 这些改进的灵感是否大都来自于国外的例子？

■ 我曾出访过许多国家，得到许多启迪。但是我们国家流传下来的住宅设计也有不少值得借鉴的东西，可惜的是年轻人往往没有注意。

如果我们稍加回忆就知道，过去上海有一开间、两开间的里弄房子，前面有3~4m深的院子，房主宁可通过后门厨房出入，也要保留门前的绿化。无独有偶，天津的一些大型老住宅大多数从东、西两面入口进入门厅，然后保留南面的房间安排客厅、起居室以及餐厅、客房、书房等向阳房间，以便通过这些房间的落地门出经平台到南面的绿化草地去活动。院子的大门则设在入口一侧的南面或北面，汽车通过入口直通到底。布局非常理想，用地也很节省。

反观我们现在的一些"别墅"，本来用地仅半亩左右，也就300m²多一点点，前面的院子也不可能有多大，可是经常有人在仅10m宽的住宅南入口设计汽车库和住宅入口，将不大的绿化面积挤得仅剩一点点，再加上其他专业设计者们"凑热闹"，起居室里设大梁，下水管、暖气管随便装，连电门和插座都非常"专业"地设在离地1.5m的地方。这种既不尊重传统经验又拘泥于一些错误观念的住宅，谁会有兴趣买？

设计，房地产开发之本

□ 寿总，您刚才提出的起居室里设大梁，前不久我也听说了类似的情形。有一位购房者抱怨说客厅中冒出两个墙垛，装修十分不便，这是什么原因？

■ 这是房屋中使用预制板即砖墙混合结构年代留下的后遗症。我们从苏联那里获得这一经验已经40年了，号称快而经济，实际运用中我感觉，一是贵，二是对抗震不利，三是漏水不好修。我们已经有了钢模经验，完全可以改成现浇楼板。不知道开发商为什么还要用这种劳民伤财的落后工艺，以致出现了你刚才提到的那种问题，这无疑会影响销售。所以说，结构设计也是很重要的问题。

□ 好的结构设计应该具备怎样的特点？

■ 经济耐用，灵活应变。抗震能力高、成本低这是结构设计最重要的标准，但我设计的图纸往往还另有特点：可以比较轻松地按照开发商提出的要求进行改动。曾有一幢综合楼，开发商要求把写字楼中的一半改成酒店式公寓，我基本没动结构，仅仅改动了房间布局，后又要求改成商住两用的公寓，也没有问题。有的图纸我改了一百零一遍，这样频繁的改动可以适应市场千变万化的需求，也考察了设计者的应变能力。

□ 看来设计确实是开发房地产中的重要问题。

■ 设计从根本上决定了房产的命运，好的设计容易打动买者，不好的设计即使有再好的包装，也难以吸引客户。所以设计师提出的一些好的建议往往会为房地产开发商赢得成百上千的收入。有时只需在成片的住宅区规划中改动一个细节，即可在不增加成本的基础上增加近千平方米的销售面积，折合销售收入达 1500 万元以上。这个例子说明了成熟的设计在房地产开发中起到的重要作用。

文 / 雷雨

原载于《房地产世界》1998 年 6 期 / 总第 57 期

设计理财师——记 KDKE 总建筑师寿震华

打开凯帝克建筑设计公司的数据库，在总建筑师寿震华的名下，87 个项目历历在目，这仅仅是他截至 2004 年 7 月底的部分工作，已于去年持平。四年来他亲手审定了 200 余个项目，国外建筑师直接做设计的占 14%，建筑面积约为 594 万 m²，与 28 家境外设计公司有过深入的技术讨论……为业主节约的投资数以亿计。我很惊讶一位 70 岁的老人何以有如此旺盛的精力，在他面前，你感觉不到疲倦。当我顺口讲寿总在为业主省钱上有"一剑封喉"之能时，总经理李保国先生不赞成这句戏言，说这叫"设计理财"。我以为设计理财是寿老先生审查把关的主线，更愿意探究这种理性认知何以产生的哲学思考。

一、知识论冶炼平常心态

"认识你自己"是 KDKE 提醒员工常引用的一句话。寿总讲："其实，这是苏格拉底被判死刑后一句名言的前半部分，后半句话的意思是讲个人的智慧在社会里是微不足道的。中国老话比喻人的知识就像一个圆圈，圆圈越大，你未知的领域就越大。一定要认识到一个人的知识永远是欠缺的，这样才可以虚心地向业主学习。在学习的过程才可以意识到自己的知识，在不同业主、不同的项目中是可以发挥作用的。"我回想起他们在给我谈项目时，或多或少都要提到业主的理念、追求及为使项目实现类比考察的感悟，也使我加理解了他们讲的，业主的要求是创意的源泉，KDKE 的责任是实现业主的意图。

寿总是同龄中最早"下海"的人之一，1984 年就与人创建了大地设计事务所，这是中国第一个有境外投资的股份制设计公司，一晃 20 多年过去了。他说："艺术要为大众服务，不是为自己服务。要为大众服务、为社会服务，就要让作品成为产品，而这个过程是商业行为，这个管道的闸门在业主手里控制，不要讲业主的素质低，他们大都是精英，他们决不拒绝好的创意，业主是根据市场的价格及利润的信息调整自己的经营行为的，能降低成本又能够卖个好价钱，他怎么可能不同意呢？"所以，寿总与业主在沟通过程中，决不固执地坚持自己的意见。他认为，如果去掉虚荣，不是那么急迫地完成交易，业主的意见都是有道理的，这就是设计依据。

人与人是平等的，是要互相尊重的，不要动不动都与自尊心挂钩，心里的湖水只有自己才能让它平静或不平静。业主花钱投资，凭什么不听业主的意见呢？

当我讲寿总谦恭时，他明确纠正我，"不，不准确。事物的本来特征就是如此，怎么可能有无事不知的天才呢？知的愈多，不知愈多。其实，设计理财的事情正是由于我知道所缺太多，而与聪明的有需求的业主共同完成的事情。他们的感觉是朦胧的，但却是准确的，我们只是提供工程技术支持，变无形的感觉成为有形的设计罢了。"

二、相对论道出创作乐趣

相对论是寿总建筑设计哲学理念中应用纯熟的方法，他以为以人为本，就要尊重人不同的主观需求，不同的人就有不同的需求，定制化个性服务就是满足人们差异化的需求。

有天就有地，有地就有天。理念是看不见的，要在你的行为中去体现。在地上走，头顶蓝天才不压抑，才觉得敞亮。没有天不行，只有灯光没有阳光，人会缺钙的。

事物都是相对的，是对立统一的。这不仅是个哲学理念，也是物理科学证明的客观真理。

事物又是运动的，运动着的事物是有规律的，规律是可以认识的；想要拥有智慧，必须认知规律。

规律一般指抽象的规则，而正是这些抽象才有了具象，无形才支撑有形，人成熟的标志，是智慧向规律靠拢。我一下子想起了"不积跬步无以至千里"的古训。

我想起 KDKE 的数据库，据介绍，那是寿总亲历亲为的心血。比如，他做户型不是拍脑袋地想当然，而是在成千上万个户型中提炼归纳出了一种比例关系，是以比例定面积，这就是实用的归纳规律。比如欧陆风格，那么多的国家，有不同的习俗，反映在建筑上就有不同的建筑符号和特征，不同的建筑符号又反映不同的文化，将经典的归纳了，这就是认知的分类规律；比如地下车库是业主容易忽视的环节，而规范又对车位有明确的要求，能不能在面积不变的情况下增加车位？在数据库中，充分反映了这种对"为什么"做不懈追寻的缜密过程，不仅有北京数十个知名项目的变动纪录，而且还有研究论证的推理演示。数字公式、国际经验数据等，不像是在做商务设计，更像是科研，平均可在总面积中节约 3%~3.5% 的面积，还有每年数篇的技术论文，还有规划、住宅、写字楼、医院、酒店、体育场馆等不同类型建筑设计那一条条抽象规则的提炼。这就是实践的因果规律。

在寿总的实践活动中，他不求名气上的轰轰烈烈，只求心态上的平平和和，他把设计当成自己为社会创造财富的实际支点。

有了乐趣，也就有了创意，不是那种标志性建筑张扬的创意，而是解决实际问题的创意。在一系列辩证的陈述中，还有很多运用二律悖反巧解难题的案例，我更加感到这是一位睿智的老人。

三、秩序论奠定理财大师

寿总认为，人向往和追求相对宽松的工作空间，是财富创造的前提条件。在财富创造的过程中，人与人、人与环境不断地磨合，使你有了一个相对位置。市场这只看不见的手使你客观上为社会做着贡献。这是一个自然形成的过程。人为的因素比较少，这其实是一种社会秩序，因为适者生存的法则在调节你。在这个秩序的构成中，知识在起作用。我没有刻意去追求什么师、什么腕。我是一名建筑师，是为项目提供技术性支持的，事情本无大小，就这样日复一日地做下去就是了。

不同文化、不同经历、不同体制的业主是不一样的。寿总更多地不是谈自己，而是谈业主。比如他对中远集团赞赏有加，认为他们运作严谨、谦虚好学，尽管是寿总领衔为中远集团做了远洋系列产品的设计理财评估，他也淡淡地讲那是业主的成熟。

因为经济发展了，仅仅从企业持续效益的角度，业主们也会从产品、营销、品牌、创意等做多方位的探索。相应地就需要更丰富的哲学视角和更丰富的思想源泉。

事物没有纯粹的两极现象，不能用简单的是非、对错、好坏来衡量一个建筑。阴阳五行是中国传统文化的哲学基础，那种相生相克、反生反克、生制克制的哲理博大精深。不可能有一种事物居于凌驾一切的位势。同理，也不会有哪一个在学术上可以指点江山。人们生存的过程，就是学习的过程。我们只可能接近真理，不可能到达真理。所以，我们应当提供建筑学术的百花齐放。人为地利用某种称谓进行城市建设的计划，是对知识的不尊重，也违背了市场经济的规律。

搞市场经济了，我们都在引用亚当·斯密的观点，他之所以获得诺贝尔奖，是关于劳动分工理论的提出，而劳动分工是自然形成的。在建筑设计行业，这种劳动分工是以知识分工为分工特征的。

我搞设计理财也是，年轻人的脑子活，没有框框，所以，业主愿找年轻人搞方案创作，年轻人也愿意，这没什么坏处；但是也有一些业主希望降低投资成本，压缩产品生成时间，解决机会成本问题，就找到了我，找到了凯帝克，我们就做了。区别在于，我们归纳出了一些规律性做法，有一套行之有效的工具，有几年几百个项目的实践。不同体制、不同年龄、不同规模的业主都与我保持了多年的关系。他们讲我是医生，没问题、没毛病不找我。这是自然形成的。

如果讲智力是一个产业，那么知识的构成就是一种网络秩序，根据个人的知识并被市场认可，就是你生存的点。寿总今年已经做了 87 个项目的设计理财，都是业主找他。为了静心平和地解决实际技术问题，他可能也是少数几个至今仍使用呼机的人，可能也是唯一一个以这样的思路、这样的理财观念进行设计的人。他讲："你不理财，财不理你，我是建筑师，为客户创造的价值绝对要超过成本。"

采访结束了，我的思绪还一直在他哲学认知的领域移动，他不是一个人，而是一代人，是一群志同道合的人。在 KDKE 设计理财白皮书中，我同样感到浓厚的认知氛围，他们公司将企业的理念定义为"追求比生命更加久远的东西"。我以为是从人性层面接近终极的理念共识，而生命在承诺中延续的价值体系，以及"二传三专"、"Four One & One Four"的运作模式，更验证了他们总经理讲的话："认识名人不重要，重要的是名人的思想，寿总是 KDKE 的楷模，是为业主解决实际问题的楷模。KDKE 的企业理念不是常挂在嘴边的口号，那是灵魂的事。灵魂不能缺位，灵魂不能跪着，所以，要经常到灵魂的空间串个门，与灵魂寒暄。但真正切实的是你的行为，因为眼见为实，人们是根据你的行为来判别的。首席建筑师寿震华、首席运营官沈军等一批人，都是实干家。业主的永恒问题是解决机会成本的问题，这也是我们企业永恒的问题，为解决这个问题，以寿老为代表的实干派，是没有框框的零基思考，从而形成了适合KDKE 的路径依赖，有了自己的工作习惯、自己的规则、自己的心态和特有的现象。邹洪认为这就是企业文化，我赞成这种立足于地面的定义。五年了，每年的效益指数上升 50%，设计理财是重要的渠道。"

我期待着寿总，期待着 KDKE……

期待什么？我想起 KDKE 那近乎空灵的理念："追求比生命更加久远的东西"……

原作者 / 安然，整理 / 李保国

附录四

寿震华——建筑界的名大夫

简介：寿震华在他的黄金时期，遇上的是变幻多端的社会大气候，这个历经坎坷的建筑师，却始终保持着乐观豁达的心态，用一生的时间，为人民的建筑服务，使人不由心生敬佩。

寿震华的案头常放有一本《毛泽东选集》，拿他自己的话讲就是："这本书很管用，方法论很重要，受教育不同，做事方法自然不同，必要时要改造世界观……我在1999年国际世界建筑师大会上说'重新教育我们自己'，对待建筑要用实事求是、老老实实的态度，总结经验和教训……使我们建筑界得到共识，使社会进步快一点，使更多的人生活得好一些。"

理解这番话对我这个出生在70年代的人似乎有些许困难，但从那些个年月过来的人，像寿震华这样做了半个世纪建筑设计的人而言，上述所言却是实实在在，且随身而行。

从圣约翰大学到北京建筑设计院

寿震华喜欢用"歪打正着"这个词来形容他一波三折的人生经历，谈论往事他会时不时地咧嘴笑，显得异常轻松，像在描述他人的故事。但我明白，他这个年岁的人经历过了风雨，也看到过了彩虹，沉重是避免不了的，寿震华只是把重量"羽毛化"了。

1933年寿震华出生在一个并不算富裕的上海人家，中学还没毕业、本不想考大学的他被自己的同学拉进了考场，同学的目的是要作弊抄袭寿震华的答案。"歪打正着，同学没考上，我倒稀里糊涂考上了。考上了，没办法，那就念吧。"寿震华说当时父亲借了些钱，自己就上了圣约翰大学。"开学前把旧西服改了改装蒜，穿到学校再一看，尽是大资本家的子弟，自己的这身西服显得很委屈。"但半年90块的高昂学费使得这个普通的上海家庭的经济时常捉襟见肘。后来院系调整，寿震华到了当时尚在搭草棚上课的同济大学。

寿震华在同济"书念得不多"，倒实践了不少，缺少教室的华东区新建各大学时缺少设计人员，国家就让同济老师带着还在上学的同学动手设计，这给了寿震华提前步入实践的机会，"三年大学念完，校舍在逐渐建设，直到现在同济还有我设计的建筑"。

这段求学经历再结合前几年带研究生的往事，所以有了寿老师（寿震华的实际身份是建筑师，一辈子和建筑打交道，且社会关系在设计院而非大学，指导大学建筑系学生只是"业余爱好"）在1999年那个令人瞪大眼睛的演讲题目——"重新教育我们自己"，他说中国的快速发展促使我们必须改变我们的教育方式，教育制度势必要改革。

毕业分配后本可以走仕途的寿震华来到了当时被众人认为"设计就是盖房子"的北京建筑设计院，寿震华说到北京院他是占了大便宜，因为当时只有少数几个设计院做民用建筑设计，北京院是其中之一，如此寿震华便踏踏实实扎根在了这所"盖房子高要求"的事业单位，成了我国最早参加民用设计的建筑师。

好运气的建筑师

采访中寿震华嘴边老有这句话："我的运气很好，看似受苦，其实运气好得不得了。"受过"美式教育"的寿震华初进北京院显然和同事有距离，为了尽快改变这种不适应的现状，他经常义务帮同事加班，逐渐地寿震华成了当时北京院八大总工抢手的助手。"一毕业就做了总工赵冬日的助手（赵冬日设计了人民大会堂、天安门广场等项目），我可是占了大便宜。"

为了工作的顺利进行，北京院给当时还很年轻的寿震华的职务连升三级，并参加了重要项目"中南海政治局委员公宅"工程设计。尽管如此，寿震华还"当仁不让"地参加了当初东城（崇文）区户厕改公厕的工作，这对寿震华本人来说又是占了一大便宜：忙于"厕所项目"，避免了"运动"的振荡。

国际贸易中心对寿震华来说是极其重大的项目，当年他随同中方项目组前往了美国，在美国又"偷学"了不少东西，而圣约翰大学的"美式教育"也发挥了作用，美国同行不得不另眼相看这个年轻人。美国归来后，寿震华把在美国的所学所闻和悟到的东西在各大学巡讲，很受学生欢迎，"一不小心成了名人"。逢没人愿做的工作寿震华也是尽职尽责，久而久之"就成了专家"。

寿震华一直强调自己的好运气，他的话有"祸兮福之所依"的辩证思路。我一直觉得寿老师的生活态度很乐观，今年已 74 岁的他仍然精神矍铄，话语间不时爆出"冷幽默"，令我的采访笑声不断，更觉他的可爱。

号脉建筑和建筑教育

寿震华从北京建筑设计院一路辗转到大地建筑事务所，再到中国建筑科学研究院，从事建筑设计五十余年。作为第一批和国外设计师合作的中国建筑师，无论理论还是实践，都斩获不少。加之自身的努力，寿震华"不做专家都不行"。

寿震华极不喜欢空谈建筑艺术，由于他的设计生涯处在中国跨度极大的经济发展时期，因此他的设计总是优先考虑各个时期人们的生活水准，予以合理的经济定位设计，因此有媒体称他为"建筑理财师"。

相比 1985 年寿震华"打破铁饭碗"创办大地建筑事务所引发的建筑界的"地震"，如今的他也是声名在外，拿他的话说，"自己目前的身份就是'大夫'，所谓的建筑大师也是民间封号"。退休后，许多建筑设计单位慕名而来，寿震华"顾问"得很忙碌，每天几乎工作到凌晨 2 点。

许多的居住设计"病得不轻"，寿老师说，中国的居住建筑现在老犯错误，所谓的"大厅小居室"本身就是一个错误；"东厨西厨"也是一个住房消费误导，理想的住所"应该不是豪宅标准的理想，这里的理想简单来说，就是我们达到小康后，向前再努力一点，经济实力得到进一步充实后的一个合理的住所"。

如今寿震华经常帮设计师改图，由于设计不当还轰跑过不少的国外建筑师。前两年寿震华设计和咨询顾问的项目就超过一百项，今年到目前为止已有了八十多项。寿震华说，现在的建筑界有太多不合理的设计，错得莫名其妙。建筑不光是艺术产物，更应该还是技术产物。我们不该一厢情愿做建筑，我们仅仅是个服务员。

文 / 马生泓

原载于《中华建筑报》2007 年 9 月 15 日

作者项目列表

寿震华代表作品

- 1965 年　北京外交大楼：15000m²
- 1972 年　北京长话大楼：24700m²（合作者孙培尧）
- 1977 年　北京毛主席纪念堂参加设计：25000m²
- 1978 年　北京 7089 国宾馆：2200m²
- 1978 年　北京 519-152 总理级公馆：6500m²
- 1983 年　北京昆仑饭店：80000m²/ 建设部国家二等奖（合作者欧阳骖、刘开济、熊明、朱家相、徐家凤、耿长福、刘力）
- 1984 年　北京北京医院：67000m²（合作者陶维华、安世纪）
- 1985 年　北京富强西里小区：130000m²/ 建设部国家二等奖（合作者白德懋）
- 1985 年　福建厦门城市规划调整（合作者新加坡孟大强、香港何弢）
- 1989 年　广东广州机场宾馆：30000m²（合作者桂敏新、林媛）
- 1992 年　新疆乌鲁木齐假日酒店：30000m²（合作者孟维康）
- 1992 年　辽宁大连中山大厦：50000m²（合作者李丹）
- 1992 年　广东深圳鸿昌广场：215m 超高层，140000m²（合作者陆凤珠、薛明、王新及中南设计院）
- 1994 年　北京通泰大厦：115000m²（合作者陆凤珠、杨海鸥、王新、梁川及香港钟华楠事务所）
- 1994 年　福建汕头林百欣国际会展中心：30000m²（合作者王双）
- 1995 年　北京中国银行总部大厦：175000m²（合作者何广乾、薛明、张锡瑛、孔庚、沈东莓及美国贝聿铭事务所）
- 1995 年　北京航华科贸中心：300000m²（合作者孟庆苓、刘虹、王双及美国许树诚事务所）
- 1996 年　北京政协礼堂改扩建：22000m²（合作者韦成基）
- 1997 年　北京中山公园音乐堂改扩建：11000m²（合作者周进）
- 1998 年　北京人民大会堂舞台部分改建（合作者冯全友）
- 2001 年　北京金融街英蓝国际写字楼：80000m²（合作者梁川）

沈东莓代表作品

- 1998 年　参加北京中国银行总部大厦设计：175000m²

- 2002-2005 年　金融街丽思 - 卡尔顿酒店及金融街购物中心（北京金融街中心区活力中心项目 F7/9 地块）：北京首个超五星级旅馆 /200000m²，客房 300 自然间 / 已建成 /2009 年度全国优秀工程勘察设计行业奖建筑工程二等奖，北京市第十四届优秀工程设计建筑设计二等奖 / 与 SOM 事务所合作设计

- 2005-2007 年　天狮国际健康产业园（公寓居住单体部分）：办公会议、科研生产、居住旅馆等综合园区 / 园区总建筑面积 38 万 m²，公寓居住部分约 100000m²/ 已建成

- 2007-2008 年　天津港口医院改扩建工程：新建门诊、急诊、医技、病房综合楼及老病房楼改造 /64000m²，新建综合楼 5000m²，总床位 500 床 / 已建成

- 2009-2010 年　山东济南天地广场（贵和二期）：旅馆、商业综合体改扩建 / 总建筑面积约 130000m²，新建旅馆、商业综合体 60000m²，总客房 500 自然间 / 方案

- 2013 年　河北廊坊市中心医院；总建筑面积 140300m²/ 新建大型综合医院，总床位 1000 张（最终扩展到 1500 床）/ 方案

作者项目图片

北京　长话大楼

北京　毛主席纪念堂

北戴河　外交人员休养所

北京　昆仑饭店（1981/2016）

北京　北京医院

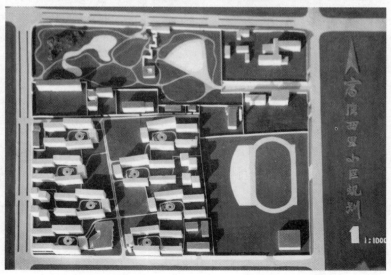

北京 富强西里小区

沈阳　夏宫

深圳　鸿昌广场

乌鲁木齐　假日饭店

北京 通泰大厦

汕头 林百欣国际会展中心

北京　航华科贸中心

北京　中山公园音乐堂改扩建

北京　英蓝国际中心

北京　金融街丽思 - 卡尔顿（RITZ-CARLTON）酒店

天津　港口医院

后　记

几年前，我多次到当时位于中国建筑文化中心大厦五层的中国建筑图书馆阅览，看到过《建筑知识》杂志上连载的寿震华先生写的"住宅户型分析"、"轻松设计"和"建筑细部"等论文，后来又注意到了寿总写的关于旅馆、写字楼、综合体、车库的设计文章等，颇多收获。建筑杂志上有众多的谈论建筑艺术、创作、实验等建筑设计方面的论文，但是像这样对实用设计方法进行系统总结的极少，可谓凤毛麟角。这些文章给我的印象很深，我很想有机会向寿总学习。

其实，作为20世纪80年代的建筑学学生，寿震华先生的大名很早就听说了。最早知道寿总时，他是北京市建筑设计院的著名建筑师，那时他已设计了北京的华都饭店、昆仑饭店，是当时我们学习的范例。后来，他又与中外11位建筑师共同创办了中国第一家中外合作的建筑设计事务所——大地建筑事务所，任总建筑师。大地建筑事务所是很有影响的，也做了不少好的项目。后来，他又去了中国建筑科学院的设计院任总建筑师。

1999年6月，北京举办了第20届世界建筑师大会。中国建筑工业出版社为了这次大会，也是为了在20世纪的末尾对中国第二代、第三代建筑师的业绩做个总结，出版了由《建筑师》杂志选编的五卷本《中国百名一级注册建筑师作品选》，入选的一百个建筑师是中国第二代、第三代建筑师的佼佼者，也可以说是一种非官方的排名。寿震华先生就被收录其中，说明了他在老一辈建筑师中的卓越的地位。这更增添了我对寿总的仰慕之情。

直到去年春天，我打算自己创业，于是我拜访了慕名已久的寿总，希望向他学习。寿总已近八十的高寿了，但身体和精神都非常好，对我这个陌生的拜访者热情相待。他说起这些年写的很多实用设计方法的论文，很受建筑师和业主的欢迎，不断向他索要，难以一一应付，就想将这些论文编成一本书。我因为长期在业余时间从事建筑设计方面的交流宣传等活动，也正想编一些建筑设计相关的图书、杂志等，就向寿总毛遂自荐，助成美事。

适用、坚固、经济、美观，是自古以来被普遍认可的建筑设计原则。适用和美观本来是不可分割的整体，如果说对于建筑的美观可以见仁见智（实际上，遵循美学规律的大多符合多数人的审美），那么对于建筑是否实用、经济则是有客观标准的，有具体的数据可以体现。然而在实际建筑方案设计中，很多建筑师不够专业，因此只能被动地顺从业主，而不是引导业主和提出合理建议，业主认可外部造型效果图后，内部功能还远没有及格，就急着做施工图，导致项目迟迟无法推进，大量返工，等内部功能及格了，才发现和造型、指标全对不上，不得不重新报批，费时费力，业主怨声载道，却不知病因所在，最终结果是：建筑师不能解决问题，业主认为建筑师没有技术含量，因此压低设计费、拼命催进度，建筑师因收入低、进度紧无法应付，频频跳槽，无法对项目负责到底……

和寿总的多次交流中，我了解到他在退休后的十几年来，做了大量的建筑设计顾问工作，为众多的建筑设计单位和业主单位修改甚至重画了大量的方案，为业主创造的效益非常巨大，难以估量，被称为"建筑理财师"和"建筑界的名大夫"。但是，这些远远无法满足社会的潜在需求，上门求助的人总是络绎不绝。他说：其实，业主都是精明的，只要建筑师努力提高自己的技术水平，提出的建议合理，能确实解决问题，在合法的范围内为业主带来更多的效益，业主是会认可的。赢得了业主的信任与尊重，建筑师在业主心中就成为真正的专业人士，业主不会不愿意支付合理的设计费。

事实证明：设计是建筑师立足之根，房地产开发之本！希望本书的出版能对改变目前种种非正常的局面起到有益的作用。

寿总的女儿沈东莓继承父业，我对她年纪轻轻就已经写出了好几篇颇具分量的论文颇为好奇。与她的交流中我发现，她是工作中的有心人，善观察、勤思考、巧做事、好总结，当然，更要加上比别人加倍的刻苦和磨炼，这才能进步神速。她"自找苦吃"，工作三年时便已开始挑战主持 20 万 m^2 的大型综合体。她说，别人教你的理论，你记在本子上时并没有掌握它，只有在实践中加以运用，体会了"所以然"，才能转化为你自己的知识。举一反三，自己也能从实践中提炼出一般性规律，真正的"行家"就逐渐炼成了！他们父女俩不仅观点、作风一脉相承，默契十足，而且文风也都非常实在，篇篇都是"干货"。

这本书终于要出版了。我觉得它对于广大的建筑师朋友以及房地产商等业主来说，是一本难得的好书，能够成为大家强有力的技术支持。其中阐述的建筑设计原理、方法、数据等都是来自作者亲自动手完成的工程实例，经统计、归纳及多年实践证明过的，可谓独家第一手资料，可以直接"拿来"，具有很强的实践指导意义。各篇论文深入浅出，通俗易懂，即使是外行普通群众也可从中获益。

戴晓华

北京华松云清工程建设咨询有限公司总经理，国家一级注册建筑师

第二版后记

2012 年 11 月本书第一次出版，当时因为要赶交稿的时间，有些还未成熟的文章就没来得及收入。本书出版后，反响特别好，父亲和我也更加有信心开始第二版新文章的准备。未料父亲突染重疾，我只能辞职全心照顾，写作被迫中断。2014 至 2015 年，父亲在生病期间依然边关注某超高层项目核心筒优化方案的实施，边继续以该项目为案例撰写文章"超高层电梯计算的误区"，这也是父亲最后一篇文章。父亲去世后，我又将其重新整理、编辑，加入新案例，调整了很多次后最终完成。

以前常听人劝父亲少干点、多休息，殊不知对他而言，解决设计问题是他最大的乐趣。因为他总结了规律和方法，每次遇到新问题都能迎刃而解，攻无不克。

记得上大学时，每拿到一个设计题目我总要先回家问问父亲。记得一次学校布置了一个 100 间、10000m² 的旅馆设计课题。老师课堂讲的是旅馆由哪些部分组成，同学们去图书馆翻阅的是各种实例造型，而回到家，父亲给我讲的则是如何细化任务书：客房面积占 55%，主楼体量应根据客房面积推算，宴会厅的流线、后勤布置等。一边讲，一边随手在纸上画出流线草图，而且都带有尺寸、指标，听完他的二次辅导，我立刻就知道该如何着手了。父亲给我讲课随手画的草图，我至今都完好地保存在设计资料文件夹中（图1）。

随着年龄和经验、经历的增长，我开始慢慢关注经验传承的问题。如果建筑设计分流派的话，我们应该算是"理性务实派"。

父亲的设计方法"理性"，我自己的学习方法也很"务实"，我称之为"反刍法"，即先全部接纳，无论是否理解，日后在实践中验证。在我十几年的工作实践中，至今未发现父亲的任何一条理论被验证是错的！正是得益于此，我进步飞快，专门挑战别人认为复杂、麻烦的项目：旅馆、医院、综合体等，而且对于没接触过的类型也不惧怕。这是因为我已经掌握了原理，能够举一反三，并且还独立总结了医院电梯指标和方案设计口诀。一个十几万平方米的综合医院，我用两周的时间就能把功能交圈、体型确定；我编的任务书比咨询公司的还准确，靠的就是"先算后画"的整体思路。

建筑师没有天才，换言之，后天的训练和设计方法很重要。方法科学的程度就是可复制的程度。可复制的方法一定是理性的，不因人、项目、地点的不同而改变。父亲"复制前辈＋自己总结"成功了，我"复制父亲＋自己总结"成功了，有读者复制本书收获了巨大效益，相信你也一定可以！

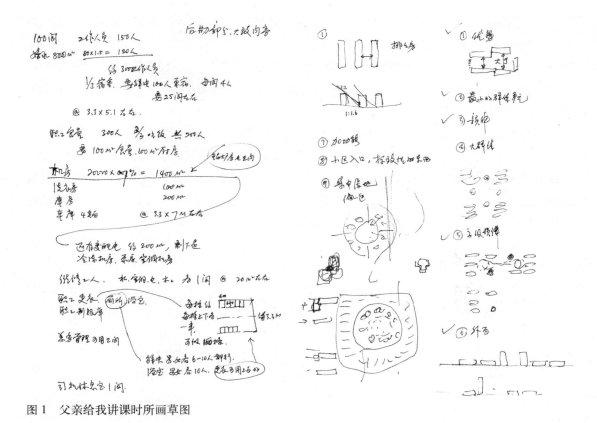

图1　父亲给我讲课时所画草图

那么，本书与规范、"天书"（《建筑设计资料集》）的区别和关联在哪里？

作为一名建筑师必须明确：仅靠规范是无法做设计的。规范是法则与限制，表达的是"界限"，即什么不能做。至于做什么、怎么做，并非其内涵。

"天书"是做方案首先应该查找的、建筑师最重要的参考书，其内容主要是指标数据和案例。建筑师应当把常用指标熟记于心，做方案时才能随时调用。

图书出版需要时间，尤其是专业参考书，其严谨度与我国建设的"短、平、快"实在无法协调，所以，无论是天书，还是规范、图集都会存在过时的数据。

本书中既包括了指标数据又讲述了运用数据的方法和设计思路。书中的数据基本都是课本中找不到、经过作者亲身实践总结和验证的第一手资料。我们不仅提供数据，还解释了其推导过程。比如车库的布置：从汽车尺寸，到车位尺寸，到合理柱网、坡道尺寸、位置，到与结构的关系、与防火分区的关系、口部进出处理，再到与地下室的关系等，每一步都有根据。

那么这些数据是否也有过时问题？也会有，比如电梯的问题。细心的读者会发现"高层写字楼的设计要点"一文中关于电梯的一段描述，第二版有比较大的更新，是因为在撰写"超高层电梯计算的误区"一文时认知又提高了。但总体上本书过时的数据非常少，原因是大部分数据都是原则性的，比如旅馆任务书、户型面积指标等。

这些数据对于建筑师而言就好比中医的药方，若想药方发挥作用，还得对症施治。而判断病因的功夫，则类似于设计方法和思路。所以，书中不仅有户型、旅馆、车库、电梯、竖向等关键点的详解，还提出了非常重要的"先算后画"的设计思路，可以说是设计实战的指导秘笈。

你若做方案总是不顺，无从下手或不停返工，抑或施工图深入困难，不妨尝试一下本书的方法。

记得四年前我编辑第一版文章时，正是自己受伤养病期间，四年时间，我经历了人生的重大转折，所有发生的一切都是我始料未及的。从身心的沉重打击到身体康复、自我调整、学习与深思，我开始更淡然地看待人与事，对设计的认知视角也有所转换。带着这些深切的感悟，我终于完成了对父亲的承诺——出版本书第二版。在此，我代表父亲，以更加全面、精致的第二版书，回馈长期关注、支持我们的读者和朋友们！

沈东莓

2017 年 3 月